普通高等教育"十三五"规划教材
电子信息科学与工程类专业规划教材

U0174701

51 单片机原理及应用
（第 2 版）
——C 语言版

李精华　冯　宝　胡蓉花　贾磊磊　主　编

电子工业出版社·
Publishing House of Electronics Industry
北京·BEIJING

内 容 简 介

本书系统地介绍 51 单片机的基本原理及其应用系统的构成和设计方法，对传统的 51 单片机的内容进行凝练，在第 1 版的基础上进行较大的调整，剔除难懂的汇编指令及程序设计，减少多余的理论介绍。全书共 7 章，主要内容包括：51 单片机设计快速入门、51 系列单片机系统结构、C51 语言基础知识简介、51 单片机控制系统的人机交互接口设计、51 单片机控制系统的接口扩展、51 单片机与电动机控制、51 单片机控制系统实验设计。书中案例难易结合，加强了液晶显示、SPI 和 I^{2}C 总线等当前比较流行的技术案例分析。**本书提供配套 PPT、案例设计电路及程序、习题参考答案等教学资源，还提供 51 单片机开发常用的 USB 转串行口、液晶字模提取、串行口调试助手、51 单片机波特率初值设定等软件资源。**

本书每章都有一些特色知识点，介绍了一些小秘籍，本书的电路设计和程序的软件操作流程非常详细，并附有电路分析和程序点评，对初学者学习 51 单片机具有很好的帮助。本书所有案例的程序都使用 C51 程序设计并通过了 Keil μVision 5 调试，所有案例的电路都通过了 Proteus 8.5 的仿真调试，其中，第 7 章为 51 单片机控制系统实验设计，给出了硬件电路和基本的程序设计，读者可以在此基础上进行功能扩展或修改。

本书可作为应用型本科院校自动化、能源与动力工程、电子信息、测控技术与仪器等专业的教材，还可供从事单片机技术开发的工程技术人员学习。

图书在版编目（CIP）数据

51 单片机原理及应用：C 语言版/李精华等主编. —2 版. —北京：电子工业出版社，2021.1
ISBN 978-7-121-40291-3

Ⅰ. ①5… Ⅱ. ①李… Ⅲ. ①微控制器－C 语言－程序设计－高等学校－教材 Ⅳ. ①TP368.1②TP312.8

中国版本图书馆 CIP 数据核字（2020）第 262102 号

责任编辑：王晓庆 特约编辑：田学清

印　　刷：北京七彩京通数码快印有限公司
装　　订：北京七彩京通数码快印有限公司
出版发行：电子工业出版社
　　　　　北京市海淀区万寿路 173 信箱　　邮编：100036
开　　本：787×1 092　1/16　印张：16　　字数：410 千字
版　　次：2017 年 7 月第 1 版
　　　　　2021 年 1 月第 2 版
印　　次：2025 年 2 月第 7 次印刷
定　　价：49.00 元

凡所购买电子工业出版社图书有缺损问题，请向购买书店调换。若书店售缺，请与本社发行部联系，联系及邮购电话：（010）88254888，88258888。

质量投诉请发邮件至 zlts@phei.com.cn，盗版侵权举报请发邮件至 dbqq@phei.com.cn。

本书咨询联系方式：（010）88254113，wangxq@phei.com.cn。

前　言

由于单片机技术的设计方法逐渐成为电子系统设计的主流，并且将为国家战略——智能制造提供强有力的支持，因此单片机技术成为高等学校自动化、电子信息和测控类专业学生必须掌握的一门重要技术。

本书编者在编写过程中，根据多年来对不同专业单片机课程的教学经验，总结出一种新的教学思想——诱导和小模块制作教学思想，力求在内容、结构、理论教学与实践教学等方面充分体现单片机教学特点。与同类教材相比，本书具有以下特点。

（1）教、学、做相结合，将理论与实践相结合。

单片机原理及应用是一门应用性很强的课程，我们在多年的教学过程中，一直采用教、学、做相结合的教学模式，教学效果良好。这种经验充分体现在本书内容的编排上，从最基本的应用出发，由实际问题入手，列举大量与教学内容相关的应用案例，希望这些案例能使读者对单片机课程产生兴趣，达到更好地理解相关教学内容的目的。

（2）理论够用为度，着眼于应用。

结合应用型本科和高职高专教育的特点，本书在编写时贴近目标、保证基础、面向更新、联系实际、突出应用，以"必需、够用"为度的原则，突出重点，注重对学生的操作技能、分析问题、解决问题等能力的培养。

（3）内容安排合理，注重实用，方便学生学以致用。

为了方便教师教学和学生学习，本书的案例分析对所涉及的元器件、电路图、程序流程图及程序代码都进行了详细介绍。各章节中的案例分析都采用 Keil µVision 5 和 Proteus 8.5 进行仿真调试，使抽象的软件学习与形象的硬件仿真结合起来，这对初学者的学习有很大帮助，部分地解决了没有硬件环境就不能有效完成单片机教学的问题，也为学生自学提供了条件。

全书共 7 章，由 51 单片机设计快速入门、51 系列单片机系统结构、C51 语言基础知识简介、51 单片机控制系统的人机交互接口设计、51 单片机控制系统的接口扩展、51 单片机与电动机控制、51 单片机控制系统实验设计组成，系统地介绍 51 单片机的基础知识及案例设计的开发过程。本书在内容安排上将第 1 版中的单片机基本结构、51 单片机的中断和定时/计数器，以及 51 单片机串行通信的内容有机地整合到 51 系列单片机系统结构一章中，从而缩短了教学时间，同时增加了电动机控制的内容。

本书使用 C51 程序设计，案例分析使用 Keil µVision 5 和 Proteus 8.5，并经过了实验调试。本书提供配套 PPT、案例设计电路及程序、习题参考答案等教学资源，请登录华信教育资源网（http://www.hxedu.com.cn）注册下载，也可联系本书编辑（010-88254113，wangxq@phei.com.cn）获取。另外，本书还提供 51 单片机开发常用的 USB 转串行口、液晶字模提取、串行口调试助手、51 单片机波特率初值设定等软件资源，可联系作者（lijh@glcat.edu.cn）索取。

本书的编写工作主要由李精华、冯宝、胡蓉花、贾磊磊、梁强、丘源完成，其中，李精华负责第 1 章、第 2 章、部分习题参考答案的编写工作，以及本书的统稿工作，胡蓉花负责第 3 章的编写工作，贾磊磊负责第 4 章的编写工作，梁强负责第 5 章的编写工作，冯宝负责第 6 章的编写工作和全书的审稿工作，丘源负责第 7 章的编写工作。本书在编写过程中查阅和参考了 51 单片机相关书籍，还参考了一些网上资料，在此表示衷心的感谢；桂林航天工业学院为本书配备了全套的实验板和元器件，本书得到了"2019 年桂林航天工业学院微机原理与单片机接口技术在线课程建设项目"和"2020 年桂林航天工业学院自动化和仪器类教学团队项目"的资助，在此表示深深的感谢。

单片机技术是不断发展的，相应的教学内容和教学方法也应不断改进，其中一定有许多问题值得深入探讨。我们真诚地希望广大读者对书中的不妥之处给予批评指正。作者 E-mail: lijh@glcat.edu.cn。

李精华

2020 年 12 月于桂林航天工业学院

目　　录

第1章 51单片机设计快速入门

内容提要

　　本章主要就单片机的基本概念、单片机的性能指标、单片机的分类及开发工具进行简单的介绍，然后选取一个最简单的由51单片机控制的LED闪烁案例的设计过程，演示51单片机控制系统的设计步骤。本章的介绍可使读者初步了解完成一个单片机控制系统的设计需要掌握哪些知识和开发工具。

本章内容特色

　　（1）介绍单片机的性能指标和型号信息，以及引脚识别的方法；

　　（2）介绍51单片机控制系统开发的程序设计和电路设计的软件操作流程。

1.1 单片机的基本概念

　　单片机是微处理器的一种类型，它是将中央处理器（CPU）、存储器（Memory）及输入/输出（I/O）单元集成在一小块硅片上的集成电路，其内部结构框图如图1-1所示，它具有计算机的部分功能和属性，因此被称为微型单片计算机，简称单片机。在单片机的芯片外部配置复位电路、时钟电路及其他接口电路即可组成一个单片机系统，然后将单片机的控制程序下载到单片机，能实现一定控制功能的系统称为单片机应用系统。

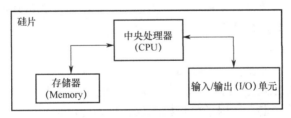

图1-1　单片机的内部结构框图

1. 单片机的性能指标

　　单片机从20世纪70年代发展到现在，种类繁多，其性能得到了很大程度的改善，总体来讲，单片机正朝着高性能、低功耗、小体积、大容量、低价格和外围电路内装化等几个方向发展。一个单片机的性能主要用以下几个重要指标来衡量。

　　（1）位数。位数是单片机能够一次处理的数据的宽度，位数越多，其处理数据的速度越快。在单片机的发展过程中，有1位机（AD7502）、4位机（Intel 4004）、8位机（MCS-51）、16位机（MCS-96）和32位机（ARM内核单片机）等多种类型。

　　（2）存储器。单片机内部的存储器包括程序存储器和数据存储器。程序存储器的空间较大，字节数一般是几千字节到几百千字节，另外程序存储器还有不同的类型，如掩膜ROM、

EPROM、E²PROM、Flash ROM 等。程序存储器的编程方式分为串行编程、并行编程、在线编程（In System Programmable，ISP）、应用再编程（In Application re-Programmable）和专用的 ISP 编程。数据存储器的字节数通常为几十字节到几十千字节。

（3）I/O 口。单片机的 I/O 口即输入/输出口，单片机一般都有几个到几十个 I/O 口，用户可以根据自己的需要进行选择。

（4）运行速度。单片机的运行速度是指 CPU 的运行速度，以每秒执行多少条指令来衡量，IPS（Instructions Per Second）是一种衡量 CPU 运行速度的计量单位。单片机的运行速度与系统时钟有关，但并不是频率越高，运行速度就一定越快，对于同一型号的单片机，系统时钟的频率越高，单片机的运行速度就越快。

（5）工作电压。各种单片机的工作电压并不相同，51 系列单片机的工作电压通常是 5V（±5%或±10%），也有 3V 或 3.3V，还有更低的 1.5V。现代单片机又出现了宽电压范围型，即在 2.5～6.5V 都可以正常工作。

（6）功耗。低功耗是现代单片机追求的一个目标，目前低功耗单片机的静态电流可以低至微安级甚至纳安级，有的单片机还有等待、关断和睡眠等多种工作方式，以此来降低功耗。

（7）工作温度。根据工作温度不同，单片机可分为民用级（商业级）、工业级和军用级 3 种产品。民用级的工作温度范围是 0～70℃，工业级的工作温度范围是–40～85℃，军用级的工作温度范围是–55～150℃（不同厂家的划分标准也不尽相同）。

（8）附加功能。有的单片机有更多的功能，用户可以根据自己的需要选择最适合自己的产品。例如，有的单片机内部有 A/D 转换、D/A 转换、串行口和 LCD 驱动等，使用这一类单片机可以减少外部器件，提高系统的可靠性。

2. 单片机的应用

单片机以高性能、高速度、体积小、价格低、可重复编程和可功能扩展等独特的优点，广泛地应用在各领域，大致归纳为以下几个方面。

1）在智能仪器、仪表中的应用

单片机广泛应用于智能测控、医疗器械、医疗分析仪、色谱仪、示波器和扫频仪等各类仪器、仪表，可以实现对温度、湿度、压力、流量、电压、电流、功率、频率、角度、长度、厚度、硬度和元素等的测定。运用了单片机的仪器设备可以使数字化、智能化、微型化和专用化等功能得到极大的提高。

2）在工业监控领域中的应用

单片机在工业监控领域得到了广泛的应用。在供配电系统中，单片机可以对仪表的运行参数及开关进行自动监控；在工业生产过程中，单片机可以对工业机器人和机械手中的电动机速度、转矩和数据传输等进行实时控制。

3）在通信领域中的应用

在智能线路运行控制、程控交换机、光电交换器、手机、电话机、智能调制解调器等通信系统中都可以看到单片机的身影。

4）在军用领域中的应用

单片机在智能武器装置、导弹控制、鱼雷制导控制、精确制导炸弹、电子干扰系统、自动火炮、航空导航系统等军用领域发挥着巨大的作用。

5）在数据处理领域中的应用

在图文传真机、图表终端、激光打印机、复印机、打字机、硬盘录像机、数码相机、数字电视等数字控制系统中，单片机也得到了广泛的应用。

6）在消费电子领域中的应用

目前，几乎所有的家用电器均以单片机为核心构成控制线路，不但可以提高自动化程度，而且可以增强其功能。运用单片机实现家用电器的模糊控制、智能控制已成为家用电器的主要发展方向。

1.2　单片机的分类

当前世界上的单片机种类繁多，各国的生产厂商也很多，产品各有所长，共有几十种单片机系列、上百个品种，可根据结构和性能进行分类。

1. 按制造工艺分类

单片机芯片的半导体材料的制造工艺可分为 HMOS（High performance Metal-Oxide-Semiconductor，高性能金属氧化物半导体）和 CHMOS（互补金属氧化物 HMOS）两大类。HMOS 工艺的单片机主要是指"××51"型单片机，如 8051、8751 单片机。CHMOS 是 CMOS 和 HMOS 两种工艺的结合，除了保持 HMOS 的高速度和高密度的特点，还有 CMOS 低功耗的特点，两类器件的功能是完全兼容的，区别是 CHMOS 器件具有低功耗的特点，它所消耗的电流比 HMOS 器件小得多，采用 CHMOS 的器件在编号中用一个 C 加以区别，如 80C51 和 80C31 为 CHMOS 芯片。CHMOS 单片机比 HMOS 单片机多了两种节电工作方式（掉电和待机），可用于构成低功耗应用系统。

2. 按单片机字长分类

所谓字长，是指 CPU 一次仅能处理二进制的位数，因此单片机又可分为 1 位机、4 位机、8 位机、16 位机、32 位机和 64 位机。

3. 按单片机片内存储器的类型分类

按单片机片内存储器的类型不同，可分为无 ROM 型、MaskROM 型、EPROM 型或 E^{2}PROM 型及闪速存储器 Flash 型等单片机。

4. 按单片机内部存储器的结构分类

单片机内部存储器的结构可分为冯·诺依曼结构和哈佛结构两种类型，如图 1-2 所示。对于冯·诺依曼结构单片机，其程序和数据公用一个存储器，如 MCS-96 系列单片机。而大部分单片机通常采用哈佛结构，将数据与程序分别存放在两个相互独立的存储器内，这是由单片机的应用特点决定的。单片机的应用往往是针对某个特定控制对象服务的，一旦程序设计、调试取得成功，就固化在程序存储器中，这样不仅省去了每次开机后重新装入程序的步骤，还能有效地防止由突然掉电和其他干扰所引起的程序丢失与错误。

(a) 冯·诺依曼结构　　　　　　　　　　　　(b) 哈佛结构

图 1-2　单片机内部存储器的结构

5. 按应用场合分类

1）通用型单片机

通用型单片机将内部功能和指令系统等开发资源全部面向用户，用户可根据不同场合的控制任务进行开发应用。通用型单片机适应性较强，应用非常广泛，如 MCS-51 系列单片机。

2）专用型单片机

专用型单片机的芯片是生产制造厂家根据某种特殊需要设计的专用芯片，如智能仪表、智能传感器、智能万向摄像机、电视机、空调机、洗衣机、电冰箱、风扇的各种专用单片机芯片。

1.3　常用 51 单片机介绍

在高校各专业的单片机课程的开设过程中，19 世纪 80 年代采用 Z80 单板机用于单片机课程的实验教学，还先后采用了 MCS-51、Atmel-51，以及 STC-51 系列单片机。其中，MCS-51、Atmel-51 和 STC-51 系列单片机都是以 Intel 公司的 51 内核为基础的，其引脚的基本功能和编程语言都是相通的，所以在理论教学中不管采用哪种类型的单片机，其理论教学内容基本都是一样的，不同的是在实验的编程方式上，STC-51 单片机烧写程序简单、方便教学。下面对常用的 C51 单片机进行简单的介绍。

1.3.1　MCS-51 单片机

MCS-51 是由 Intel 公司生产的 51 单片机的总称，这一系列单片机包括很多品种，如 8031、8051、8751、8752、8032、8052 等，将它们分为 51 类和 52 类两大类。52 类是 51 类的增强型，其最大特点是 52 类单片机的内部存储器的容量更大，增加了一个定时/计数器。其中，8051 是最早、最典型的产品，该系列其他单片机都是在 8051 的基础上进行功能的增、减、改变而来的，所以人们习惯于用 8051 来称呼 MCS-51 单片机。Intel 公司将 MCS-51 的核心技术授权给了很多公司，所以有很多公司在做以 8051 为核心的单片机。当然，功能或多或少会有些改变，以满足用户不同的需求。MCS-51 单片机按芯片内部的 ROM 来区分，可分为无 ROM 型（8031/8032）、MaskROM 型（8051/8052）、EPROM 型（8751/8752）和 E^2PROM 型（89C51/89C52、89S51/89S52），各种类型 MCS-51 单片机的性能参数表如表 1-1 所示。

表 1-1　各种类型 MCS-51 单片机的性能参数表

	51 类				52 类			
型号	8031	8051	8751	89C51 89S51	8032	8052	8752	89C52 89S52
类型	无 ROM 型	MaskROM 型	EPROM 型	E²PROM 型	无 ROM 型	MaskROM 型	EPROM 型	E²PROM 型
ROM	内部 0KB 外接 64KB	内部 4KB，外接 64KB			内部 0KB 外接 64KB	内部 8KB，外接 64KB		
RAM	内部 128B，外接最大 64KB				内部 256B，外接最大 64KB			
定时/计数器	2 个 16 位定时/计数器				3 个 16 位定时/计数器			
中断源	5				6			
I/O	4 个 8 位 I/O 端口				4 个 8 位 I/O 端口			

1.3.2　Atmel-51 单片机

Atmel-51 单片机是 Atmel 半导体公司生产的以 8051 内核为标准的单片机，它是改进型的 51 单片机。例如，标准的 8051 单片机没有 20pin 封装的芯片，但是 AT89C2051、AT89C4051 都是 20pin 封装的单片机，省略了 MCS-51 单片机的 P0 口和 P2 口，可以认为它们是精简型 51 单片机，比较适合初学者学习。AT89 有许多型号，如 AT89C51、AT89S51、AT89C52、AT89S52 和 AT89S8252（后面几款其实是 8052 单片机，但是和 8051 的指令系统兼容，只是增加了一些功能而已，也可以认为是 51 系列单片机）。AT89 系列单片机都是 Flash 型单片机，烧录次数至少在 1000 次以上（由数据手册提供，估计实际烧录次数在 4000 次以上），只要是芯片上带有 "s" 字样的单片机，都可以支持 ISP。

1.3.3　STC-51 单片机

STC-51 单片机是宏晶科技公司生产的以 8051 内核为标准的单片机，是一款高性能的增强型 51 单片机。例如，典型产品 STC89C51RC 是采用 8051 内核的 ISP 系统可编程单片机，具有以下特点。

（1）增强型 8051 单片机，6 时钟/机器周期和 12 时钟/机器周期可以任意选择，指令代码完全兼容传统 8051 单片机。

（2）工作电压：3.3～5.5V（5V 单片机）/2.0～3.8V（3V 单片机）。

（3）时钟频率 0～35MHz，相当于普通 8051 单片机的 0～20MHz，实际工作频率可达 48MHz。

（4）用户应用程序空间 12KB/10KB/8KB/6KB/4KB/2KB；片内 Flash 程序存储器的擦写次数可大于 10 万次。

（5）片上集成 512B RAM。

（6）通用 I/O 口，复位后为准双向口/弱上拉，每个 I/O 口的驱动能力均可达 20mA，但整个芯片最大不得超过 55mA。

（7）可实现 ISP/IAP 编程，无须专用编程器，可通过串口（P3.0/P3.1）直接下载用户程序，数秒即可完成一片。

（8）具有 E²PROM 功能。

（9）具有看门狗功能。

（10）工作温度范围为 0～75℃/ –40～85℃。

（11）封装：可采用 PDIP、SOP、PLCC 等多种封装。

1.4　常用 51 单片机的产品标号与引脚信息

1. 51 单片机的产品标号信息

单片机芯片上的标号可通过图 1-3 来说明，其他厂商的单片机芯片大同小异。如图 1-3 所示的单片机芯片的全部标号为 STC89C51RC40C-PDIP401015COK816.CD。

图 1-3 标号中的各字母的含义如下所示。

STC 为前缀，表示芯片为 STC 公司生产的产品，其他前缀还有 AT、i、SST 等。

8 表示该芯片为 8051 内核芯片。

9 表示内部含 Flash E^{2}PROM 存储器。80C51 中的 0 表示内部含 MaskROM 存储器（掩膜 ROM），87C51 中的 7 表示内部含 EPROM 存储器（紫外线可擦除 ROM）。

图 1-3　STC89C51RC40C-PDIP40
1015COK816.CD 单片机芯片

C 表示该芯片为 CMOS 产品。89LV52 和 89LE 中的 LV 和 LE 都表示该芯片为低压产品（通常为 3.3V 电压供电）；而 89S51 中的 S 表示该芯片含有可串行下载功能的 Flash 存储器，即具有 ISP 功能。

5 表示固定不变。

1 表示该芯片内部程序存储器空间的大小，1 为 4KB，2 为 8KB，3 为 12KB，即乘以 4KB 就是该芯片内部程序存储器空间的大小。

RC 表示该芯片内部的 RAM 为 512B。

第 1 个 40 表示该芯片的外部晶振最高可接入 40MHz。

C 表示商业产品，温度范围为 0～70℃；I 表示工业产品，温度范围为–40～85℃；A 表示汽车用产品，温度范围为–40～125℃；M 表示军用产品，温度范围为–55～150℃。

PDIP 表示产品的封装方式为双排直插式，单片机的封装还有 PLCC（带引线的塑料芯片封装）、QFP（塑料方形扁平式封装）和 PGA（插针网格阵列封装）等。

第 2 个 40 表示该芯片的引脚为 40 个。

1015 表示该芯片的产生日期为 2010 年第 15 周。

COK816.CD 的意思不详（有关资料显示，此标号表示芯片的制造工艺或处理工艺）。

2. 51 单片机的引脚分布

下面进一步认识单片机的引脚。图 1-4 和图 1-5 所示为 51 单片机不同封装的引脚分布图。初次看见这些引脚时，一定会感觉太难记忆，其实纯粹地记忆引脚是没有意义的，最好的方法是边学边记。基于 8051 内核的各种单片机，若引脚相同或封装相同，则它们的引脚功能是相同的，教学用得较多的是 40 引脚 PDIP 封装 51 单片机，也有 20、28、32、44 等不同引脚数的 51 单片机，读者也需了解。无论是哪种芯片，在观察它的表面时，都能找到一个凹进去的小圆点，或者一个用颜色标识的小标记（圆点或三角形或其他小图形），这个小标记对应的引脚就是该芯片的第 1 个引脚，然后沿逆时针方向数下去，即第 1 个引脚到最后一个引脚。图 1-4 中的 51 单片机的左上方有一个浅灰色的小三角形，就是该单片机的第 1 个引脚，沿逆时针方向依次是第 2 个、3 个、…、40 个引脚。图 1-5 中的 51 单片机的最上面的正中间有一个小圆坑，这个小圆坑所对应的引脚就是该单片机的第 1 个引脚，沿逆时针方向分别为第 2 个、3 个、…、44 个引脚。在焊接或绘制电路板时，一定要注意它们的引脚标号。

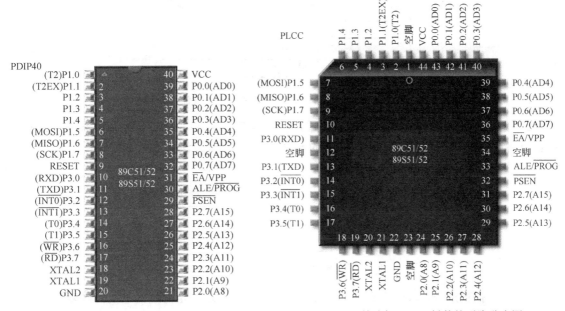

图 1-4　51 单片机 PDIP 封装的引脚分布图　　　　图 1-5　51 单片机 PLCC 封装的引脚分布图

3. 51 单片机的引脚电平特性

51 单片机是一种数字集成芯片，数字电路只有两种电平，即高电平和低电平。51 单片机的逻辑电平也只用这两种电平，并且是常用的 TTL 电平，其中，高电平为 5V，低电平为 0。

1.5　51 单片机控制系统的开发流程与开发工具

1.5.1　51 单片机控制系统的开发流程

51 单片机控制系统的开发流程与一般单片机的开发流程相似，其基本开发流程可分为软件与硬件两部分，这两部分是并行开发的。在硬件方面，主要是绘制原理图、绘制 PCB 和选择合适的元器件等工作；在软件开发方面，则是运用 C 语言或汇编语言编写源程序，然后通过编译、链接生成可执行文件，再进行软件调试/仿真。当完成软件设计后，即可应用在线仿真器（In-Circuit Emulator，ICE）加载编译后生成的可执行程序，在目标板上进行在线仿真。

若软件、硬件的设计无误，则可利用 IC 编程器将可执行文件烧录到 51 单片机中，最后将该 51 单片机插入目标电路板，即完成了设计。传统的 51 单片机控制系统的开发流程如图 1-6 所示。

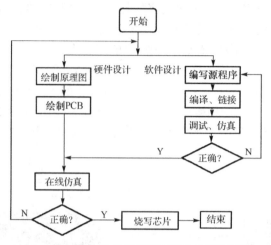

图 1-6　传统的 51 单片机控制系统的开发流程

51 单片机控制系统的核心器件是 51 单片机，当应用 51 单片机设计控制电路时，除了要进行电路设计，还要编写 51 程序。传统的 51 单片机程序开发流程如图 1-7 所示。

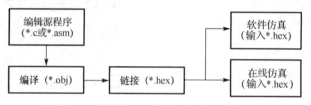

图 1-7　传统的 51 单片机程序开发流程

早期的源程序（Source Code，即*.c 或*.asm）编辑，通常是通过文本编辑器编写的，目前国内的单片机开发者常使用 Keil C51 软件来完成源程序的编写。51 单片机源程序的编译与链接也是在 Keil C51 软件中完成的，其中，源程序编译得到的是目标文件（Object Code，即*.obj），再利用链接程序（link），将目标文件链接产生可执行文件（Intel 的十六进制文件*.hex）。软件仿真就是利用软件仿真程序进行简单的软件仿真分析。在线仿真就是将前面生成的*.hex 文件加载到在线仿真器，再把在线仿真器当成 51 单片机，插入到所开发的目标电路板上，即可进行在线仿真。若一切都正确，则可利用单片机编程器，将*.hex 文件烧录到 51 单片机中，将含程序代码的 51 单片机插入目标电路板上，就完成了 51 单片机应用系统的设计。由于现在的单片机具有 ISP 功能，因此基本不采用专用的编程器烧写程序。

1.5.2　Keil C51 软件简介

Keil C51 是美国 Keil Software 公司出品的 51 系列兼容单片机 C 语言软件开发系统，与汇编语言相比，C 语言在功能、结构性、可读性、可维护性上有明显的优势，因此易学易用。Keil C51 提供了包括 C 编译器、宏汇编、链接器、库管理和一个功能强大的仿真调试器等在内的完整开发方案，通过一个集成开发环境（μVision）将这些部分组合在一起。运行 Keil C51 需要 Windows NT、Windows XP、Windows 7、Windows 10 等操作系统。如果使用单片机 C

语言编程，那么 Keil C51 几乎是不二之选，即使不用单片机 C 语言而用汇编语言编程，其方便易用的集成环境、强大的软件仿真调试工具也会使开发人员事半功倍。Keil C51 的集成开发环境是 μVision 系列，其版本目前已经达到 μVision 5，各种不同版本的使用界面大致相同，只不过高版本内的芯片种类多些而已。

Keil C51 专业的网站虽然没有中文版本，但是 Keil C51 却被 80% 的中国软件工程师使用，但凡与电子专业相关的学生，都会从单片机和计算机编程开始学习，而学习单片机自然会用到 Keil C51。国内由米尔科技、亿道电子、英倍特提供 Keil C51 的销售和技术支持服务，他们是 ARM 公司的合作伙伴，也是国内领先的嵌入式解决方案提供商。

1.5.3　Proteus 软件简介

Proteus 是 Labcenter Electronics 公司的一款电路设计与仿真软件，它包括 ISIS 和 ARES 两个软件模块。ARES 模块主要用于完成 PCB 的设计，而 ISIS 模块用于完成电路原理图的布图与仿真。Proteus 的软件仿真基于 VSM 技术，与其他单片机仿真软件不同的是，它不仅能仿真单片机 CPU 的工作情况，也能仿真单片机外围电路或没有单片机参与的其他电路的工作情况，因此在仿真和程序调试时，关心的不再是某些语句执行时单片机寄存器和存储器内容的改变，而是从工程的角度直接看程序运行和电路工作的过程和结果。从某种意义上讲，对于这样的仿真实验，弥补了实验和工程应用之间脱节的矛盾和现象。正是因为该软件引入了单片机教学，使抽象的单片机学习变得简单可行。

Proteus 不仅可用于学校单片机（电子等）实验的模拟仿真，也可用于个人工作室的仿真实验。作为电子技术或控制类专业相关的学生和工程技术人员，在学习了该软件后，可以充分利用它提供的资源，帮助自己提高工程应用能力。当然，软件仿真的精度有限，而且还有一些器件没有相应的仿真模型。用开发板和仿真器当然是最好的选择，可是对于单片机爱好者来说，运用 Proteus 开发单片机应该是一个比较好的选择。

Proteus 不仅具有其他 EDA 工具软件的绘制电路原理图、PCB 和电路功能模拟仿真等功能，还具有一些特有的革命性的特点。

（1）互动的电路仿真。用户可以多次使用 RAM、ROM、键盘、电动机、LED、LCD、ADC、DAC、部分 SPI 器件和部分 I^2C 等器件实现功能模拟仿真。

（2）仿真处理器及其外围电路。可以仿真 51 系列、AVR、PIC、ARM 等常用的单片机，还可以配合系统配置的虚拟逻辑分析仪、电压表、电流表和示波器等，看到运行后输入/输出的效果。

1.5.4　单片机仿真器

单片机仿真器是以调试单片机软件为目的而专门设计制作的一套专用的硬件装置。单片机在体系结构上与个人计算机是完全相同的，也包括 CPU、I/O 接口、存储器等基本单元，因此与个人计算机等设备的软件结构也是类似的。因为单片机在软件开发的过程中需要对软件进行调试，观察其中间结果，排除软件中存在的问题，但是单片机的应用场合问题受存储空间的限制，难以容纳用于调试程序的专用软件，且不具备标准的 I/O 装置，因此要对单片机软件进行调试，就必须使用单片机仿真器。单片机仿真器具有基本的 I/O 装置，具备支持程序调试的软件，使得单片机开发人员可以通过单片机仿真器输入和修改程序，观察程序的运行结果与中间值，同时对与单片机配套的硬件进行检测与观察，这样可以大大提高单片机的编程效率和效果。

最早的单片机仿真器是一套独立装置，具有专用的键盘和显示器，用于输入程序并显示运行结果。随着个人计算机的普及，新一代仿真器大多是利用个人计算机作为标准的 I/O 装置，而仿真器本身就成为了微机和目标系统之间的接口，仿真方式也从最初的机器码发展到汇编语言、C 语言仿真，仿真环境也与个人计算机的高级语言编程和调试环境非常相似了。

仿真机一般有一个仿真头，用于取代目标系统中的单片机，也就是用这个插头模仿单片机，这也是单片机仿真器名称的由来。

目前，随着单片机的小型化、贴片化，以及具有 ISP、IAP 等功能的单片机的广泛应用，传统单片机仿真器的应用范围也有所缩小。而软件单片机仿真器（单片机仿真程序）逐渐被广泛应用，单片机仿真程序是在个人计算机上运行的特殊程序，可在一定程度上模拟单片机运行的硬件环境，并在该环境下运行单片机的目标程序，并可对目标程序进行调试、断点、观察变量等操作，可大大提升单片机系统的调试效率。纯软件单片机仿真器往往与硬件设计程序集成在一起发布，使开发者可以同步开发单片机的硬件与软件。

1.5.5　编程器

编程器又称为烧录器，编程器的作用是将可编程的集成电路写上数据。编程器主要用于单片机（含嵌入式）/存储器（含 BIOS）之类的芯片的编程（或称刷写）。编程器按功能的不同，可分为通用编程器和专用编程器。专用编程器的价格低，适用芯片的种类较少，适用于某一种或者某一类专用芯片编程，如仅仅需要对 51 系列单片机编程。通用编程器一般能够涵盖几乎所有（不是全部）当前需要编程的芯片，由于设计麻烦、成本较高，因此售价极高。

由于现在的新型单片机具有 ISP 功能，因此一般学习单片机的初学者不需要配备编程器及单片机仿真器等高端设备，这对学习单片机来说是一件非常值得高兴的事。现在的 ISP 单片机可以实现 ISP 几万次而不坏。

当然在单片机控制系统的开发设计中除了上述工具，还需要一些示波器、万用表和逻辑分析仪等常用的测试工具。

1.6　51 单片机控制 8 个 LED 闪烁的设计流程介绍

为了使初学者快速认识和掌握单片机，本节将通过 51 单片机控制 8 个 LED 闪烁的案例来初步介绍单片机的设计流程，为后续学习单片机的相关知识奠定基础。通过前面的介绍，大家可以知道一个单片机控制系统是由软件和硬件两部分组成的，对于如何设计其软件和硬件就不进行介绍了，这里只介绍基于软件和硬件的设计过程。

1.6.1　基于 Keil C51 的 8 个 LED 闪烁的程序设计过程

1. 启动 Keil μVision 5

双击 Keil μVision 5 的桌面快捷方式，启动 Keil 集成开发软件（可以是 Keil 软件的其他版本，其操作都是一样的）。软件启动后的界面如图 1-8 所示。每次打开 Keil μVision 5 时会保留前一次的项目，我们不用管它。

2. 启动新建文本编辑窗

单击工具栏中的新建文件快捷按钮（或者单击"File"菜单，选择"New"选项），即可在项目窗口的右侧打开一个新的文本编辑窗，如图 1-9 所示。

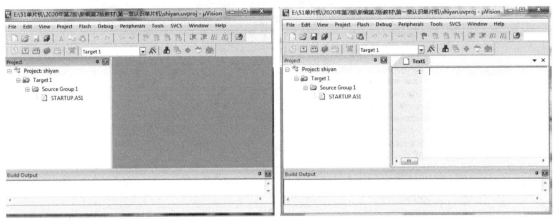

图 1-8　软件启动后的界面　　　　　　　　　图 1-9　新建文本编辑窗

3. 输入源程序代码

在新的文本编辑窗中输入源程序代码，可以输入汇编语言程序代码，也可以输入 C51 语言程序代码，如图 1-10 所示。

4. 保存源程序

保存文件时必须加上文件的扩展名，如果使用的是汇编语言程序代码，那么保存文件的扩展名为".asm"，如果使用的是 C51 语言程序代码，那么保存文件的扩展名为".c"。在这里保存文件的名称为"shiyan1.c"，如图 1-11 所示。记住保存文件的位置和名称，需要用的时候可以找到。

第 3 步和第 4 步的顺序可以互换，也就是说可以先将文件名称保存为"shiyan1.c"，再输入源程序代码。

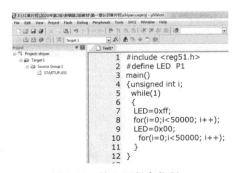

图 1-10　输入源程序代码

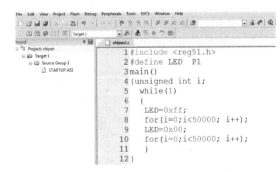

图 1-11　"shiyan1.c"界面

5. 新建立 Keil 工程

在如图 1-11 所示的界面中，单击"project"菜单，选择"New μVision Project"选项，在弹出的"Create New Project"对话框的"文件名"文本框中输入新建工程的文件名，这里输入"shiyan1"，如图 1-12 所示。工程文件名称不用输入扩展名，系统会自动添加后缀名，一般情况下使工程文件名称和源程序文件名称相同即可，当然也可以使用不同名，输入名称后单击"保存"按钮，工程文件会自动和前面的源程序文件保存在同一个路径的文件夹中。

图 1-12　"Create New Project"对话框

6. 选择 Device（CPU 型号）

接着出现如图 1-13 所示的"Select Device for Target 'Target 1'"对话框，在对话框中选择 CPU 的型号。本新建工程选择了 Atmel 公司的 AT89C51 单片机，单击"OK"按钮即可完成 CPU 型号的选择。这里选择的单片机型号与后面的硬件电路型号 STC89S51 不一致，但没关系，二者是通用的。由于 Keil 软件中 CPU 型号没有 STC 公司的库，因此用 Atmel 公司的 AT89C51 来代替。

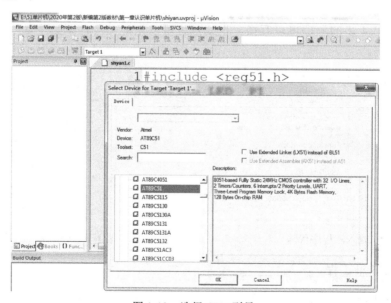

图 1-13　选择 CPU 型号

7. 加入源程序

选择好 CPU 型号后，单击"OK"按钮返回主界面，如图 1-14 所示。

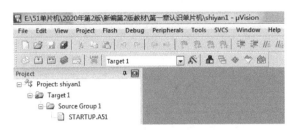

图 1-14　新建的"shiyan1"项目

此时文件所在目录及项目名称就变成了"shiyan1-µVision"（见图 1-14 顶部导航文字）。但我们之前写源程序文件的界面也看不到了。此时，在图 1-14 中可以看到"Project"窗格中出现了"Target 1"，单击"Target 1"前面的"＋"号展开下一层的"Source Group 1"文件夹，"Source Group 1"文件夹中还没有包含我们编写的"shiyan1.c"源程序，必须把前面保存的"shiyan1.c"源程序加入工程当中。方法是右击"Project"窗格中的"Source Group 1"选项，在弹出的窗口中，选择 Add Existing Files to Group 'Source Group 1'... 选项（添加已经存在的源程序文件，注意要记得编写的源程序保存的路径及名称），弹出"Add Files to Group 'Source Group 1'"对话框，如图 1-15 所示。在图 1-15 的文件夹中，找到要添加到工程中的源程序文件"shiyan1.c"。双击"shiyan1.c"图标，即可将"shiyan1.c"添加到工程中，此时"Add Files to Group 'Source Group 1'"对话框并不会自动关闭，而是等待继续添加其他文件，如果不需要再添加其他文件了，单击"Close"按钮，返回主界面，如图 1-16 所示，此时"shiyan1.c"源程序没有在图 1-16 中显示。要想看到该文件，只要双击 shiyan1.c 图标，"shiyan1.c"源程序就会显示在编辑器里，如图 1-17 所示。

图 1-15　将源程序文件添加到工程命令

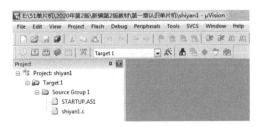

图 1-16　源程序文件成功加入工程

8. 工程目标"Target 1"的属性设置

在"Project"窗格（见图 1-17）中将鼠标放在 Target 1 图标上并右击，在出现的下拉菜单中，单击"options for target 'Target 1'"选项，进入目标属性设置界面，如图1-18所示。工程目标"Target 1"的属性设置对话框一共有10个界面，大部分使用默认设置即可，这次只设置其中"Target"和"Output"两个界面，其他以后再练习。

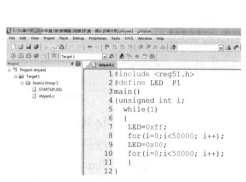

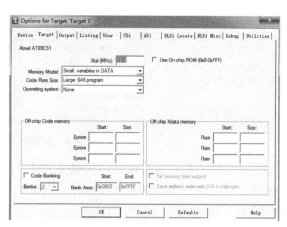

图1-17　"shiyan1.c"的编辑及项目管理界面　　　　　图1-18　晶振频率设置

1）"Target"（工程目标）的属性设置

在属性设置界面中单击"Target"选项卡，就会出现如图1-18所示的界面，在该界面中可以设置单片机的晶振频率和存储器类型，这里只要把晶振的频率值设为实验板上的实际晶振频率即可，如12MHz。

2）"Output"（工程输出）的属性设置

在属性设置界面中单击"Output"选项卡，就会出现如图1-19所示的界面，在该界面的初始状态中，"Create HEX File"复选框是没有被选中的，我们一定要勾选此复选框，方法是单击 Create HEX File 前面的□，系统就会变成 ☑ Create HEX File 。设置完成后，程序编译后才能生成 HEX 格式的文件。注意"*.hex"文件是可以被烧写到单片机中的，是能被单片机执行的一种文件格式。这个"*.hex"文件可以用特殊的程序来查看（一般用记事本就可以查看，当然也可以用 Keil 软件查看），打开后可以发现，整个文件以行为单位，每行以冒号开头，内容全部为十六进制码（以 ASCII 码形式显示）。

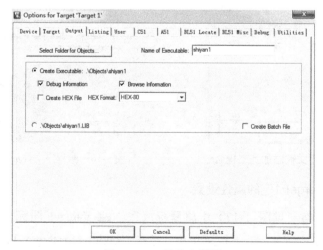

图1-19　工程输出设置

9. 源程序的编译

前面已经完成了源程序输入、工程建立、属性设置等工作，接下来就是进行程序的编译。在如图 1-17 所示的界面中单击"🖳"快捷按钮，进行源程序的编译，与源程序编译相关的信息会出现在"Build Output"窗格中。图 1-20 中显示编译结果为 0 错误，0 警告，同时生成"shiyan1.hex"文件。若源程序中有错误，则不能通过编译，错误会在"Build Output"窗格中报告出来，双击该错误，就可以定位到源程序的出错行，对源程序进行反复修改，再编译，直到没有错误为止。编译通过后，打开工程文件夹就可以看到文件夹中有了"shiyan1.hex"文件，这就是最终的单片机可执行文件，用编程器将该文件写入单片机，单片机就可以实现程序的功能了。

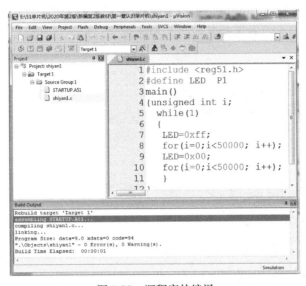

图 1-20　源程序的编译

至此，基于 Keil C51 的软件设计过程已经基本讲清楚了。如果要进一步研究，那么需要深入学习后续知识。

1.6.2　基于 Proteus 8.5 的 8 个 LED 的电路原理图设计及仿真

1. 启动 Proteus 8.5 并创建一个新的设计项目

Proteus 编辑器是一个标准的 Windows 窗口，和大多数软件一样，没有太大区别，Proteus 8.5 的启动界面如图 1-21 所示。在如图 1-21 所示的启动界面中单击"File"菜单，在其下拉菜单中选择"New Project"选项，弹出如图 1-22 所示的对话框，该对话框用于指导设计者为该项目命名和选择文件放置的位置，这里的文件名为 shiyan1，后缀是软件自动添加的，大家一定要记住路径和文件名，便于以后查找。然后按照软件的向导指引，一步一步去做，这里先不做 PCB 设计，就一直单击"Next"按钮到最后，会得到如图 1-23 所示的 Proteus ISIS 原理图编辑器界面。

在如图 1-23 所示的原理图编辑器界面中，区域①为主菜单和主工具栏，区域②为预览窗口，区域③为元器件浏览区，区域④为编辑窗口，区域⑤为工具箱，区域⑥为元器件方向调整工具栏，区域⑦为仿真工具条。各区域的具体操作请查看 Proteus ISIS 软件的使用说明。下面对如何画单片机的仿真原理图进行说明。

2. 添加元件

首先单击图 1-23 中的区域③中的"P"按钮（Pick Devices，查找元器件），打开"Pick Devices"对话框，从元器件库中拾取所需的元器件。"Pick Devices"对话框如图 1-24 所示，在对话框中的"Keywords"文本框中输入要查找的元器件的关键词。例如，要选择项目中的单片机，就可以直接输入 80C51。输入以后我们能够在中间的"Results"结果栏里面看到搜索的元器件的结果。在对话框的右侧，还能够看到被选择的元器件的仿真模型、引脚及 PCB 参数。这里有一点需要注意，可能有时候选择的元器件并没有仿真模型，对话框将在仿真模型和引脚栏中显示"No Simulator Model"（无仿真模型），那么就不能用该元器件进行仿真了，或者只能绘制它的 PCB，或者选择其他与其功能类似且具有仿真模型的元器件。

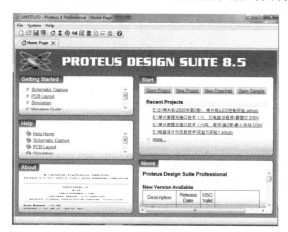

图 1-21　Proteus 8.5 的启动界面

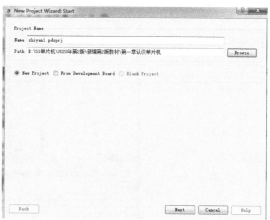

图 1-22　创建新的项目文件

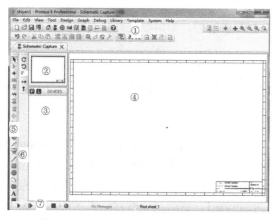

图 1-23　Proteus ISIS 原理图编辑器界面

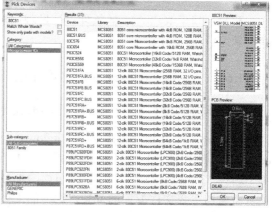

图 1-24　"Pick Devices"对话框

在图 1-24 中找到所需的元器件以后，从"Results"结果栏中选中所需的元器件，单击对话框中的"OK"按钮完成 80C51 元器件的添加。接着用相同的方法将表 1-2 中第 2 列的其他元器件加入编辑器中，结果如图 1-25 所示。

表 1-2　51 单片机跑马灯原理图元器件清单

元器件编号	Proteus 软件中元器件的名称	元器件的标称值	说明
U1	80C51	8051	单片机
R1	RES	10kΩ	电阻
R2~R9	RES	300Ω	电阻
C1、C2	CAP	30pF	无极性电容
C3	CAP-ELEC	10μF	电解电容
X1	CRYSTAL	12MHz	石英晶体
K	BUTTON	无	按键
D1~D9	LED-BIBY	无	黄色发光二极管

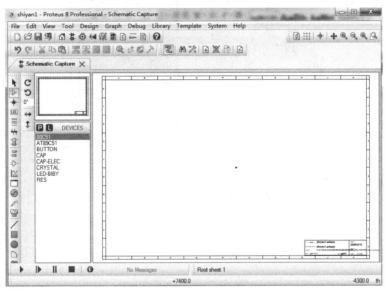

图 1-25　添加元器件

3. 放置元器件

在图 1-25 的预览窗口单击 80C51 元器件，然后将光标移到编辑窗口再单击，鼠标将带动 80C51 元器件一起移动，这时可以将 80C51 元器件移到合适位置，再单击就可将 80C51 元器件放置好；使用同样的方法将其余的元器件放置好，如图 1-26 所示。当然在放置元器件的时候，所放置的元器件方向与图 1-26 的元器件方向可能不一致，要想改变放置好的元器件方向，应将光标放在该元器件上再右击，在弹出的窗口中有 ↻、↺、↻、↔和↕5 种方向操作指令，分别可以对被选中的元器件进行右转 90°、左转 90°、旋转 180°、左右镜像和上下镜像等操作，通过这些操作可以得到满意的结果。

在绘制原理图的过程中，一般是边放置元器件边连线，这里主要是为了说明问题，就先将所有元器件都放置好，这种方法在电路中元器件很多的时候是不方便的。在放置元器件时，若放多了或者放错了元器件，则只要将光标放在该元器件上再右击，在弹出的窗口中单击 ✕ Delete Object 选项，即可删除该元器件。对于元器件的方向，只要将光标放在该元器件上再右击，在弹出的窗口中选择 ↻、↺、↻、↔和↕等操作指令，就可以实现元器件的右转 90°、左转 90°、旋转 180°、左右镜像和上下镜像等操作。对于元器件的属性，如标称值的修改，方法是双击该元器件，在弹出的属性对话框中修改即可。例如，双击图 1-26 中的电阻 R2，弹出如图 1-27 所示的属性对话框，对话框中的"Part Reference"是组件标签，是用于给元器件命名的，可以按照元器件的命名标准（如电阻一般用 R 开头，电容一般用 C 开头，二极管一般用 D 开头）随便填写，也可以默认（这里系统默认为 R2），但要注意在同一文档中不能有两个组件标签（名字）相同的情况；"Resistance"是电阻值，在"Resistance"文本框中填入 300，单位默认为 Ω。若在数字后面加上 k，则表示单位为 kΩ。其他元器件的属性修改的操作相同。

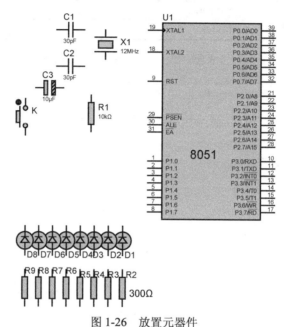

图 1-26　放置元器件

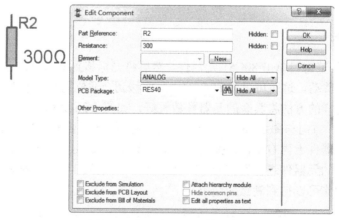

图 1-27　电阻 R2 的属性对话框

　　D1～D9 的电路符号的画法不符合原理图标准，这主要是由于 Proteus 软件中标准的发光二极管符号不具有仿真功能，而图 1-26 中的二极管符号具有仿真功能，因此用它来表示。其中本书中所有仿真的电路图中，都用这种二极管符号代替发光二极管的符号。

3. 电路连线

电路引脚之间连线的方法是，将光标放到要连线的引脚上，这时的元器件引脚处于高亮度状态，单击并移动鼠标，这时光标与元器件引脚之间就会处于连线状态，将光标移到另一个要连线的引脚（该引脚就会处于高亮度状态）上再单击，这两个元器件之间就用线连接起来了。例如，将光标放在图 1-28 中 U1 的引脚 19 上，处于高亮度状态，移动光标将变成，继续将光标移动到图 1-28 中 X1 的上方引脚，X1 的上方引脚处于高亮度状态，单击可将图 1-28 中 U1 的引脚 19 与 X1 的上方引脚连接好，注意连线时需要转弯的话，就在转弯的地方单击，再继续往前移光标，直到连线的终点再单击完成两点之间的连线。按照此法完成图 1-26 中所有元器件之间的连线，所有元器件之间的连线效果如图 1-28 所示。若连线错了，则只要将光标放在该线上再右击，在弹出的窗口中单击 Delete Wire 选项即可删除该条连线。

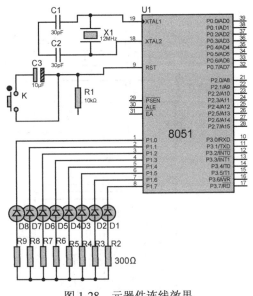

图 1-28　元器件连线效果

4. 放置电源和地

下面添加电源。先说明一点，Proteus 中单片机芯片默认已经连接电源和地，所以可以省略。在添加电源和地之前，先来看一下图 1-23 中区域⑤的工具箱，在这里只说明本书中可能会用得到的比较重要的工具。

：选择模式（Selection Mode），通常情况下都需要选中它，如布局和布线时。

：组件模式（Component Mode），单击该按钮，能够显示出区域③中的元器件，以便选择。

：线路标签模式（Wire Label Mode），选中它并单击文档区电路连线能够为连线添加标签。经常与总线配合使用。

：文本模式（Text Script Mode），选中它能够为文档添加文本。

：总线模式（Buses Mode），选中它能够在电路中画总线。关于总线画法的详细步骤与注意事项会在后面进行专门讲解。

　　　：终端模式（Terminals Mode），选中它能够为电路添加各种终端，如输入、输出、电源、地等。

　　　：虚拟仪器模式（Virtual Instruments Mode），选中它能够在区域③中看到很多虚拟仪器，如示波器、电压表、电流表等。关于它们的用法会在后面的相应章节中详细讲述。

　　下面准备在图1-28中添加电源和地的符号。方法是单击　图标，在图1-23的区域③就会出现9个终端选择模式，如图1-29（a）所示，在区域图中单击"POWER"选项，选中电源符号，通过图1-23的区域⑥中的调整工具对符号的方向进行适当的调整，然后将光标移动到图1-29（b）中的合适位置并单击，放置3个电源符号，放置完成后与对应的元器件引脚连线，如图1-29（b）所示；同理在区域③中单击"GROUND"选项，选中　符号，通过图1-23的区域⑥中的调整　工具对　符号的方向进行适当的调整，将光标移动到图1-29（b）中的合适位置并单击，放置2个　符号，放置完成后与对应的元器件引脚连线，如图1-29（b）所示。

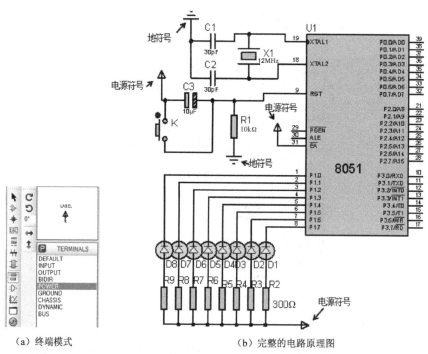

（a）终端模式　　　　　　　　　　（b）完整的电路原理图

图1-29　终端模式及完整的电路原理图

5. 单片机加载".hex"文件

　　首先双击单片机图标，系统会弹出"Edit Component"对话框，如图1-30所示。在这个对话框中单击"Program File"文本框右侧的　按钮，打开选择程序代码窗口，选中前面用Keil软件生成的"shiyan1.hex"文件，单击对话框中的"OK"按钮，返回文档，程序文件就添加完成了。装载好程序，就可以进行仿真了。

6. 基于Proteus的单片机电路的功能仿真

　　首先来熟悉一下图1-23中的区域⑦。仿真工具条由左向右依次是"Play""Step""Pause"

"Stop"按钮,分别表示"运行""步进""暂停""停止"。单击"Play"按钮仿真运行,可以看到图 1-29 中的 8 个 LED 一闪一闪的。

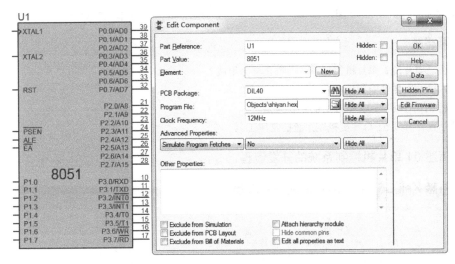

图 1-30　单片机属性

至此我们完成了一个简单的单片机控制系统的软件和硬件系统的设计,只要通过图 1-29 的原理图绘制 PCB,将程序烧录到单片机,再将图 1-29 中的元器件焊接好,接上 5V 的电源,该系统就可以在真正的硬件系统上实现设计功能。单片机的学习和设计是一个循序渐进的过程,在这里通过一个简单的单片机控制系统设计过程,希望能将读者快速带入单片机世界的大门。

本 章 小 结

本章简单介绍了 51 单片机的基本概念、性能指标、分类、封装、引脚信息等,并通过一个具体的案例设计,对单片机控制系统的软件和硬件设计的步骤进行了较为详细的说明,为后续的单片机学习提供了学习方法。

习　题　1

一、选择题

1. 51 单片机是(　　)位的单片机。
   A. 16　　　　　　　　B. 8　　　　　　　　C. 4　　　　　　　　D. 32

2. PDIP40 封装的 8051 芯片,其接地引脚和电源引脚的编号分别是(　　)。
   A. 1,21　　　　　　B. 11,31　　　　　　C. 20,40　　　　　　D. 19,39

3. 开发单片机使用的在线仿真器的简称是(　　)。
   A. IPS　　　　　　　B. USB　　　　　　　C. ICE　　　　　　　D. SPI

4. 51单片机引脚的高低电平分别是（　　）。

　　A．+5V，−5V　　　　B．+5V，0V　　　　C．+12V，0V　　　　D．+1.8V，0V

5. 51单片机的可执行文件是（　　）。

　　A．*.c　　　　　　　B．*.asm　　　　　　C．*.obj　　　　　　D．*.hex

二、简答题

1. 什么是单片机？单片机控制系统由哪几部分组成？

2. 单片机的主要性能指标有哪几个？

3. 简述51单片机与52单片机的主要区别。

4. 简述设计开发51单片机控制系统的常用工具。

三、简述51单片机控制系统的开发流程。

四、熟悉Keil C51和Proteus的设计环境。

第 2 章 51 系列单片机系统结构

内容提要

本章主要以 51 系列单片机中的经典型号 8051 单片机为例，系统地介绍了单片机的内部结构、端口及引脚、中断（interrupt）系统、定时/计数器和串行通信等内容。本章从单片机系统的完整性角度，介绍了 51 系列单片机提供的所有资源的特性和含义。通过对本章的学习，读者要熟悉 51 系列单片机的一些特殊功能寄存器（Special Function Register，SFR）的位的含义，重点掌握 51 系列单片机的引脚功能和 51 系列单片机的中断、定时/计数器及串行口等相关概念。

本章内容特色

集中分析单片机的内部资源，简明扼要，尽量做到理论够用不烦琐，有效地化解课程教学过程中的课时数不够的问题。

自从 Intel 公司的 MCS-51 系列单片机问世以来，该系列的单片机产品已经发展了几十种型号。8051 单片机是最早的最典型的产品，该系列其他新的单片机产品都是以它为核心增加了一定的功能部件后构成的，所以不同厂家生产出的不同型号的 51 单片机的性能也不尽相同，但内核相同，指令系统也完全兼容。

2.1 51 系列单片机的内部结构

51 系列单片机的典型芯片是 8051，其他型号的 51 系列单片机的内部结构与 8051 单片机的内部结构基本相同。8051 单片机的内部结构框图如图 2-1 所示。

单片机的性能反映在单片机的所有结构和资源上。8051 是 ROM 型单片机，其内部有 4KB 工厂掩膜编程的 ROM 程序存储器；8751 是 EPROM 型单片机，其内部有 4KB 用户可编程的 ROM 程序存储器；89S51 是片内含 4KB 用户可在线编程的 Flash 程序存储器；8031 是无 ROM 程序存储器的单片机，它必须外接 EPROM 存储器。除此之外，8051、8751、89S51 和 8031 的内部结构完全相同，都具有以下硬件资源。

（1）面向控制的 8 位 CPU；

（2）128B 内部 RAM 数据存储器；

（3）32 位双向 I/O 线；

（4）1 个全双工的异步串行口；

（5）2 个 16 位定时/计数器；

（6）5 个中断源，2 个中断优先级；

（7）时钟发生器；

（8）可寻址 64KB 的程序存储器和 64KB 的外部数据存储器。

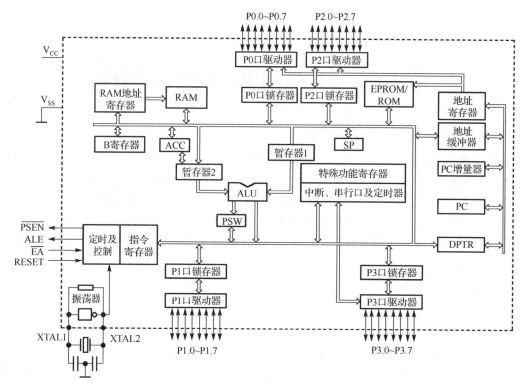

图 2-1　8051 单片机的内部结构框图

2.1.1　CPU

CPU 是整个单片机的核心部件，主要完成算术运算、逻辑操作和位操作处理等功能。51 系列单片机的 CPU 由运算器、控制器和布尔（位）处理器组成，51 系列单片机 CPU 的数据宽度为 8 位。

1. 运算器

运算器是用于对数据进行算术运算和逻辑操作的执行部件，它以 8 位算术逻辑部件（Arithmetic Logic Unit，ALU）为核心，包括 8 位累加器（Accumulator，ACC）、8 位 B 寄存器、8 位程序状态字寄存器（Program Status Word，PSW）和 8 位暂存器 TMP1 和 TMP2 等部件。运算器主要有以下功能。

（1）算术运算（加、减、乘、除）；

（2）增量（加 1）运算、减量（减 1）运算；

（3）十进制数调整；

（4）位的置 1 和位的置 0，以及取反操作；

（5）逻辑运算（与、或、异或运算）；

（6）循环移位和位操作等；

（7）数据传送操作。

2. 控制器

控制器是 CPU 的大脑中枢，它包括地址寄存器、地址缓冲器、程序计数器（Program

Counter，PC）、数据指针（Data Pointer，DPTR）、指令寄存器（Instruction Register，IR）、堆栈指针（Stack Pointer，SP）、定时控制逻辑和振荡器（OSC）等。控制器的功能是对逐条指令进行译码，并通过定时和控制电路在规定的时刻发出各种操作所需的内部和外部控制信号，协调各部分的工作，完成指令规定的操作。下面简单介绍控制器中几个重要部件的功能。

1）PC

PC 的作用是存放下一条要执行的指令的地址。当一条指令按照 PC 指定的地址从程序存储器中取出指令代码后，PC 会自动加 1，即指向下一条指令的地址。开机复位后，51 系列单片机的 PC 所指的地址为 0000H。

2）SP

堆栈是一个特殊的存储区，其主要功能是暂时存放数据和地址，通常用于保护断点和现场。堆栈的特点是按先进后出的原则存取数据。SP 总是指向栈顶位置，一般堆栈的栈底不能动，所以数据入栈前要先修改 SP（SP 先自动加 1），使它指向新的空余空间再把数据存进去，出栈的时候相反。复位后，51 系列单片机的栈底地址为 07H，所以堆栈事实上是由 08H 开始存放数据的。

3）IR

当指令送入 IR 后，该寄存器对该指令进行译码，即变成所需的电平信号，CPU 根据译码输出的电平信号，使定时控制电路定时地产生执行该指令所需的各种控制信号，以便计算机能正确执行程序所要求的各种操作。

4）DPTR

因为 51 系列单片机可以外接 64KB 的数据存储器和 I/O 接口电路，所以 51 系列单片机内设置了一个 16 位的 DPTR，主要用于存放 16 位的地址，它可以对 64KB 的外部数据存储器和 I/O 口进行寻址，它的高 8 位 DPH 地址为 83H，低 8 位 DPL 地址为 82H。

3. 布尔（位）处理器

51 系列单片机的 CPU 除了具有 8 位微处理器的功能，还设置了一个结构完整、功能极强的布尔（位）处理器，这是 51 系列单片机的突出优点之一，给面向控制的实际应用带来了极大的方便。51 系列单片机的布尔（位）处理器除了算术逻辑单元（ALU）与字节处理器合用，还有以下位设置功能。

（1）累加器 CY：进位/借位标志。在布尔运算中，CY 是数据源之一，是运算结果的存放处，也是数据传送的中心。程序也根据 CY 的状态，执行程序转移指令。

（2）位寻址的 RAM：RAM 区的 20H～2FH 中的 0～128 位。

（3）位寻址的寄存器：特殊功能寄存器中可以位寻址的寄存器。

（4）位寻址的并行 I/O 口：并行 I/O 口中可以位寻址的并行 I/O 口。

（5）位操作指令系统：位操作指令可实现对位的清零、取反、置位、判断、传送、位逻辑运算、位的输入/输出等操作。

利用布尔（位）处理器的逻辑操作功能，可以直接执行逻辑表达式，免去了过多的数据往返传送、字节屏蔽和测试分支，大大简化了编程，节省了存储器的空间，加快了处理速度，增加了实时性，还可以实现复杂的组合逻辑处理功能，这些功能非常适合某些数据采集、实时测控等应用系统，是其他微型计算机无法比拟的。

2.1.2　存储器

51 系列单片机系统与一般微机系统的存储器配置方式不同，一般微机系统通常采用冯·诺依曼结构，只有一个逻辑空间，可以随意安排 ROM 或 RAM。访问存储器时，同一地址对应唯一的存储空间，可以是 ROM，也可以是 RAM，并用同类访问指令。而 51 系列单片机的存储器结构采用哈佛结构，一般的 51 系列单片机内部有以下 5 个独立的存储空间。

（1）64KB（片内/片外）程序存储器地址空间（0000H～0FFFFH）；

（2）128B 内部数据存储器空间（00H～7FH）；

（3）128B 内部特殊功能寄存器空间（80H～0FFH）；

（4）位寻址空间（00H～0FFH）；

（5）64KB 外部数据存储器地址空间（0000H～0FFFFH）。

需要注意的是，51 系列单片机各种型号的芯片在各存储器空间的物理单元个数可能是不同的。51 系列单片机除有片内数据存储器低 128B 外，不同的 51 单片机制造商还在芯片内部集成了一定数量的片外数据存储器（1～4KB）。这些存储器虽然从物理结构来看在片内，但从逻辑结构来看仍然在片外。51 系列单片机存储器的一般存储结构如图 2-2 所示。

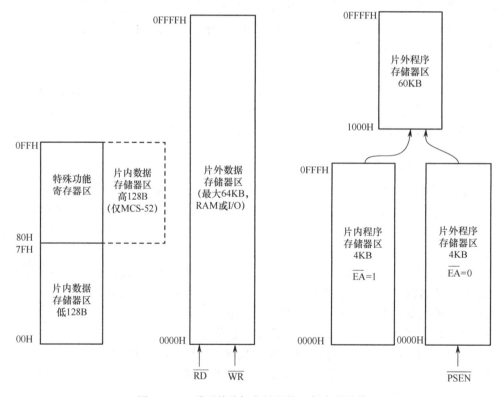

图 2-2　51 系列单片机存储器的一般存储结构

Keil C 软件对于 51 系列单片机的存储器管理方式是将存储器分为 6 种形式，对各种形式的使用均采用小写形式，如表 2-1 所示。注意表中的 0x 在 C 语言中是十六进制数据的前缀。

表 2-1　Keil C 语言的存储器管理

存储类型	长度/bit	值域范围	与物理空间的对应关系
data	8	0~127	固定指前面 0x00~0x7f 的 128 个 RAM，可以用 ACC 直接读写，速度最快，生成的代码也最小
bdata	8	0~127	位寻址内部 RAM（0x20~0x2f）空间，允许位和字节混合访问
idata	8	0~255	固定指前面 0x00~0xff 的 256 个 RAM，其中，前 128 个和 data 中的前 128 个完全相同，只是因为访问的方式不同，速度比 data 里的数据要慢，idata 是用类似标准 C 语言中的指针方式访问的，对应汇编指令 MOVX ACC, @Rx
pdata	8	0~255	外部扩展 RAM 的低 256 个字节，地址出现在 A0~A7 上时读写，以 R0、R1 方式分页寻址的外部数据存储器，这个比较特殊，而且 Keil C51 对此好像有 BUG，建议少用
xdata	16	0~65 535	外部数据存储器区（64KB 地址范围），对应汇编指令 MOVX @DPTR, A
code	16	0~65 535	程序存储器区（64KB 地址范围），对应汇编指令 MOVC A, @A+DPTR

1. 程序存储器

51 系列单片机的程序存储器空间为 64KB，其指针为 16 位的 PC。低 4KB 的程序存储器（某些单片机为 8KB 或 16KB）可以在单片机的内部也可以在单片机的外部，这是由输入到引脚 $\overline{EA}$ 的电平确定的。

当 $\overline{EA}$ =1，即接+5V 时，CPU 从片内 0000H 单元开始读取指令，当 PC 值大于 0FFFH 时，自动转到片外程序存储器地址空间执行程序，地址范围为 1000H~0FFFFH。可根据实际应用的需要情况扩展程序存储器的容量。

当 $\overline{EA}$ =0，即接低电平时，内部程序存储器被忽略，CPU 总是从片外程序存储器中读取程序。对于内部无 ROM 的 8031 单片机，其 ROM 只能外接，必须使 $\overline{EA}$ =0。

程序存储器由 16 位的 PC 指示当前地址。片内 ROM 的地址为 0000H~0FFFH。单片机启动复位后，PC 的内容为 0000H，系统将从 0000H 单元开始执行。

程序存储器中的 0000H~0032H，共 48B，用于保留专用中断处理程序，称为中断矢量区，用户编写程序时必须跳过这一区域。

（1）0000H~0002H：单片机系统复位后，PC=0000H，即程序从 0000H 单元开始执行程序，若程序不从 0000H 单元开始执行，则应在这 3 个单元中存放一条无条件转移指令，让系统跳过这一区域，直接去执行用户指定的程序，这主要是针对汇编语言编程，用 C51 编程就不需考虑了。

（2）0003H：外部中断 0 入口地址。

（3）000BH：定时器 T0 溢出中断入口地址。

（4）0013H：外部中断 1 入口地址。

（5）001BH：定时器 T1 溢出中断入口地址。

（6）0023H：串行口中断入口地址。

（7）002BH：定时器 T2 溢出中断入口地址（仅 52 系列单片机有）。

在使用汇编语言编写程序时，通常在这些中断入口地址处放一条绝对跳转指令，CPU 响应中断时会自动跳转到用户安排的中断服务子程序的起始地址。用户的初始主程序入口处地址通常确定在 0032H 以后的地址单元，运行时从 0000H 单元启动，无条件跳转到该入口处执行程序。

2. 数据存储器

数据存储器主要用于存放运算中间结果、数据暂存和缓冲及标志位等。51 系列单片机的数据存储器在物理逻辑上可分为两个地址空间，即片内数据存储区和片外数据存储区。51 单片机片内数据存储器分为特殊功能寄存器与数据存储器，对于汇编语言而言，必须采用不同的寻址方式，才能区分出是访问特殊功能寄存器，还是访问数据存储器。

51 子系列单片机片内低 128B（00H～7FH）的地址区域为片内 RAM，对其访问采用直接寻址和间接寻址方式。高 128B（80H～0FFH）地址区域分布着 21 个特殊功能寄存器，只能采用直接寻址方式访问。

52 子系列单片机片内低 128B 与 51 子系列单片机相同，高 128B 地址区域又分为两个，一个为特殊功能寄存器区，分布着 26 个特殊功能寄存器，只能采用直接寻址方式访问；另一个 128B 的 RAM，只能采用间接寻址方式访问。

单片机 C 语言并没有寻址指令，但可以用不同的存储器形式区分操作对象，它有 data、idata 和 bdata 3 种存储器形式：data 存储器形式可直接存取 0x00～0x7f 数据存储器；idata 存储器形式可以通过间接寻址方式访问 0x00～0xff 数据存储器；bdata 存储器形式可以通过位寻址方式访问 0x20～0x2f 数据存储器。因此 51 系列单片机的片内 RAM 区的地址范围为 00H～0FFH，这 256 个单元按其功能分为两部分：低 128B 片内 RAM 区和高 128B 片内 RAM 区，片内 RAM 区有 256B 的用户数据存储区域（不同的型号有区别），片内 RAM 区地址分配图如图 2-3 所示。

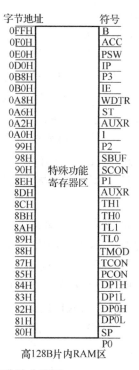

图 2-3　片内 RAM 区地址分配图

1）低 128B 片内 RAM

低 128B 片内 RAM 的地址空间为 00H～7FH 单元，为用户数据 RAM，可以存放运算结果和标志位等。该区域按其功能，还可分为以下 3 个区域。

（1）工作寄存器区。

00H～1FH 单元为工作寄存器区，工作寄存器也称为通用寄存器，在用户编程时使用，临时寄存 8 位数据。工作寄存器区划分为 4 个区，每个区有 R0～R7 这 8 个工作寄存器，共 32 字节单元。每个工作寄存器有 8 位，可以用寄存器寻址方式寻址，也可用直接字节地址方式寻址。当用寄存器寻址方式时，由程序状态字（PSW）中的 RS1 和 RS0 两位确定工作寄存器区，但每次只能允许其中一组被选中。CPU 复位有效时，自动选中第 0 区的工作寄存器组，其余 3 个区的工作寄存器组仅能作为普通 RAM 存储单元使用，工作寄存器及 RAM 地址对照表如表 2-2 所示。

表 2-2　工作寄存器及 RAM 地址对照表

RS1 RS0	区号	寄存器名	字节地址	RS1 RS0	区号	寄存器名	字节地址
0　0	0 区	R0～R7	00H～07H	0　1	1 区	R0～R7	08H～0FH
1　0	2 区	R0～R7	10H～17H	1　1	3 区	R0～R7	18H～1FH

（2）位寻址区。

20H～2FH 单元为位寻址区，该区的每一位都赋予了一个位地址，位寻址区共有 16 字节地址单元，共有 128 位，如表 2-3 所示。有了位地址就可以进行位寻址，可以对特定的位进行处理、内容传送或条件转移等操作，给编程带来了很大方便。例如，在汇编程序中执行 SETB 00H 后，片内的 RAM 20H 单元的 D0 位被置 1，而该单元的其他各位则保持不变。通常可以将程序中用到的状态标识、位控制变量等放在位寻址区。

表 2-3　RAM 位寻址区地址映像

字节地址	位　地　址							
	D7	D6	D5	D4	D3	D2	D1	D0
2FH	7F	7E	7D	7C	7B	7A	79	78
2EH	77	76	75	74	73	72	71	70
2DH	6F	6E	6D	6C	6B	6A	69	68
2CH	67	66	65	64	63	62	61	60
2BH	5F	5E	5D	5C	5B	5A	59	58
2AH	57	56	55	54	53	52	51	50
29H	4F	4E	4D	4C	4B	4A	49	48
28H	47	46	45	44	43	42	41	40
27H	3F	3E	3D	3C	3B	3A	39	38
26H	37	36	35	34	33	32	31	30
25H	2F	2E	2D	2C	2B	2A	29	28
24H	27	26	25	24	23	22	21	20
23H	1F	1E	1D	1C	1B	1A	19	18
22H	17	16	15	14	13	12	11	10
21H	0F	0E	0D	0C	0B	0A	09	08
20H	07	06	05	04	03	02	01	00

该区域既可以采用字节直接寻址方式访问，也可采用位寻址方式访问。128 位中的每一位都有一个单独的位地址编码（00H～7FH），能对位地址直接寻址，执行置位、清零、取反、为 0 跳转或为 1 跳转等操作，能实现复杂的组合逻辑功能。通常把各种程序状态标志、位控制变量都设置在位寻址区。另外部分特殊功能寄存器也具有位地址功能。

（3）数据缓冲区。

30H～7FH 是数据缓冲区，即用户 RAM 区，共 80 个单元。52 子系列单片机片内 RAM 有 256 字节单元，前面的工作寄存器区、位寻址区和 51 子系列单片机一致，但 52 子系列单片机的数据缓冲区为 30H～0FFH，共 208 个单元。

作为普通 RAM 存储单元，用户可在此设置堆栈、数据的暂存、缓冲等数据空间，CPU 对这一空间只能进行字节直接寻址，不能采用位寻址。堆栈原则上可以设在片内 RAM 的任意区域，但 SP 在复位后的值为 07H，也就是将从 08H 单元开始堆放数据，显然，这和工作寄存器区重叠，因此，必须将 SP 的初值设为 30H 或者更大的地址值，堆栈一般设在 30H～7FH。

2）特殊功能寄存器

51 系列单片机片内 RAM 的高 128B（80H～0FFH）地址单元，为特殊功能寄存器区，其作用是控制、管理单片机内部的算术运算单元、并行 I/O、串行 I/O、定时/计数器、中断系统等功能模块的工作。用户在编程时可以设定初值，不能挪作他用。在 51 单片机中，特殊功能寄存器（PC 除外）与片内 RAM 进行统一编址，访问这些专用寄存器仅允许使用直接寻址方式。除 PC 外，51 子系列单片机有 18 个专用寄存器，其中 3 个为双字节寄存器，共占用 21B；52 子系列单片机有 21 个专用寄存器，其中 5 个为双字节寄存器，共占用 26B。特殊功能寄存器并未占满 80H～0FFH 整个地址空间，对于空闲地址的读写操作是无意义的，从这些空闲地址读出的是随机数。表 2-4 按地址顺序给出了各特殊功能寄存器的名称、符号、地址，特殊功能寄存器的地址能被 8 整除，具有位寻址功能。

表2-4　特殊功能寄存器一览表

名　　称	符　　号	地　　址	名　　称	符　　号	地　　址
P0 口	P0	80H	P2 口	P2	A0H
堆栈指针	SP	81H	中断允许控制	IE	A8H
数据指针	DPL	82H	P3 口	P3	B0H
	DPH	83H	中断优先级控制	IP	B8H
电源控制	PCON	87H	*定时/计数器 2 控制	T2CON	C8H
定时/计数器控制	TCON	88H	*定时/计数器 2 方式控制	T2MOD	C9H
定时/计数器方式控制	TMOD	89H	*定时/计数器 2 自动重载低字节	RCAP2L	CAH
定时/计数器 0 低字节	TL0	8AH	*定时/计数器 2 自动重载高字节	RCAP2H	CBH
定时/计数器 1 低字节	TL1	8BH	*定时/计数器 2 低字节	TL2	CCH
定时/计数器 0 高字节	TH0	8CH	*定时/计数器 2 高字节	TH2	CDH
定时/计数器 1 低字节	TH1	8DH	程序状态寄存器	PSW	D0H
P1 口	P1	90H	累加器	ACC	E0H
串行口控制	SCON	98H	B 寄存器	B	F0H
串行数据缓冲器	SBUF	99H			

注：带"*"的特殊功能寄存器与定时/计数器 2 有关，只在 52 子系列单片机中存在。

通过特殊功能寄存器可以实现对单片机内部资源的操作和管理。

ACC 是累加器，它是运算器中最重要的工作寄存器，用于存放参加运算的操作数和运算结果。在指令系统中常用助记符 A 表示累加器。

B 寄存器也是运算器中的一个工作寄存器，在乘法和除法运算中存放操作和运算的结果，在其他运算中作为中间结果寄存器使用。

SP 是 8 位的堆栈指针，数据进入堆栈前加 1，数据退出堆栈后减 1，复位后 SP 为 07H。若不对 SP 设置初值，则堆栈在 08H 开始的区域。

DPTR 是 16 位的数据指针，它由 DPH 和 DPL 组成，一般作为访问外部数据存储器的地址指针使用，保存一个 16 位的地址，CPU 对 DPTR 的操作也可以分别对高位字节 DPH 和低位字节 DPL 单独操作。

PSW 是程序状态寄存器，是一个 8 位的特殊功能寄存器，用于保存当前指令执行后的相关状态，为后面的程序指令执行提供状态转向条件。它可以采用字节直接寻址方式，也可采用位寻址方式，通过软件可以改变 PSW 中的各位状态标志。许多指令的执行结果将影响与 PSW 相关的状态标志。PSW 中的状态标志定义如表 2-5 所示。

表 2-5　PSW 中的状态标志定义

PSW	D7	D6	D5	D4	D3	D2	D1	D0
位符号	CY	AC	F0	RS1	RS0	OV	—	P

CY（D7）：保存当前指令运算结果产生的进位（或借位），CY=1 表示有进位（或借位），CY=0 表示无进位（或借位）。在位处理指令中当作位累加器使用。

AC（D6）：辅助进位标志，又称为半字节进位标志，若运算结果累加器中的 A3 位向 A4 位有进位，则 AC=1，否则 AC=0，常用于十进制调整。

F0（D5）：用户自定义的状态标志位，可根据实际需要进行设置。

RS1（D4）、RS0（D3）：片内 RAM 区的工作寄存器组。

OV（D2）：溢出标志位。当运算结果的绝对值超过允许表示的最大值时，就会产生所谓的"溢出"。主要用于有符号数运算的溢出检测判断。当两个有符号数进行运算时，次高位 D6 产生向最高位 D7 的进位（借位）而最高位 D7 不能产生进位（借位），或 D6 不产生进位（借位）而 D7 产生进位（借位）时，则 OV=1，有溢出；否则 OV=0，无溢出。最高位和次高位不同有进位或借位时，则 OV=1，有溢出；否则 OV=0，无溢出。

—（D1）：保留位，暂无定义。

P（D0）：奇偶校验标志位。根据运算结果累加器中"1"的奇偶性来确定取值，当"1"的个数为奇数时，P=1；当"1"的个数为偶数时，P=0。

其他特殊功能寄存器在以后的 I/O 口、中断、定时/计数器和串行口中进行介绍。

2.2　51 系列单片机的端口及引脚介绍

在 51 系列单片机的产品中，所有产品都是以 Intel 的 51 单片机为核心电路发展起来的，它们具有一致的硬件结构和软件特征。51 系列单片机型号众多，按功能可分为基本型和增强型两大类，分别称为 8051 系列单片机和 8052 系列单片机，两者以芯片型号中的末位数字区分，"1"为基本型，"2"为增强型。增强型单片机与基本型单片机相比，其最显著的特点是单片机内部的数据存储器和程序存储器的容量更大，同时增加了一个定时/计数器。有关 51 系列单片机的性能请查看第 1 章的表 1-1。关于 MCS-51 单片机的详细性能配置，请阅读 Intel 公司的 *MCS-51 Microcontroller Family User's Manual*。若读者选用的是其他厂家的 51 单片机，则相应的性能表和用户手册都可以在厂家的官方网站下载。51 系列单片机主要有 PDIP、PLCC 和 TQFP 等封装。本节将对 PDIP40 封装的 51 单片机的端口及引脚功能进行说明。

　　单片机将 CPU、存储器和 I/O 单元等集成在一块硅片上，将电路上的引脚用导线接引到封装基座的引脚上，以便与其他元器件连接。封装的主要功能是保护芯片和便于焊接安装等。51 系列单片机中各种型号单片机的引脚是相互兼容的。

　　51 系列单片机的 PDIP40 封装引脚图如图 2-4 所示，PDIP40 封装刚好可插入面包板或 40pin 的底座上，图 2-4 中左上方为引脚 1，然后逆时针排序分别是引脚 2、引脚 3、…、引脚 40。相邻两个引脚的间距为 2.54mm，器件长度为 52.578mm，两排引脚的间距为 15.875mm，器件厚度为 4.826mm，特别适合学校和培训机构使用。因为针脚式封装体积大，所以电路制作成本较高，目前已经很少使用。图 2-4 中的 PDIP40 封装共有 40 个引脚，根据引脚的用途可分为四大类，分别是电源和接地引脚、时钟引脚、控制引脚和 I/O 引脚。下面对引脚定义及其功能进行说明。

1. 电源和接地引脚

　　（1）V_{CC}（引脚40）：单片机工作电源电压的输入端。不同型号单片机接入对应的电源电压。单片机芯片的推荐工作电压及电压范围在芯片用户手册中给出，注意在实际应用时务必严格遵守。8051 单片机连接 5V±10%电源。

　　（2）GND（引脚20）：必须接地。

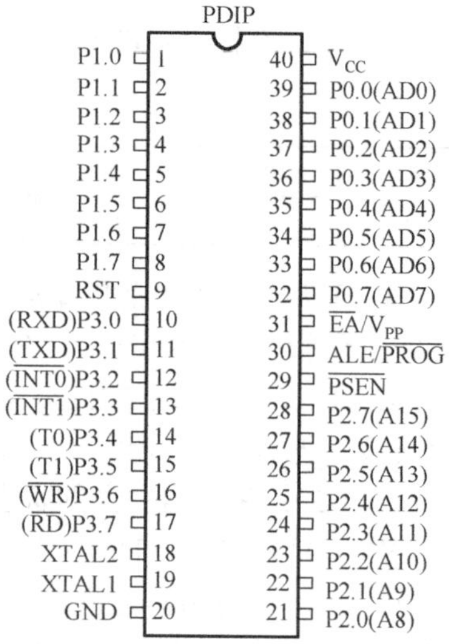

2. 时钟引脚

图 2-4　51 系列单片机的 PDIP40 封装引脚图

1）时钟引脚的功能

XTAL1（引脚 19）为片内振荡电路的输入端，XTAL2（引脚 18）为片内振荡电路的输出端。

51 单片机的 CPU 可以由以下两种方式提供。

　　（1）内部时钟方式：在 XTAL1 引脚和 XTAL2 引脚外接一个石英晶体或陶瓷晶振和振荡电容，如图 2-5（a）所示。

　　利用单片机 XTAL2 引脚和 XTAL1 引脚外接晶振及振荡电容，与片内可以构成振荡器的反相放大器一起组成工作主频时钟电路。Intel 公司 8051 芯片的工作频率为 1.2～12MHz，采用晶振可以提高工作频率的稳定性，工作频率取决于晶振的频率，典型值为 6MHz、12MHz 和 11.059 2MHz。振荡电容 C1 和 C2 的作用是保证振荡电路的稳定性及快速性，通常取 10～30pF，当外接石英晶体时，C1 和 C2 电容一般选择 30±10pF，当石英晶体起振后，XTAL2 引脚输出一个 2.24V 左右的正弦波，XTAL1 引脚的对地电压约为 2.09V。当外接陶瓷晶振时，C1 和 C2 电容一般选择 40±10pF。在实际电路设计时，应尽量保证外接的振荡器和电容尽可能靠近单片机的 XTAL1 引脚和 XTAL2 引脚，以减少寄生电容的影响，使振荡器能够稳定可靠地为单片机 CPU 提供时钟信号。

（2）外部时钟方式：使用外部振荡器脉冲信号，外部 CMOS 时钟源直接接到 XTAL1 引脚，XTAL2 引脚悬空，如图 2-5（b）所示。使用该时钟方式时，高低脉冲电平持续时间应不短于 20ns，否则工作不稳定。

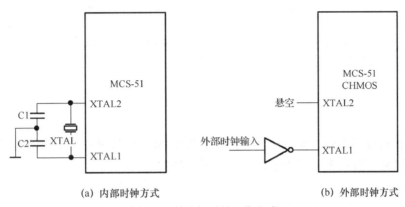

(a) 内部时钟方式　　　　　　　　(b) 外部时钟方式

图 2-5　单片机时钟工作方式

外部振荡器脉冲信号常用于系统中存在多片 MCS-51 单片机同时工作的场景。

对于 CHMOS 的 80C51 单片机，如采用外部时钟方式驱动，则外部 CMOS 时钟源直接接到 XTAL1 引脚，XTAL2 引脚悬空。

外部时钟的频率应该满足不同单片机的工作频率要求，如普通 51 单片机的频率应该低于 12MHz。若采用其他型号，则应该参考单片机的数据手册。

2）CPU 时序

51 单片机的工作过程就是执行程序的过程，程序是由指令序列组成的。51 单片机指令的执行是在 CPU 时序下进行的，其中涉及时钟周期、状态周期、机器周期和指令周期。下面分别进行说明。

（1）时钟周期。时钟周期也称为晶体的振荡周期，定义为时钟频率（f_{osc}）的倒数，是单片机中最基本、最小的时间单位。在一个时钟周期内，CPU 仅完成一个最基本的动作。对于某种型号的 51 单片机，若采用 1MHz 的时钟频率，则时钟周期就是 1μs。

时钟脉冲是 51 单片机的基本工作脉冲，它控制 51 单片机的工作节奏。对于同一种单片机，时钟频率越高，单片机的工作速度就越快。为了便于描述，时钟周期用拍（P）表示。拍是晶体的振荡周期或外部时钟脉冲的周期，也是 51 单片机中最小的时序单元。

（2）状态周期。状态周期用 S 表示，是 51 单片机内部各功能部件按时序协调工作的控制信号，是 51 单片机内部电路将时钟周期经过二分频后得到的信号，一个状态周期由两个时钟周期构成，前半状态周期对应的时钟周期定义为 P1，后半状态周期对应的时钟周期定义为 P2。单片机的一个状态周期包含两拍，分别为 P1 和 P2。

（3）机器周期。51 单片机 CPU 完成一个基本操作所需的时间称为机器周期。51 单片机规定，一个机器周期由 6 个状态周期（S1～S6）组成，而一个状态周期由两个时钟周期组成，则一个机器周期由 12 个时钟周期组成，可以表示为 S1P1、S1P2、S2P1、S2P2、…、S6P1、S6P2。与 12MHz 的晶振相应的机器周期 $T=1$μs。

时钟周期、状态周期和机器周期之间的关系如图2-6所示。

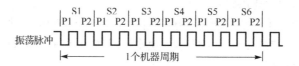

图2-6　时钟周期、状态周期与机器周期之间的关系

（4）指令周期。指令周期是51单片机的CPU执行一条指令所需的时间。51单片机的汇编指令分为单字节指令、双字节指令和三字节指令，所需的指令周期也不同，一般为1～4个指令周期。

3. 控制引脚

51单片机的控制引脚主要是指单片机的RST引脚（引脚9）、$\overline{PSEN}$引脚（引脚29）、ALE/$\overline{PROG}$引脚（引脚30）和$\overline{EA}/V_{PP}$引脚（引脚31）。

1）RST引脚

（1）51单片机的复位时间和电平。

RST引脚为51单片机的复位输入端，高电平有效。当51单片机运行时，若RST引脚输入大于两个机器周期（24个振荡周期）以上的高电平，则触发单片机复位操作。

（2）复位的功能。

初始化单片机，使单片机重新运行程序，即从程序存储器的0000H地址单元开始执行指令。51系列单片机复位后内部寄存器的初始值如表2-6所示。

表2-6　51系列单片机复位后内部寄存器的初始值

寄存器	状态值	寄存器	状态值	寄存器	状态值
ACC	00H	B	00H	PSW	00H
SP	07H	DPTR	00H	P0	FFH
P1	FFH	P2	FFH	P3	FFH
IP	00H	IE	00H	TMOD	00H
TCON	00H	TH0	00H	TL0	00H
TH1	00H	TL1	00H	SCON	00H
SBUF	未定	PCON	00H	PC	0000H

51单片机复位以后，除并行口锁存器（P0～P3）、SP寄存器和串行口接收/发送缓冲SBUF寄存器外，所有寄存器的值都被初始化为0。所有并行口锁存器（P0～P3）都初始化为0xFF，SP寄存器初始化为0x07，SBUF寄存器的状态不确定。内部ROM不受复位操作影响，上电后内部RAM的内容不确定。

（3）复位电路。

51单片机的复位电路有上电复位电路、手动复位电路和看门狗复位电路。下面分别介绍这几种复位电路。

上电复位电路由一个电阻R和一个电解电容C组成，如图2-7所示。在单片机上电瞬间，电容C上没有电荷，相当于短路，RST引脚输入为高电平，单片机自动复位。V_{CC}对电容C

进行充电，电容 C 的电压逐渐增大。当充满时，电容相当于开路，RST 引脚的输入电压为 0V，即低电平，单片机正常工作。复位电路高电平持续的时间和 RC 电路的充放电时间有关，因此要合理选择电阻 R（一般取 10kΩ）和电容 C（一般取 10μF）的参数。

　　图 2-8 所示的复位电路同时支持上电复位和手动复位。当系统上电时，图 2-8 的电路实现的就是图 2-7 的功能，手动复位电路由复位按键和放电电阻 R2 组成。单片机正常工作或系统死机时，按下复位按键，电容 C 与放电电阻 R2 形成放电回路，放电电阻 R2 的阻值很小，电容 C 快速放电，电容 C 两端电压变为 0V，因此 RST 引脚的输入变为高电平，单片机复位；松开按键，单片机进入工作状态。在实际应用电路中，电阻 R2 可以省略。

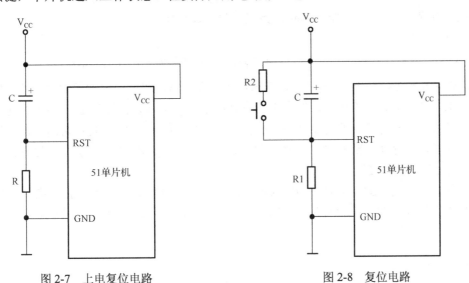

图 2-7　上电复位电路　　　　　　　　　　图 2-8　复位电路

　　在单片机应用系统中，单片机的工作常常会受到外界电磁场的干扰，造成寄存器和内存的数据混乱，可能会导致程序指针错误、取出错误的程序指令等，使系统陷入死循环。手动复位操作可以让单片机系统从程序存储器地址 0000H 开始执行程序。手动复位操作需要人工介入，问题一般难以快速得到解决，因此可以引入看门狗复位电路，就可以定期地查看芯片内部的情况，一旦发生错误，看门狗电路就向芯片发出复位信号。看门狗技术一般由硬件实现，也可由软件实现。市面上有专门的硬件看门狗芯片，而新型单片机的内部通常集成了硬件看门狗电路，如 AT89S52 和 STC89C52RC 等。

　　芯片集成的看门狗一般是一个定时器电路（又称 Watchdog Timer），一般有一个输入，称为喂狗端，还有一个输出到芯片的复位端。芯片正常工作时，每隔一段时间输出一个信号到喂狗端，清零看门狗定时器，如果超过规定的时间不喂狗，如程序跑飞、定时器计数溢出，那么就会产生一个复位信号到芯片，使芯片复位，防止系统死机。通俗地说，看门狗的作用就是防止程序发生死循环，或者说防止程序跑飞。

　　关于单片机的看门狗应用，请阅读单片机数据手册的相关内容。

　2）$\overline{PSEN}$ 引脚

　　$\overline{PSEN}$ 引脚为外部程序存储器读选通信号，低电平有效。当单片机读取外部程序存储器上的数据或指令时，该引脚输出一个负脉冲用于选通外部程序存储器，否则会一直输出高电平。外扩 ROM 时，$\overline{PSEN}$ 引脚连接到外部 ROM 的 $\overline{OE}$ 引脚。

3）ALE/$\overline{\text{PROG}}$ 引脚

ALE/$\overline{\text{PROG}}$ 为双功能引脚。ALE 引脚为地址锁存允许输出端。当单片机访问外部存储器时，ALE 引脚输出一个由正向负的负跳沿作为地址锁存信号，用于控制片外的地址锁存器锁存低 8 位的访问地址。访问地址为 16 位时，低 8 位由 P0 口输出，高 8 位由 P2 口输出，由于 P0 口分时复用为低 8 位地址线和 8 位数据输入/输出，因此必须将地址低 8 位锁存起来。

$\overline{\text{PROG}}$ 为第二功能引脚。在对片内 EPROM 型单片机（如 8751）烧写程序时，该引脚作为编程负脉冲输入端。

除了上述两种情况，ALE/$\overline{\text{PROG}}$ 引脚还可以自动输出固定频率的脉冲信号，频率为单片机时钟振荡频率的 1/6，可用作外部时钟源或定时计数脉冲。

4）$\overline{\text{EA}}$/V_{PP} 引脚

$\overline{\text{EA}}$/V_{PP} 为双功能引脚。$\overline{\text{EA}}$ 引脚为内部程序存储器和外部程序存储器的选择控制端。当 $\overline{\text{EA}}$ 引脚接高电平（V_{CC}）时，单片机访问内部程序存储器，即运行内部程序存储器（地址范围为 0000H～0FFFH 中的程序，但在 PC 的值超过 0FFFH（访问地址超过 4KB）时，则自动转到外部程序存储器执行程序。当 $\overline{\text{EA}}$ 引脚接低电平（GND）时，则只访问外部程序存储器，不管此时是否存在内部程序存储器。对于内部无 ROM 的 8031 单片机，程序存储器需要外接，则 $\overline{\text{EA}}$ 引脚必须接地（低电平）。

V_{PP} 为第二功能引脚，为片内 EPROM 或 Flash 存储器的编程电压输入端。对内部有 EPROM 的 8751 单片机，编程电压为 21V；对片内为 Flash 存储器的 51 单片机，编程电压为 12V。

4. I/O 引脚

51 单片机一共有 32 个 I/O 引脚，由 4 个 8 位的并行口 P0、P1、P2 和 P3 组成，每组并行口有 8 位 I/O 口，分别命名为 Px.0～Px.7（x=0～3）。每个 I/O 引脚都可以独立设置为输入引脚或输出引脚。单片机内部设有对应的特殊功能寄存器 P0～P3 用于控制或读取并行口状态，这些寄存器为直接字节寻址，且都支持按位寻址，即支持独立控制或读取某个 I/O 口的状态。

图 2-9（a）、图 2-9（b）、图 2-9（c）和图 2-9（d）分别为 P0、P1、P2 和 P3 这 4 个 I/O 口的内部 1 位电路结构示意图。由图 2-9 可以发现 P0～P3 的锁存器结构都是一样的，但输入和输出的驱动器的结构有所不同。P0～P3 口的每一位口锁存器都是一个 D 触发器，复位以后的初态为 1。CPU 通过内部总线将数据写入入口锁存器。CPU 对端口的读取操作有两种：一种是读取锁存器的状态，此时端口锁存器的状态由 Q 端通过上面的三态输入缓冲器送到内部总线；另一种是 CPU 读取引脚上的外部输入信息，这个时候引脚状态通过下面的三态输入缓冲器传送到内部总线，因为其内部电路就决定了在编写程序的时候要读外部引脚的信息，所以程序必须先对该端口写"1"。

P1、P2 和 P3 内部有拉高电路，称为准双向口。P0 口是漏极开路输出的，内部没有拉高电路，是三态双向 I/O 口，所以 P0 口在作准双向口用时需要外接上拉电阻。

P0～P3 口既可以按字节读写，也可按位读写。当 P0～P3 口作为通用端口读取引脚数据时，必须先向 P0～P3 口写"1"。

P1、P2 和 P3 可以驱动 4 个 LSTTL 电路，P0 口可以驱动 8 个 LSTTL 电路。

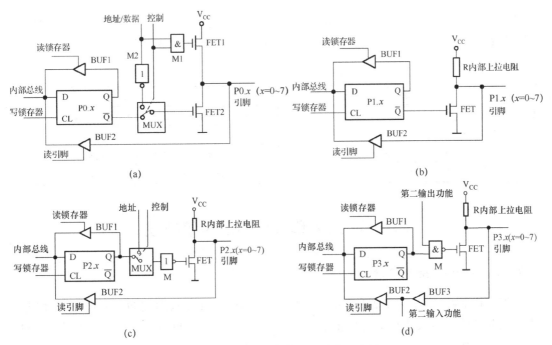

图 2-9　I/O 口内部 1 位电路结构示意图

1）P0 口（引脚 32～引脚 39）

本组的 8 个引脚组成 P0 口，其中，P0.0（引脚 39）为最低位，P0.7（引脚 32）为最高位。P0 口为 8 位的双向三态口，由 2 个 MOS 管串接，采用漏极开路输出。P0 口可作为通用 I/O 口，当单片机访问外部存储器或扩展 I/O 时，分时复用为 16 位地址总线的低 8 位和 8 位数据总线。在使用 P0 口时需要注意以下几点。

（1）P0 口作为地址总线和数据总线时，引脚外部无须外接上拉电阻；

（2）作为通用 I/O 口时，由于 P0 口每个 I/O 引脚的内部电路均为漏极开路，无高电平输出能力，因此在引脚外必须接上拉电阻；

（3）P0 口的端口编号 P0.0～P0.7 是由小到大的，而引脚编号 39～32 是由大到小的。

2）P1 口（引脚 1～引脚 8）

本组的 8 个引脚组成 P1 口，其中，P1.0（引脚 1）为最低位，P1.7（引脚 8）为最高位。P1 口为 8 位准双向 I/O 口，内置上拉电阻。P1 口用作普通 I/O 口，每个 P1 口的引脚能驱动 4 个 TTL 负载。

3）P2 口（引脚 21～引脚 28）

本组的 8 个引脚组成 P2 口，其中，P2.0（引脚 21）为最低位，P2.7（引脚 28）为最高位。P2 口为 8 位准双向 I/O 口，内置上拉电阻。P2 可用作通用 I/O 口，每个 P2 口的引脚能驱动 4 个 TTL 负载。当单片机访问外部存储器时，作为 16 位地址总线的高 8 位。若外接的数据存储器（RAM）小于 256B，则可以使用字节寻址，此时只使用低 8 位地址线（P0），P2 可作为普通 I/O 口。若外接的数据存储器大于 256B 或外接程序存储器，则必须采用字寻址方式，P2 作为高 8 位地址线，P0 作为低 8 位地址线。

4）P3 口（引脚 10～引脚 17）

本组的 8 个引脚组成 P3 口，其中，P3.0（引脚 10）为最低位，P3.7（引脚 17）为最高位。

P3 口为 8 位准双向 I/O 口，内置上拉电阻，每个 P3 口的引脚能驱动 4 个 TTL 负载。P3 口除了可用作普通 I/O 口外，还具有第二功能，P3 口第二种功能表如表 2-7 所示。

表 2-7 P3 口第二种功能表

引　脚	功　　能	引　脚	功　　能
P3.0	RXD（串行口输入端）	P3.4	T0（定时/计数器 0 外部计数脉冲输入端）
P3.1	TXD（串行口输出端）	P3.5	T1（定时/计数器 1 外部计数脉冲输入端）
P3.2	$\overline{INT0}$（外部中断 0 信号输入端）	P3.6	$\overline{WR}$（外部数据存储器的写选通）
P3.3	$\overline{INT1}$（外部中断 1 信号输入端）	P3.7	$\overline{RD}$（外部数据存储器的读选通）

2.3 51 系列单片机中断系统概述

2.3.1 中断的相关概念

中断是指 CPU 正在处理某件事情时，外部发生某一事件，请求 CPU 迅速处理，CPU 暂时中断当前工作，转入处理发生的事件，处理完该事件后，再回到原来被中断的地方，继续执行原来的工作，这个过程称为中断。这里涉及以下几个基本概念。

（1）中断源：能够产生中断请求的硬件或软件资源称为中断源。

（2）主程序：中断发生前正在执行的程序代码称为主程序。

（3）断点：中断发生时，主程序被断开的程序代码位置称为断点。

（4）中断系统：能够实现中断响应、中断处理和中断返回的功能部件称为中断系统。

在中断的实际应用中，引起中断的原因多种多样，根据中断源的属性，通常将中断分为外中断和内中断两大类。

2.3.2 51 系列单片机的中断系统

51 系列不同型号单片机的中断源的数量是不同的（5～11 个），最典型的 8051 单片机有 5 个中断源，2 个中断优先级，可以实现二级中断服务程序嵌套。每个中断源可以编程为高优先级或低优先级中断，允许或禁止向 CPU 请求中断。与中断系统有关的特殊功能寄存器有中断允许控制寄存器 IE、中断优先级控制寄存器 IP 和中断源寄存器 TCON、SCON。51 系列单片机的中断系统结构框图如图 2-10 所示。

2.3.3 51 系列单片机的中断类型

51 系列单片机有 5 个中断源：2 个外部中断源，分别为外部中断 0（$\overline{INT0}$ 引脚）和外部中断 1（$\overline{INT1}$ 引脚）；3 个内部中断源，分别为定时/计数器 T0 溢出中断、定时/计数器 T1 溢出中断和串行口的发送/接收中断。这些中断源的标志控制位分别由 TCON 和 SCON 的相应位管理。

1. 外部中断

外部中断是由外部信号引起的。51 系列单片机共有 2 个外部中断源，称为外部中断 0 和外部中断 1。外部中断 0 的中断信号由 51 系列单片机的 $\overline{INT0}$ 引脚（引脚 12）引入 CPU，外部中断 1 的中断信号由 51 系列单片机的 $\overline{\text{INT1}}$ 引脚（引脚 13）引入 CPU。

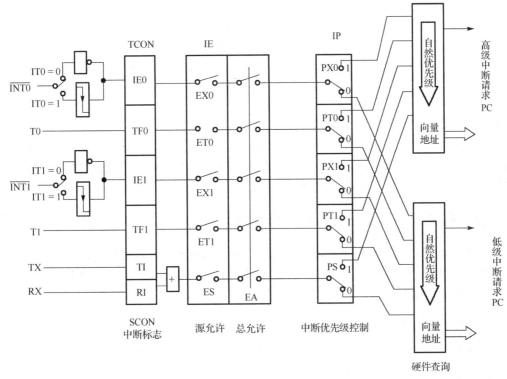

图 2-10　51 系列单片机的中断系统结构框图

外部中断的中断请求有两种信号触发方式。

1）电平触发方式

电平触发方式是一种静态方式，中断请求信号低电平有效。CPU 在每个机器周期的 S5P2 时刻都要对 $\overline{\text{INT0}}$ 引脚和 $\overline{\text{INT1}}$ 引脚的电平进行采样，若采样值为低电平，则表示有效的中断请求信号。

2）脉冲触发方式

脉冲触发方式的中断请求是一种动态方式，中断请求信号是脉冲的后沿负跳有效。CPU 在每个机器周期的 S5P2 时刻都要对 $\overline{\text{INT0}}$ 引脚和 $\overline{\text{INT1}}$ 引脚的电平进行采样，若相继两次采样均为前高后低，则表示中断信号有效。

外部中断的中断请求的这两种信号触发方式，可通过设置 TCON 寄存器的相关控制位的值进行设定。

注意，若为脉冲触发方式，则其中断请求信号必须保持低电平，直到 CPU 响应此中断请求，但在返回主程序前必须采取措施，撤销中断请求信号引脚上的低电平，否则会造成错误中断；若外部中断方式选择，由于每个机器周期采样中断请求信号一次，因此在这种中断方式的中断请求信号的高电平与低电平的持续时间必须各保持一个机器周期以上。

2. 定时/计数器中断

定时/计数器中断发生在单片机的内部，在 51 系列单片机内部有两个定时/计数器 T0 和 T1，它们以加法计数的方法实现定时或计数的功能。当它作为定时器使用时，其计数信号来自 CPU 内部的机器周期脉冲；当它作为计数器使用时，其计数信号来自 CPU 的 T0 引脚（P3.4，引脚 14）、T1 引脚（P3.5，引脚 15）。

在启动定时/计数器后，每来一个机器周期或在对应的引脚上每检测到一个脉冲信号时，定时/计数器就加 1，当定时/计数器的值从全 1 变为全 0 时，就置位一个溢出标志位，即 TF0 或 TF1 置 1，CPU 查询到后，就知道有定时/计数器的溢出中断的申请。

3. 串行中断

串行中断是为串行数据传送的需要而设置的。当串行口发送完一帧串行数据时，就会使串行发送中断标志位 TX 置 1；当串行口接收完一帧串行数据时，就会使串行接收中断标志位 RX 置 1，作为串行中断请求标志，产生一个中断请求。串行中断请求是在单片机芯片内部自动发生的，不需要在芯片上设置引入端。

2.3.4 51 系列单片机的中断控制寄存器

51 系列单片机的每个中断请求都对应一个中断请求标志位，它们分别在特殊功能寄存器 TCON 和 SCON 的相应位中。运行中，CPU 通过查询这些寄存器中的中断请求标志位的值来判断是否有相关的中断请求。

1. 定时/计数器控制寄存器 TCON

TCON 用于保存外部中断请求及定时/计数器的计数溢出。TCON 的内容及位地址如表 2-8 所示。其中与中断有关的位是 IE0、IE1、TF0 和 TF1。

表 2-8   TCON 的内容及位地址

TCON	D7	D6	D5	D4	D3	D2	D1	D0
位符号	TF1	TR1	TF0	TR0	IE1	IT1	IE0	IT0
位地址	8FH	8EH	8DH	8CH	8BH	8AH	89H	88H

TCON 的高 4 位与定时/计数器的设置有关，TCON 的低 4 位与外部中断有关，其含义如下所示。

（1）IT0、IT1：IT0 是外部中断 0 的中断请求触发方式控制位，IT1 是外部中断 1 的中断请求触发方式控制位，二者含义相同。在程序设计中可以对 IT0、IT1 直接赋值。

当 IT0/IT1=1 时，外部中断 0/外部中断 1 被设置为负跳变触发方式（或称为边沿触发方式）。CPU 在每个机器周期的 S5P2 期间采样外部中断 0（P3.2）/外部中断 1（P3.3）引脚的输入电平。在相继的两个机器周期采样过程中，若一个机器周期采样到外部中断 0/外部中断 1 的引脚为高电平，下一个机器周期采样到外部中断 0/外部中断 1 的引脚为低电平，则使 IE0/IE1 置 1，表示外部中断 0/外部中断 1 有中断请求。若采样到外部中断 0（P3.2）/外部中断 1（P3.3）引脚为高电平，则使 IE0 清零。

当 IT0/IT1=0 时，外部中断 0/外部中断 1 被设置为电平触发方式。CPU 在每个机器周期的 S5P2 期间采样外部中断 0（P3.2）/外部中断 1（P3.3）引脚的输入电平。若采样到外部中断 0/外部中断 1 的引脚为低电平，表示外部中断 0/外部中断 1 有中断请求，则使 IE0/IE1 置 1。直到 CPU 响应外部中断 0/外部中断 1，才由 CPU 内部硬件使 IE0/IE1 清零。

注意在电平触发方式下，CPU 响应中断时，不能自动清除 IE0/IE1 标志，即 IE0/IE1 的状态完全由外部中断 0（P3.2）/外部中断 1（P3.3）引脚的电平决定，所以在中断返回前必须撤除外部中断 0（P3.2）/外部中断 1（P3.3）引脚的低电平。而在负跳变触发方式下，当 CPU 响应外部中断时，CPU 硬件会自动使 IE0/IE1 置 1。负跳变触发方式下，为了保证 CPU 能检测到负跳变，要求外部中断 0（P3.2）/外部中断 1（P3.3）引脚上的高电平、低电平至少保持 1 个机器周期。

（2）IE0、IE1：IE0 是外部中断 0 的请求标志位，IE1 是外部中断 1 的请求标志位，二者含义相同。

当 CPU 检测到 $\overline{INT0}$（P3.2）引脚上有中断请求信号时，由 CPU 硬件置 1；当 CPU 检测到 $\overline{INT1}$（P3.3）引脚上有中断请求信号时，由 CPU 硬件置 1。

（3）TF0、TF1：TF0 是定时/计数器 T0 溢出中断请求标志位，TF1 是定时/计数器 T1 溢出中断请求标志位，二者含义相同。

当 TF0=1 时，定时/计数器 T0 溢出中断请求标志位，表示定时/计数器 T0 的计数值已由全 1 变为全 0，定时/计数器 T0 计数溢出，TF0 置 1 由 CPU 硬件完成。计数溢出标志位的使用有两种情况：当采用中断方式时，它作为中断请求标志位使用，CPU 响应定时/计数器 T0 中断请求后，程序转向中断服务程序执行中断程序，同时由 CPU 硬件自动对 TF0 标志清零；当采用查询方式时，TF0 作为查询状态位使用，TF0 被查询完后，要求被清零。

（4）TR0/TR1：定时/计数器的运行控制位。TR1 为定时/计数器 T1 的运行控制位，TR0 为定时/计数器 T0 的运行控制位，二者的含义和功能完全相同。

由软件方法使 TR0 置 1 或清零。当 TR0 置 0 时，定时/计数器 T0 停止计数；当 TR0 置 1 时，定时/计数器 T0 可以启动计数，需要结合后面 TMOD 特殊功能寄存器的 GATE 位进行分析。

2. 串行口控制寄存器 SCON

SCON 的内容及位地址如表 2-9 所示。

表 2-9　SCON 的内容及位地址

SCON	D7	D6	D5	D4	D3	D2	D1	D0
位符号	SM0	SM1	SM2	REN	TB8	RB8	TI	RI
位地址	9FH	9EH	9DH	9CH	9BH	9AH	99H	98H

表 2-9 中与中断请求标志相关的位如下所示。

1）TI

串行口发送中断请求标志位。当发送完一帧串行数据后，由硬件置 1；在转向中断服务程序后，需要用软件对该位清零。

2）RI

串行口接收中断请求标志位。当接收完一帧串行数据后，由硬件置 1；在转向中断服务程序后，需要用软件对该位清零。串行中断请求由 TI 和 RI 的逻辑 "或" 得到。就是说，无论是发送标志，还是接收标志，都会产生串行中断请求。

其余位的含义在串行口的内容中介绍。

一般情况，以上 5 个中断源的中断请求标志（IE0、IE1、TF0、TF1、T1 和 R1）是由中断机构硬件电路自动置位的，但也可以人为地通过指令（SETB BIT），对以上两个控制寄存器的中断标志位置位，即"软件代请中断"，这是单片机中断系统的一个特点。

3. 中断允许控制寄存器 IE

当某一中断（事件）出现时，相应的中断请求标志位被置1（中断有效），但该中断请求能否被 CPU 识别，则由 IE 的相应位的值来决定，IE 可对各中断源进行开放和关闭的两级控制，IE 的内容及位地址如表 2-10 所示。

表 2-10　IE 的内容及位地址

IE	D7	D6	D5	D4	D3	D2	D1	D0
位符号	EA	—	—	ES	ET1	EX1	ET0	EX0
位地址	AFH	AEH	ADH	ACH	ABH	AAH	A9H	A8H

表 2-10 中各位的含义如下所示。

EA：中断允许/禁止位，它是中断请求的总开关。EA=0，屏蔽所有中断请求；EA=1，开放所有中断请求。

ES：串行口允许/禁止位。ES=0，禁止串行口中断；ES=1，允许串行口中断。

ET1：T1 中断允许/禁止位。ET1=0，禁止 T1 中断；ET1=1，允许 T1 中断。

EX1：$\overline{INT1}$ 中断允许/禁止位。EX1=0，禁止 $\overline{INT1}$ 中断；EX1=1，允许 $\overline{INT1}$ 中断。

ET0：T0 中断允许/禁止位。ET0=0，禁止 T0 中断；ET0=1，允许 T0 中断。

EX0：$\overline{INT0}$ 中断允许/禁止位。EX0=0，禁止 $\overline{INT0}$ 中断；EX0=1，允许 $\overline{INT0}$ 中断。

51 系列单片机复位后，将 IE 清零，单片机处于关中断状态。若要开放中断，必须使 EA=1 且响应中断的相应允许位也为 1。开中断既可以使用置位指令，也可以使用字节操作指令。

4. 中断优先级控制寄存器 IP

单片机的中断系统通常允许多个中断源，当多个中断源同时向 CPU 发出中断请求时，就存在 CPU 优先响应哪个中断源请求的问题。通常根据中断源的轻重排队，即规定每个中断源有一个优先级别，CPU 总是响应优先级别最高的中断。51 系列单片机只有两个中断优先级，即低优先级和高优先级，对于所有的中断源，均可由软件将其设置为高优先级中断或低优先级中断。当 IP 中相应位的值为 0 时，表示该中断源为低优先级；当 IP 中相应位的值为 1 时，表示该中断源为高优先级。高优先级中断源可以中断一个正在执行的低优先级中断源的中断服务程序，即可实现两级中断嵌套，但同级或低优先级中断源不能中断正在执行的中断服务程序。IP 的内容及位地址如表 2-11 所示。

表 2-11　IP 的内容及位地址

IP	D7	D6	D5	D4	D3	D2	D1	D0
位符号	—	—	—	PS	PT1	PX1	PT0	PX0
位地址	BFH	BEH	BDH	BCH	BBH	BAH	B9H	B8H

表 2-11 中各位的含义如下所示。

PS：串行口中断优先级控制位。PS=1，串行口为高优先级，否则为低优先级。

PT1：定时/计数器 T1 中断优先级控制位。PT1=1，定时/计数器 T1 为高优先级，否则为低优先级。

PX1：外部中断 1 中断优先级控制位。PX1=1，外部中断 1 为高优先级，否则为低优先级。

PT0：定时/计数器 T0 中断优先级控制位。PT0=1，定时/计数器 T0 为高优先级，否则为低优先级。

PX0：外部中断 0 中断优先级控制位。PX0=1，外部中断 0 为高优先级，否则为低优先级。

中断申请源的中断优先级的高低由 IP 的各位控制，IP 的各位由用户用指令设定。复位操作后，IP= ×××00000B，即各中断源均设为低优先级中断。

在同时收到几个同一优先级的中断请求时，哪个中断请求能优先得到响应，取决于内部的查询顺序。51 系列单片机同一级中断的优先级查询顺序如表 2-12 所示。

表 2-12　51 系列单片机同一级中断的优先级查询顺序

中 断 标 志	中 断 源	中 断 级 别
IE0	外部中断 0	最高优先级
TF0	定时/计数器 T0 溢出中断	
IE1	外部中断 1	↓
TF1	定时/计数器 T1 溢出中断	
RI，TI	串行口中断	最低优先级

由此可见，各中断源在同一个优先级的条件下，外部中断 0 的中断优先级最高，串行口中断的中断优先级最低。

在 CPU 执行中断服务的过程中，级别低的或同级的中断申请不能打断正在进行的服务。而级别高的中断申请则能中止正在进行的服务，使 CPU 转去更高级的中断服务，待服务处理完毕后，CPU 再返回原中断服务程序继续执行，即实现两级中断嵌套。两级中断嵌套的过程如图 2-11 所示。

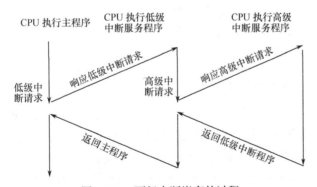

图 2-11　两级中断嵌套的过程

综上所述，可对中断系统的规定概括为以下两条基本规则。

（1）低优先级中断系统的规定可以被高级中断系统中断，反之不能；

（2）当多个中断源同时发出中断申请时，级别高的优先级先服务（先按高低优先级区分，再按辅助优先级区分）。

2.3.5　51 系列单片机的中断响应与处理

在单片机主程序的运行过程中 CPU 对中断的响应需要注意以下几个问题。

1. 51 系列单片机的中断响应条件

当中断源发出中断信号时，单片机并不总对该中断进行响应。一般来说，单片机中断应注意以下几个方面。

（1）中断源有请求，当 IE=1 时，单片机允许所有中断源申请中断，当 IE=0 时，单片机禁止所有中断源申请中断。

（2）允许某个独立中断源的中断请求，则相应的中断控制位（EX0、ET0、EX1、ET1、ES）置 1。

（3）正在执行的低级中断可以被高级中断请求中断，CPU 先执行高级中断，高级中断结束后再执行低级中断，一个正在执行的高级中断是不能被低级中断而中断的。

（4）若多个同级中断请求同时发出，则单片机按照一定的原则决定执行的顺序。51 系列单片机对中断的查询顺序是"外部中断 0→定时/计数器 T0→外部中断 1→定时/计数器 T1→串行口中断"。

（5）若程序正在执行读/写 IE 和 IP 指令，则 CPU 执行该指令结束后，需要再执行一条其他指令才可以响应中断。

（6）若程序正在执行返回指令，则执行完该指令后，需要再执行一条其他指令才可以响应中断。

（7）任何正在执行的指令在未完成之前，是不会响应中断请求的。

2. 51 系列单片机的中断响应过程

当一个中断满足响应条件后，CPU 便可以执行中断响应，其工作过程如下所示。

第 1 步：CPU 响应中断，硬件自动将当前的断点地址压入堆栈。

第 2 步：将相应的中断入口地址装入 PC 中。

第 3 步：程序转向相应的中断入口地址，开始执行中断程序。

第 4 步：对于某些中断，硬件还自动将中断标志位清零。

3. 51 系列单片机的中断入口地址

51 系列单片机中断入口地址如表 2-13 所示。两个相邻的中断入口地址很近，根本放置不了多少代码，因此在采用汇编语言编程的时候需要在中断入口地址处放一条 SJMP（占用 2 字节）或 LJMP（占用 3 字节）无条件转移指令，跳转的地址可由用户自行指定，当 CPU 响应该中断时，执行这个跳转指令，程序转至真正的中断服务程序。但采用 Keil C51 编程时就不需要考虑这些，只要编写中断函数即可，具体怎么跳转不需要考虑。

4. 51 系列单片机的中断的响应时间

CPU 对中断的响应是需要一定的时间的，对于实时性要求较高的场合，就需要考虑中断的响应时间。所谓中断的响应时间，即 CPU 从检查中断请求标志位（TCON 或 SCON），到转向对应的中断入口地址所需的机器周期的个数。在一个单一中断的系统中，51 系列单片机对外部中断请求的响应时间为 3～8 个机器周期。

表 2-13　51 系列单片机中断入口地址

中断号（interrupt）	中断名称（中断源）	中断入口地址（单片机汇编）	中断入口地址（单片机 C51）
—	系统复位（reset）	0000h	0x00
0	外部中断 $\overline{INT0}$	0003h	0x03
1	定时/计数器 T0 溢出中断	000bh	0x0b
2	外部中断 $\overline{INT1}$	0013h	0x13
3	定时/计数器 T1 溢出中断	001bh	0x1b
4	串行口中断	0023h	0x23

5. 51 系列单片机的中断处理

51 系列单片机的 CPU 对中断的处理可以分为两个过程：一个是硬件自动完成的部分；另一个是软件处理的部分。整个 CPU 响应中断处理流程图如图 2-12 所示。这里所说的中断处理主要是指中断的软件处理过程。

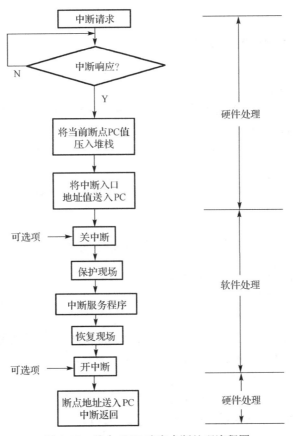

图 2-12　整个 CPU 响应中断处理流程图

中断的软件处理过程是从 PC 指向中断入口地址开始的，到中断结束返回为止，即整个中断服务程序。这个中断服务程序需要完成以下 3 部分操作。

（1）程序跳转：由于各中断处理程序的入口地址由系统统一规定，而且各中断入口地址只相隔 8 字节，因此一般容不下一个中断程序，用户也不可以随意设置。

（2）关中断与开中断：对于一个正在执行的中断，若不想被更高优先级的中断打断，则需要在中断服务程序后关闭所有中断，或者关闭某些中断。这样可以保证中断服务程序的顺利进行。在中断服务程序结束时，可以将关闭的中断开启，以便接收新的中断请求。

（3）保护现场与恢复现场：一般来说在主程序和中断服务程序中都会用到累加器、寄存器等。CPU 在中断服务程序中使用这些寄存器时将改变其中的内容，再返回主程序的时候容易造成混乱。因此在进入中断服务程序后，应该先将这些重要的寄存器保存，即保护现场；当中断服务程序结束时应该将这些寄存器的内容恢复，即恢复现场。其方法是：将子程序中用到的有关寄存器的内容压入堆栈，待中断服务完毕返回主程序，再从堆栈弹出，恢复现场。

6. 51 系列单片机的中断返回

在 51 系列单片机中，中断服务程序的返回比较简单，在汇编程序中直接在中断服务程序的最后加上一个中断返回指令 RETI 即可。中断服务程序在执行 RETI 指令时，将主程序的断点地址弹出并送回 PC 中，使程序能返回原来被中断的程序继续执行。在 C51 编程中则不用管。

7. 51 系列单片机的中断请求撤除

CPU 响应中断的同时，该中断请求标志应被清除，否则将会引起另一次中断。中断标志的清除分为以下 3 种情况。

（1）对于定时/计数器溢出的中断标志 TF0（或 TF1）及负跳变触发的外部中断标志 IE0（或 IE1），中断响应后，中断标志由硬件自动清除。

（2）对于电平触发的外部中断请求，中断请求标志不由 CPU 控制，在中断结束前必须由中断源撤销中断请求信号。

（3）串行口中断标志 TI 和 RI 在中断响应后不能由硬件自动清除，这就需要在中断服务程序中，由软件清除中断请求标志。

2.3.6　51 系列单片机的中断服务程序的设计与应用

中断服务程序包括中断初始化及中断函数两部分。

1. 中断初始化

在 51 单片机中断编程过程中，需要用户对中断控制的相关特殊功能寄存器中各有关控制位进行赋值，这个过程称为中断初始化。其步骤如下所示。

（1）开启中断开关——设置 IE 的值。

例如，启动外部中断 0，C 语言语句为"EA=1;EX0=1;"。

（2）设定所用中断源的中断优先级——设定 IP 的值。

例如，设置 $\overline{INT1}$ 为高优先级的语句为"PX1=1;"。

（3）中断信号的设定——设置 TCON 的值。

例如，$\overline{INT1}$ 中断要采用边沿触发方式，可设置"IT1=1;"。

2. 中断函数

为了直接使用 C51 编写中断服务程序，C51 中定义了中断函数。由于 C51 编译器在编译时对声明为中断服务程序的函数自动添加了相应的现场保护、阻断其他中断、返回时自动恢复现场等处理的程序段，因此在编写中断函数时可不必考虑这些问题，减小了用户编写中断服务程序的烦琐程度。

中断函数的一般形式为：

函数类型　函数名(形式参数表)　　interrupt　n　　using　n

对其中各项说明如下。

（1）由于中断函数并不传入自变量，也不返回值，因此返回值类型与形参类型均为 void。

（2）中断函数的命名只要符合标识符的命名规则即可。

（3）关键字"interrupt"后面的"n"是中断号，对于 51 单片机，"n"的取值为 0～4，编译器从"8×n+3"处产生中断向量。

（4）"using"是一个可选项，如果不选用该项，那么中断函数中的所有工作寄存器的内容将被保存到堆栈中。51 系列单片机在内部 RAM 中可使用 4 个工作寄存器区，每个工作寄存器区包含 8 个工作寄存器（R0～R7）。C51 扩展了一个关键字"using"，"using"后面的"n"用于选择 8051 单片机内部的 4 个不同的工作寄存器区。

（5）关键字"using"对函数目标代码的影响：在中断函数的入口处将当前工作寄存器区的内容保存到堆栈中，函数返回前将被保存的寄存器区的内容从堆栈中恢复。使用关键字"using"在函数中确定一个工作寄存器区时须十分小心，要保证任何工作寄存器区的切换都只在指定的控制区域中发生，否则将产生不正确的函数结果。外部中断 1 的中断函数设置如下所示。

```
void int1(void) interrupt 2 using 0  //中断号 n=2，选择 0 区工作寄存器区
```

中断调用与标准 C 的函数调用是不同的，当中断事件发生后，对应的中断函数被自动调用，中断函数既没有参数，也没有返回值。在 C51 程序编译时，编译器会为中断函数自动生成中断向量；退出中断函数时，所有保存在堆栈中的工作寄存器及特殊功能寄存器被恢复；在必要时特殊功能寄存器 ACC、B、DPH、DPL 及 PSW 的内容将被保存到堆栈中。

编写中断函数时，应遵循以下规则。

① 中断函数没有返回值，如果定义了一个返回值，那么将会得到不正确的结果。因此建议将中断函数定义为 void 类型，以明确说明没有返回值。

② 中断函数不能进行参数传递，若中断函数包含任何参数声明，则都将导致编译出错。

③ 在任何情况下都不能直接调用中断函数，否则会产生编译错误，因为中断函数的返回是由汇编语言指令 RETI 完成的。RETI 指令会影响 51 系列单片机中的硬件中断系统内的不可寻址的中断优先级寄存器的状态。在没有实际的中断请求的情况下直接调用中断函数，也就不会执行 RETI 指令，其操作可能会产生一个致命的错误。

④ 若在中断函数中再调用其他函数，则被调用的函数使用的寄存器区必须与中断函数使用的寄存器区不同。

2.4　51 系列单片机定时/计数器

在单片机控制系统中，许多场合要用到计数或定时功能，所以几乎所有单片机内部都有定时/计数器。51 系列单片机的典型产品 8051 内部有 2 个 16 位可编程的定时/计数器 T1、T0。

2.4.1　51 系列单片机的定时/计数器的结构和工作原理

51 系列单片机的定时/计数器的结构如图 2-13 所示，它由加法计数器、TMOD、TCON 等组成。定时/计数器的核心是 16 位加法计数器，图 2-13 中定时/计数器 T0 的加法计数器用特殊功能寄存器 TH0、TL0 表示，TH0 表示加法计数器的高 8 位，TL0 表示加法计数器的低 8 位。TH1、TL1 分别表示定时/计数器 T1 的加法计数器的高 8 位和低 8 位。这些寄存器可根据需要由程序读/写。

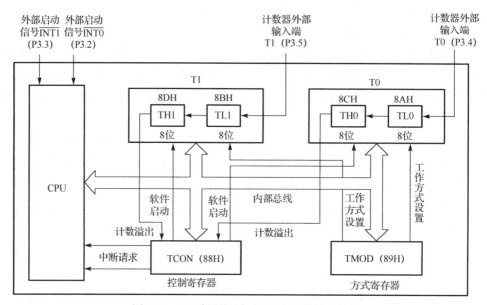

图 2-13　51 系列单片机的定时/计数器的结构

定时/计数器实际上是一个加 1 计数器，加 1 计数器的脉冲有两个来源，如图 2-14 所示，一个是外部脉冲源；另一个是系统的时钟振荡器。计数器对两个脉冲源之一进行输入计数，每输入一个脉冲，计数值加 1，当计数到计数器为全 1 时，再输入一个脉冲就使计数值回零，同时从最高位溢出一个脉冲使特殊功能寄存器 TCON（定时/计数器控制寄存器）的 TF0 或 TF1 置 1，作为计数器的溢出中断标志。当脉冲源为时钟振荡器（等间隔脉冲序列）时，由于计数脉冲为一时间基准，因此脉冲数乘以脉冲间隔时间就是定时时间，因此为定时功能。当脉冲源为间隔不等的外部脉冲发生器时，就是外部事件的计数器，因此为计数功能。T0 引脚、T1 引脚不论是工作于定时模式还是计数模式，实质都是对脉冲信号进行计数，只不过计数信号的来源不同。

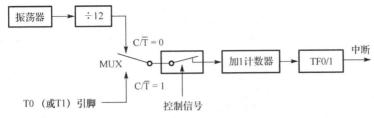

图 2-14 定时/计数模式结构图

（1）定时功能：在每个机器周期中，定时器寄存器加 1，也可以把它视为在累计机器周期。因为一个机器周期包括 12 个振荡周期，所以它的计数速率是振荡频率的 1/12。若单片机采用 12MHz 的晶振，则计数频率为 1MHz，即每微秒计数器加 1。这样不但可以根据计数值计算出定时时间，也可以反过来按定时时间的要求计算出应计数的预置值。

（2）计数功能：指对外部脉冲进行计数。T0 的外部计数脉冲通过 P3.4（DIP40 单片机的引脚 14）引脚输入，T1 的外部计数脉冲通过 P3.5（DIP40 单片机的引脚 15）引脚输入，当输入信号产生由 1 至 0 的跳变（负跳变）时，计数值加 1。每个机器周期的 S5P2 期间，都对外部输入引脚 T0 或 T1 进行采样。若在第一个机器周期中采得的值为 1，而在下一个机器周期中采得的值为 0，则在紧跟着的下一个机器周期 S3P1 期间，计数值加 1，并将计数的结果保存在计数寄存器中。因为确认一次负跳变需要 2 个机器周期，即 24 个振荡周期，所以外部输入的计数脉冲的最高频率为系统振荡器频率的 1/24。

2.4.2 51 系列单片机定时/计数器的工作方式

1. 定时/计数器工作方式控制寄存器 TMOD

TMOD 是一个不可以位寻址的 8 位特殊功能寄存器，字节地址为 89H，其高 4 位专供 T1 使用，其低 4 位专供 T0 使用，如表 2-14 所示。

表 2-14 定时/计数器工作方式控制寄存器 TMOD

TMOD（89H）	T1				T0			
	D7	D6	D5	D4	D3	D2	D1	D0
	GATE	C/$\overline{\text{T}}$	M1	M0	GATE	C/$\overline{\text{T}}$	M1	M0

（1）GATE：门控位。

GATE = 0：表示只要用软件使 TCON 中的运行控制位 TR0（或 TR1）置 1，就可以启动 T0（或 T1）。

GATE = 1：表示只有在 $\overline{\text{INT0}}$（DIP40 单片机的 P3.2 引脚）或 $\overline{\text{INT1}}$（DIP40 单片机的 P3.3 引脚）为高电平时，并且有软件使运行控制位 TR0（或 TR1）置 1 的条件下才可以启动 T0（或 T1）。

（2）C/$\overline{\text{T}}$：定时/计数方式选择位。

C/$\overline{\text{T}}$ =0：设置为定时方式，对内部的机器周期进行计数。

C/$\overline{\text{T}}$ =1：设置为计数方式，通过 T0（或 T1）引脚对外部脉冲信号进行计数。

（3）M1、M0：工作方式选择位。定时/计数器具有 4 种工作方式，由 M1、M0 位定义，如表 2-15 所示。

表2-15　　定时/计数器工作方式选择

M1	M0	工作方式	功能说明
0	0	方式0	13位定时/计数器
0	1	方式1	16位定时/计数器
1	0	方式2	可自动再装入的8位定时/计数器
1	1	方式3	将定时/计数器0分成两个8位的计数器，关闭定时/计数器T1

TMOD的所有位在复位后清零。TMOD不能位寻址，只能按字节操作设置工作方式。

2. 定时/计数器控制寄存器TCON

设定好TMOD后，它还不能进入工作状态，还必须通过设置TCON中的某些位启动它，在前面介绍中断的内容时已经介绍过了TCON，各位的含义如表2-8所示。

3. 定时/计数器的工作方式

51系列单片机的定时/计数器一共有4种工作方式，称为工作方式0、1、2、3，定时/计数器T0和T1均可以设置为前3种工作方式（工作方式0、1、2），只有T0才可以设置为工作方式3。用户通过指令将方式字写入TMOD中选择定时/计数器的功能和工作方式，通过将计数的初始值写入TH和TL中控制计数长度，通过对TCON中相应位进行置位或清零实现启动定时器工作或停止计数，还可以读出TH、TL、TCON中的内容查询定时器的状态。

1）工作方式0（13位定时/计数器）

（1）电路逻辑结构框图。

工作方式0是13位计数结构的工作方式，在这种工作方式下，16位的计数器（TH0和TL0）只用了13位构成13位定时/计数器（为了与MCS-48兼容）。TL0的高3位未用，当TL0的低5位计满时，向TH0进位，当TH0溢出后对中断标志位TF0置1，并申请中断。

定时/计数器T0在工作方式0时的电路逻辑结构框图如图2-5所示，定时/计数器T1与此完全相同。

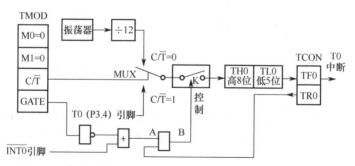

图2-15　定时/计数器T0在工作方式0时的电路逻辑结构框图

（2）工作方式0的定时方式。

当$C/\overline{T}=0$时，工作在定时方式。此时多路转换开关MUX接振荡器12分频的输出端。将13位的计数器初值设定完成后，开始在初值的基础上对机器周期进行加1计数，当TL0的低5位溢出时向TH0进位，当TH0溢出时向中断标志位TF0进位，即TF0由硬件置1，去申请中断。可通过查询 TF0 是否置 1 或是否产生定时中断，判断定时/计数器的定时操作是否已经完成。

定时的时间公式为

$$T = (2^{13} - X) \times T_s$$

式中，X 为 T0（或 T1）的计数初值，T_s 为机器周期。

（3）工作方式 0 的计数方式。

当 $C/\overline{T} = 1$ 时，工作在计数方式。此时多路转换开关 MUX 接 T0 的 P3.4 引脚，接收外部输入的脉冲信号。设定好 13 位的计数器初值并启动计数器后，开始对外部脉冲进行加 1 计数，当引脚上的信号电平发生 1 到 0 的跳变时，计数器加 1。

计数值的范围为 1～8192（2^{13}），当溢出时，其记录脉冲的个数为

$$S = 2^{13} - X$$

式中，X 为 T0（或 T1）的计数初值。由于为工作方式 0，TLx 计数寄存器只使用 5 位，而 $2^5 = 32$，因此将计数起点的值除以 32，其余数放入 TLx 计数寄存器，其商放入 THx 计数寄存器中，其中，x 表示 0 或 1。

```
TLx = (2¹³-X)%32        //取 5 位的余数
THx = (2¹³-X)/32        //取 5 位的商
```

在实际应用中，如果需要更长的定时时间或更大的计数范围，那么可以此为基础通过循环定时或循环计数实现。

2）工作方式 1（16 位定时/计数器）

使用方式同工作方式 0，区别在于计数器的位数不同。工作方式 0 是 13 位计数器，而工作方式 1 是 16 位计数器，计数器由 TH0 全部 8 位和 TL0 全部 8 位构成。

在工作方式 1 下，为定时工作方式时，定时时间的计算公式为

$$T = (2^{16} - X) \times T_s$$

式中，X 为 T0（或 T1）的计数初值，T_s 为机器周期。当溢出时，其记录脉冲的个数为

$$S = 2^{16} - X$$

式中，X 为 T0（或 T1）的计数初值，计数值的范围为 1～65 536（2^{16}）。在工作方式 1 下，TLx 和 THx 计数寄存器各使用 8 位，$2^8 = 256$，所以将计数起点的值除以 256，其余数放入 TLx 计数寄存器，其商放入 THx 计数寄存器中。

```
THx=(2¹⁶-X)/256        //取 8 位的商
TLx=(2¹⁶-X)%256        //取 8 位的余数
```

3）工作方式 2（8 位自动重装定时/计数器）

当 M1M0 为 10 时，定时/计数器被选为工作方式 2，其电路逻辑结构框图如图 2-16 所示。工作方式 0 和工作方式 1 最大的特点是计数溢出后，TH0（或 TH1）和 TL0（或 TL1）的初值均变为 0，所以在循环程序中需要反复设定初值，既不方便又影响定时精度。工作方式 2 具有自动加载初值的功能，解决了工作方式 0 和工作方式 1 需要用程序反复加载初值的缺点。

从图 2-16 中可看出，只有 TL0（或 TL1）参与计数，TH0（或 TH1）只是保存计数初值而不参与计数。当 TL0（或 TL1）由全 1 变为全 0 时，置位 TF0（或 TF1），并自动将 TH0（或 TH1）的初值装入 TL0（或 TL1）。

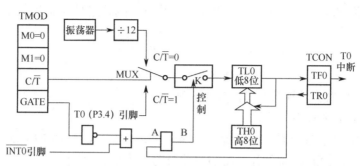

图 2-16　定时/计数器 T0 在工作方式 2 时的电路逻辑结构框图

工作方式 2 的定时时间为

$$T = (2^8 - X) \times T_s$$

式中，T_s 表示机器周期，X 为 T0（或 T1）的计数初值。

记录脉冲的个数为

$$S = 2^8 - X$$

式中，X 为 T0（或 T1）的计数初值。

4）工作方式 3（T0 分为 2 个独立定时/计数器）

当 M1M0 为 11 时，定时/计数器被选为工作方式 3。在前 3 种工作方式下，对两个定时/计数器的使用是完全相同的，但是在工作方式 3 下，两个定时/计数器的工作却是不同的。

（1）定时/计数器 T0 在工作方式 3 时的电路逻辑结构框图如 2-17 所示。

（2）工作特点：在工作方式 3 中，T0 和 T1 的设置和使用是不同的，只有 T0 才有工作方式 3。

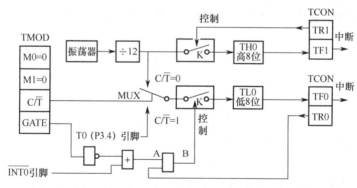

图 2-17　定时/计数器 T0 在工作方式 3 时的电路逻辑结构框图

此时 T0 被拆成两个独立的部分 TL0 和 TH0，TL0 独占原 T0 的各控制位、引脚和中断溢出标志：$C/\overline{T}$、GATE、TR0、TF0、T0（P3.4）引脚和 $\overline{INT0}$（P3.2）引脚。除了只用 8 位 TL0，其功能及操作与工作方式 0、工作方式 1 完全相同，可用于定时，也可用于计数。而 TH0 只可用作简单的内部定时器，它占用原 T1 的控制位 TR1 和中断标志位 TF1，其启动和关闭只受 TR1 的控制。

当 T0 工作在工作方式 3 时，T1 只能工作在工作方式 0～工作方式 2，因为它的控制位已被占用，不能置位 TF1，而且也不再受 TR1 和 $\overline{INT1}$ 的控制，此时 T1 只能工作在不需要中断的场合，功能受到限制。

2.4.3   51 系列单片机定时/计数器的应用注意事项

定时/计数器应用编程应注意两点：特殊寄存器初始化（正确写入控制字）；时间常数（初值）的计算。

1. 初始化步骤

（1）向 TMOD 写工作方式控制字。

（2）向计数器 TLx、THx 装入初值。

（3）置 TR0=1 或 TR1=1，启动 T0 或 T1 计数。

（4）采用中断编程时需要置 ET0=1 或 ET1=1，允许 T0 或 T1 中断。

（5）采用中断编程时需要置 EA=1，CPU 开中断。

2. 初值的计算

当定时/计数器工作于定时状态时，对机器周期进行计数，设单片机的晶振频率为 f_{osc}，则一个机器周期为 $T = \dfrac{12}{f_{osc}}$；若定时时间为 t，则对应的计数次数 $N = \dfrac{t}{\text{机器周期}}$。

由于 51 系列单片机的定时/计数器是加 1 计数器，计满回零，因此对应的定时时间 t 应装入的计数初值为 $2^n - N$（n 为工作方式选择确定的定时器位数）。

2.5   51 系列单片机串行通信

2.5.1   通信基本概念

所谓通信，简单地说就是双方交换信息。本章的通信是指计算机与外界的信息传输，既包括计算机与计算机之间的传输，也包括计算机与外部设备，如终端、打印机和磁盘等设备之间的传输。根据通信双方传输数据的方式可以将通信方式分成两种，即并行通信和串行通信。并行通信指的是各数据位在多条线上同时被传输，其特点是多位数据同时传输，控制简单，传输速度快，但缺点是需要多根传输线，一般只在近距离通信中使用。串行通信指的是数据的各位依次逐位传输，其特点是将数据一位一位地依次传输，只需要少数几条线就可以在系统之间交换信息，特别适用于计算机与计算机、计算机与外部设备之间的远距离通信。

并行通信通过并行接口实现，8051 单片机的 P1 口就是并行接口，当 P1 口作为输出接口时，CPU 将一个数据写入 P1 口以后，数据在 P1 口上并行地同时输出到外部设备。P1 口作为输入接口时，对 P1 口执行一次读操作，在 P1 口上输入的 8 位数据同时被读出。

串行通信通过串行接口实现。8051 单片机有一个全双工的异步串行接口可以用于串行数据通信。

1. 串行通信按照串行信号的同步方式分类

串行通信可分为异步通信和同步通信两种基本方式。

1）异步通信

在异步通信中，数据通常是以字符帧传输的。通信时，发送端一帧一帧地发送字符帧，接收设备通过传输线一帧一帧地接收。通信的发送端和通信的接收端有各自的时钟控制数据的发送和接收，这两个时钟源彼此独立且互不同步。异步通信的字符帧如图2-18所示。

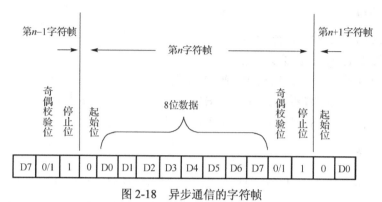

图2-18　异步通信的字符帧

每个字符帧由起始位、数据位、奇偶校验位和停止位 4 部分组成，各部分的功能如下所示。

（1）起始位：逻辑上的 0 电平，只占 1 位，用于发送端向接收端表示开始发送一帧数据。当通信双方不进行数据通信时，串行通信线路将一直保持高电平；当发送方需要向接收方传输数据时，先发送起始位 0，使通信线路的电平由高电平变成低电平，接收方在检测到这一电平变化后，就准备开始接收数据。

（2）数据位：根据需要可以是 5～8 位，由低位到高位依次传输。

（3）奇偶校验位：只占 1 位，用于通信过程中数据差错的校验。通信双方要根据实际需要事先约定采用奇校验还是偶校验，也可以采用无校验传输。

（4）停止位：为高电平 1，可以是 1 位、1.5 位或 2 位，放在字符帧的末尾，用于告知一帧结束。数据传输结束后，发送端发送逻辑 1，将通信线路再次置为高电平，表示一帧数据发送结束。

异步通信的特点是通信灵活，对收发双方的时钟精度要求不高，但传输速度较低。

2）同步通信

同步通信是一种比特同步通信技术，要求收发双方具有同频同相的同步时钟信号，只需要在传输报文的最前面附加特定的同步字符，使收发双方建立同步，此后便在同步时钟的控制下逐位发送/接收。在同步通信中，发送端在发送的数据块开头用 1～2 字节的同步字符表示数据开始；而接收端检测到同步字符后，就接收同步字符后的数据流，同步通信示意图如图2-19所示。与异步通信相比，同步通信省去了起始位和停止位，而且字节和字节之间没有停顿，所以同步通信的传输速度更高。

同步通信的特点是传输的速率高、容量大，但硬件比较复杂。

2. 串行通信按数据传输方向分类

串行通信可分为单工通信、半双工通信和全双工通信。

1）单工通信

单工通信是指数据只能向一个方向发送。单工通信示意图如图 2-20 所示。

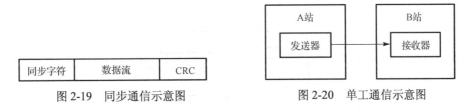

图 2-19　同步通信示意图　　　　　图 2-20　单工通信示意图

2）半双工通信

半双工通信是指数据可以双向传输，但是只能分时发送和接收。也就是说，任意时刻只能是一端发送数据，另一端接收数据。半双工通信示意图如图 2-21 所示。

3）全双工通信

全双工通信是指数据可以同时双向通信，通信双方有两个独立的通信回路，每边都可以同时发送和接收数据。全双工通信示意图如图 2-22 所示。

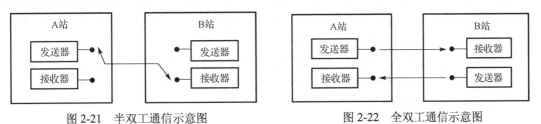

图 2-21　半双工通信示意图　　　　　图 2-22　全双工通信示意图

3. 波特率

通信的速率常用波特率（Baud Rate）表示，波特率是指单位时间传输二进制代码的位数，单位为 bit/s（位/秒）。在串行通信中，波特率是最重要的指标，表征数据传输的速率，波特率越高，则表明数据传输速率越快。在单片机通信中，波特率可以根据实际情况由用户通过软件设定，常采用的波特率是 1200bit/s、2400bit/s、4800bit/s、9600bit/s 等。串行通信的收发双方必须采用相同的波特率。

要注意波特率与比特率是有区别的，将每秒钟传输二进制数的位数定义为比特率，单位是 bit/s。由于在单片机串行通信中传输的信号就是二进制信号，因此波特率与比特率在数值上相等，单位采用 bit/s。

要注意波特率与字符的实际传输速率是不同的，波特率等于每秒钟里一个字符帧的二进制编码的位数乘以字符数，而字符的实际传输速率是指一秒钟里所传字符的帧数。假如每个字符包含 10 位（1 个起始位、8 个数据位和 1 个停止位），字符实际传输的速率是 960 字符/s，则其传输波特率为 10bit×960 字符/s=9600bit/s。

2.5.2　51 系列单片机串行口的结构

8051 单片机内部有一个可编程的全双工串行接口（Serial Port），具有通用异步接收和发送器（Universal Asynchronous Receiver Transmitter，UART）的全部功能。8051 单片机串行接口电路主要由串行口控制寄存器、发送电路和接收电路等 3 部分组成，如图 2-23 所示。单片机串行口发送数据通过 P3.1 引脚（TXD 端）输出，其内部主要是一个串行发送数据缓冲器 SBUF；接收数据通过 P3.0 引脚（RXD 端）输入，其内部主要是一个串行接收数据缓冲器 SBUF。

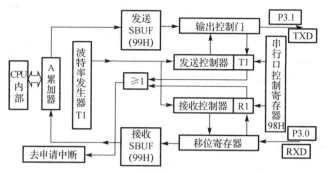

图 2-23　8051 单片机串行接口结构图

1. 数据缓冲器 SBUF

数据缓冲器 SBUF 分为接收数据缓冲器和发送数据缓冲器，二者公用一个地址 99H 和相同的名称 SBUF，但在物理上是两个 SBUF，一个是发送寄存器 SBUF（只能被 CPU 写），另一个是接收寄存器 SBUF（只能被 CPU 读）。

串行口在发送数据时，CPU 写入的是发送寄存器 SBUF。例如，C 编程：

```
SBUF=0XFE;          //表示串行口发送数据
```

在接收数据时，CPU 读取的是接收寄存器 SBUF。例如，C 编程：

```
unsigned char sdata;
sdata=SBUF;         //表示串行口接收数据并存放在变量 sdata 中
```

在图 2-23 中，接收寄存器 SBUF 和移位寄存器构成串行接收的双缓冲结构，以免在接收数据帧时产生两帧数据重叠的问题。两帧数据重叠的问题是指串行口在接收下一帧数据之前，因 CPU 未能及时响应接收器的中断而没有将上一帧数据读走，从而产生两帧数据重叠。

2. 控制寄存器 SCON

控制寄存器 SCON 是一个可位寻址的特殊功能寄存器，可用于设定串行口的工作方式、控制串行口的接收/发送和状态标志。字地址为 98H，单片机复位时，其所有位均为 0。控制寄存器 SCON 的格式如表 2-16 所示。

表 2-16　控制寄存器 SCON 的格式

SCON	9FH	9EH	9DH	9CH	9BH	9AH	99H	98H
位符号	SM0	SM1	SM2	REN	TB8	RB8	TI	RI

控制寄存器 SCON 中各位的功能如下所示。

（1）SM0 / SM1：串行口工作方式选择位，串行口有 4 种工作方式。

（2）SM2：多机通信控制位。

详细的 SM0 / SM1 和 SM2 的定义如表 2-17 所示。

（3）REN：串行口接收允许位。REN=1，允许串行口接收数据；REN=0，禁止串行口接收数据。由软件置 1 或清零。

（4）TB8：在工作方式 2 和工作方式 3 时，TB8 为要发送的第 9 位数据，其值由软件置 1

或清零。在双机通信（两个单片机之间通信）时，TB8 一般作为奇偶校验位使用；在多机通信（一台主机与多台从机的通信，SM2=1）中，TB8 作为多机通信的联络位，表示主机发送的是地址帧或数据帧，TB8=1 为地址帧，TB8=0 为数据帧。在工作方式 0 和工作方式 1 时不使用 TB8。

表 2-17　详细的 SM0/SM1 和 SM2 的定义

SM0	SM1	工作方式	功　　能	波　特　率	SM2
0	0	工作方式 0	8 位同步移位寄存器	$f_{osc}/12$	SM2 必须为 0
0	1	工作方式 1	10 位异步收发器	可变（由定时器控制，取决于定时器 1 溢出率）	当 SM2=0 且 RI=0 时，串行口在接收完一帧数据后，RB8 存放已接收到的停止位，并由硬件自动置位 RI=1；当 SM2=1 时，则只有当接收到有效停止位且 RI=0 时，才由硬件自动置位 RI=1
1	0	工作方式 2	11 位异步收发器	$f_{osc}/64$ 或 $f_{osc}/32$	当 SM2=0 且 RI=0 时，接收到一帧数据后，就由硬件自动置位 RI=1；
1	1	工作方式 3	11 位异步收发器	可变（由定时器控制，取决于定时器 1 溢出率）	当 SM2=1 且 RI=0 时，表示多机通信，只有当接收到的第 9 位数据（RB8）为 1 时，才由硬件自动置位 RI=1

（5）RB8：在工作方式 2 和工作方式 3 时，RB8 为接收的第 9 位数据。与 TB8 类似，它可约定为接收到的奇偶校验位，也可约定为多机通信（SM2=1）时接收到的地址/数据标志位（RB8=1，说明接收到的数据为地址帧，否则为数据帧）。在工作方式 1 时，若 SM2=0，则 RB8 为接收到的停止位。在工作方式 0 时不使用 RB8。

（6）TI：发送中断标志位。由硬件自动置位，但必须由软件清零，即串行口发送完一帧数据后，由硬件自动置位使 TI=1，表示一帧数据发送结束，同时也申请中断。所以用户通过串行口发送信息时，TI 的状态可根据需要用查询编程的方法获得；也可以采用中断的方式获得，CPU 响应中断后，TI 必须在中断服务程序中通过软件清零。

（7）RI：接收中断标志位。由硬件自动置位，必须由软件清零。当串行口接收完一帧数据后，由硬件自动使 RI 变为 1，表示一帧数据接收完毕，并申请中断；否则 RI 为 0，表示一帧数据接收未结束。所以用户的串行口接收信息用 RI 的状态表示，可用查询编程的方式获得；也可以采用中断的方式获得。

3. 电源控制寄存器 PCON

电源控制寄存器 PCON 的格式如表 2-18 所示。

表 2-18　电源控制寄存器 PCON 的格式

SMOD	×	×	×	GF1	GF0	PD	IDL

SMOD：串行口波特率倍增位。在串行口工作方式 1、工作方式 2、工作方式 3 时，波特率与 SMOD 有关，当 SMOD=1 时，波特率提高一倍；复位时，SMOD=0。

2.5.3　51 系列单片机串行口的工作方式

8051 单片机的串行口有 4 种工作方式，可以有 8 位、10 位和 11 位 3 种帧格式。

1. 串行口工作方式 0

工作方式 0 工作在同步通信方式，是半双工的通信方式。在此方式下，数据从 RXD（P3.0）引脚输入或输出，同步脉冲从 TXD（P3.1）引脚输出。

工作方式 0 主要用于串并转换，当 I/O 口数量不足时，就可以通过串行口工作方式 0 进行扩展，这种扩展方法不会占用片外 RAM 地址，而且也节省单片机的硬件资源，但这种方式需要与相应的扩展芯片配合（如 74LS164 或 CD4094、74LS165 或 CD4014）。

工作方式 0 常见的串行口扩展成并行输出接线示意图如图 2-24 所示。

工作方式 0 常见的串行口扩展成并行输入接线示意图如图 2-25 所示。

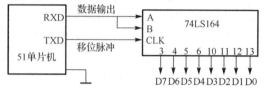 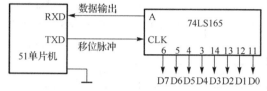

图 2-24　串行口扩展成并行输出接线示意图　　图 2-25　串行口扩展成并行输入接线示意图

工作方式 0 下的波特率固定为 $f_{osc}/12$，即每个机器周期移位一次。串行数据从 RXD（P3.0）引脚输入或输出，同步移位脉冲由 TXD（P3.1）引脚输出。

1）发送操作

发送操作在 TI=0 的条件下进行，当 CPU 执行一条将数据写入发送缓冲器 SBUF 的指令时（如 SBUF=0xFE;），SBUF 中的串行数据由 RXD 逐位移出；TXD 输出移位时钟，频率=$f_{osc}/12$；每输出 8 位数据，TI 就自动置 1；注意 TI 必须由软件清零。工作方式 0 的发送操作常用于串行口扩展输出，接线示意图如图 2-24 所示。工作方式 0 的发送时序图如图 2-26 所示。

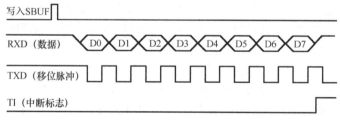

图 2-26　工作方式 0 的发送时序图

2）接收操作

接收操作是在 RI=0 和 REN=1 的条件下开始启动的。接收时，串行数据由 RXD 逐位移入 SBUF；TXD 输出移位时钟，频率=$f_{osc}/12$；每接收 8 位数据 RI 就自动置 1；注意 RI 必须用软件清零。工作方式 0 的接收操作常用于串行口扩展输入，接线示意图如图 2-25 所示。工作方式 0 的接收时序图如图 2-27 所示。

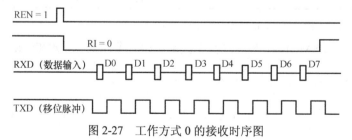

图 2-27　工作方式 0 的接收时序图

【例 2-1】利用 74LS164 将 51 系列单片机串行口扩展成并行输出口，写出串行口控制字。

分析：单片机串行口应工作于方式 0，串行口应进行发送操作。

- 工作方式 0 时：SM0=0，SM1=0。
- 工作方式 0 时 SM2 必须为 0：SM2=0。
- 禁止接收数据（REN＝0）。
- 工作方式 0 为 8 位数据，TB8=0，RB8=0。
- 发送操作前，发送中断标志 TI=0。

接收中断标志 RI=0。

所以，控制字（SCON）=00000000B=00H。

用 C51 编程：

```
SCON=0x00;
```

2. 串行口工作方式 1

当 SM0=0，SM1=1 时，工作在方式 1，串行口以 10 位为一帧进行异步通信，为全双工通信方式，多用于两个单片机之间或单片机与外部设备之间的通信。工作方式 1 的帧格式由一个起始位 0、8 个数据位和一个停止位 1 组成，起始位和停止位是在发送时自动插入的。串行数据经 TXD（P3.1）引脚发送，而由 RXD（P3.0）引脚接收。工作方式 1 的波特率可变，由用户根据需要在程序中设定。接收数据时，停止位进入 SCON 的 RB8 位中（位地址 9AH）。

1）发送操作

发送操作在 TI=0 时进行，CPU 通过执行一条写 SBUF 的指令就可以启动一次发送（如 SBUF=0xFE;），接着发送电路会自动在 8 位发送字符前后分别添加 1 位起始位和 1 位停止位，并在移位脉冲的作用下在 TXD 线上依次发送一帧信息，当一帧数据位全部发送完毕后，中断标志位 TI 置 1，并向 CPU 申请中断。

工作方式 1 的发送时序图如图 2-28 所示。

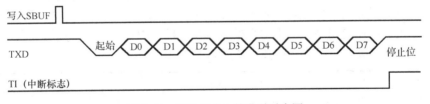

图 2-28　工作方式 1 的发送时序图

2）接收操作

接收操作在 RI=0 和 REN=1 的条件下进行。工作方式 1 在检测到起始位的负跳变时，开始接收操作。当一帧数据接收完毕后，同时满足以下两个条件，接收才有效。

（1）RI=0；

（2）SM2=0 或接收到的停止位为 1。

若满足以上两个条件，则接收到的数据装入 SBUF 和 RB8（装入的是停止位），且中断标志 RI 置 1，此时用户可执行"读 SBUF"指令，从 SBUF 中取出接收到的一个数据。若不同时满足以上两个条件，则接收到的数据不能装入 SBUF，该帧数据将丢弃。

工作方式 1 的接收时序图如图 2-29 所示。

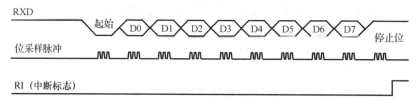

图 2-29　工作方式 1 的接收时序图

【例 2-2】单片机 U1 和单片机 U2 进行双机通信，U1 发送信息，U2 接收信息。写出两个单片机的串行口控制字。

分析：单片机 U1 和 U2 的串行口应工作于方式 1。

- 工作在方式 1 时：SM0=0，SM1=1。
- 工作在方式 1 时，SM2=0。
- 禁止接收数据位：U1 发送信息，REN = 0；U2 接收信息，REN = 1。
- 工作方式 1 为 8 位数据，TB8=0，RB8=0。
- 发送操作前，发送中断标志 TI=0。

接收中断标志 RI=0。

所以，U1 控制字（SCON）=01000000B=40H。

用 C51 编程：

```
SCON=0x40;
```

U2 控制字（SCON）=01010000B=50H。

用 C51 编程：

```
SCON=0x50;
```

3. 串行口工作方式 2 和工作方式 3

工作方式 2 和工作方式 3 都是每帧 11 位异步通信格式，由 TXD 和 RXD 发送和接收，工作过程完全相同。只是它们的波特率不同，工作方式 2 的波特率只有 $f_{osc}/32$ 和 $f_{osc}/64$ 两种。而工作方式 3 的波特率是可变的，由用户根据需要在程序中设定，这一点与工作方式 1 相同。

工作方式 2、工作方式 3 的字符帧示意图如图 2-30 所示。

起始位	D0	D1	D2	D3	D4	D5	D6	D7	D8	停止位

图 2-30　工作方式 2、工作方式 3 的字符帧示意图

图 2-30 中的一帧信息=1 个起始位（0）+8 个数据位+1 个可编程位+1 个停止位（1）。

字符帧中的可编程位 D8，即字符帧的第 9 位数据位，既可作奇偶校验位，也可作控制位，发送之前应先在 SCON 的 TB8 位中设置好。可编程位的作用：用于奇偶校验或多机通信标识。TB8 既可作为多机通信地址帧或数据帧的标识位（如"1"为地址帧，"0"为数据帧），也可作为数据的奇偶校验位。TB8 位设置好后，在发送时由硬件自动将 TB8 作为可编程位插入数据帧中，而在接收时由硬件自动将数据帧的可编程位存入图 2-31 中 RB8 所在位置。

SCON	D7	D6	D5	D4	D3	D2	D1	D0
符号位	SM0	SM1	SM2	REN	TB8	RB8	TI	RI

图 2-31　控制寄存器 SCON

另外，与工作方式 1 相比，工作方式 2 和工作方式 3 除发送时由 TB8 提供给移位寄存器的第 9 位数据不同外，其余的发送/接收数据过程及时序基本相同。

1）发送操作

发送操作的过程是由 CPU 执行写入 "SBUF" 指令启动的。由写入 "SBUF" 指令将 8 位数据装入 SBUF，同时由硬件自动将 SCON 中的 TB8 位的值装入发送移位寄存器的字符帧中的第 9 位。注意 TB8 的值由软件置位或清零。

当 TI=0 时，CPU 向发送缓冲器 SBUF 写入一字节数据后，发送电路会自动在 9 位发送字符前后分别添加 1 位起始位和 1 位停止位，并在移位脉冲的作用下在 TXD 线上依次发送一帧信息，9 位数据位全部发送完毕后，中断标志位 TI 由硬件自动置 1，并向 CPU 申请中断。

工作方式 2、工作方式 3 的发送时序图如图 2-32 所示。

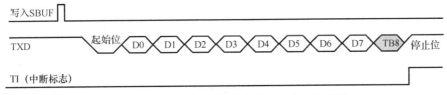

图 2-32 工作方式 2、工作方式 3 的发送时序图

2）接收操作

过程与工作方式 1 类似，接收操作在 RI=0 和 REN=1 的条件下进行，在检测到起始位的负跳变时，则开始接收操作。当一帧数据接收完毕后，同时满足以下两个条件，接收才有效。

（1）RI=0；

（2）SM2=0 或接收到的停止位为 1。

满足这两个条件，则将接收到的数据装入 SBUF 和 RB8（装入的是停止位），且中断标志 RI 置 1，此时用户可执行 "读 SBUF" 指令，从 SBUF 中取出接收到的一个数据。若不同时满足两个条件，则接收到的数据不能装入 SBUF，该帧数据将丢弃。

工作方式 2、工作方式 3 的接收时序图如图 2-33 所示。

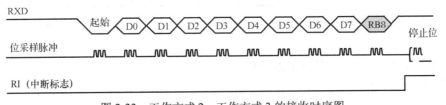

图 2-33 工作方式 2、工作方式 3 的接收时序图

2.5.4 51 系列单片机串行通信波特率的设定

在 51 系列单片机的串行通信中，信息发送方和接收方必须采用相同的通信速率，即相同的波特率。在实际应用中，波特率的选择通常要考虑所选用的通信设备、传输线路的状况和距离等外在因素。51 系列单片机串行通信的波特率随串行口工作方式的不同而异，波特率与系统的振荡频率 f_{osc}、PCON 中的 SMOD 位和定时器 T1 的设置有关。

1. 工作方式 0 的波特率

工作方式 0 的波特率固定为 $f_{osc}/12$。

2. 工作方式 2 的波特率

工作方式 2 的波特率为

$$波特率 = \frac{2^{SMOD}}{64} \times f_{osc}$$

当 SMOD=1 时，波特率为 1/32f_{osc}；当 SMOD=0 时，波特率为 1/64f_{osc}。

3. 工作方式 1、工作方式 3 的波特率

对定时/计数器来说，T1 作为波特率发生器最典型的用法是使用 T1 工作在方式 2 状态，则其波特率为

$$波特率 = \frac{2^{SMOD}}{32} \times \frac{f_{osc}}{12 \times (256 - X)}$$

则初值计算公式为

$$X - 256 - \frac{f_{osc} \times 2^{SMOD}}{384 \times 波特率}$$

常用波特率与定时器 T1 的参数关系如表 2-19 所示。

表 2-19　常用波特率与定时器 T1 的参数关系

波特率（bit/s）（工作方式 1、3）	f_{osc}	SMOD	定时器 T1		
			C/T	工作方式	初值
62.5k	12	1	0	2	FFH（255）
19.2k	11.0592	1	0	2	FDH（253）
9600	11.0592	0	0	2	FDH（253）
4800	11.0592	0	0	2	FAH（250）
2400	11.0592	0	0	2	F4H（244）
1200	11.0592	0	0	2	E8H（232）

【例 2-3】假设串行口工作于方式 1，(PCON)=00H，f_{osc}=12MHz，设定波特率为 2400bit/s，计算 T1 定时初值。

解：因为(PCON)=00H，则 SMOD=0。

计算初值如下所示：

$$X = 256 - \frac{f_{osc} \times 2^{SMOD}}{384 \times 波特率}$$

$$= 256 - \frac{12 \times 10^6 \times 2^0}{384 \times 2400}$$

$$= F3H$$

本 章 小 结

本章以 51 系列单片机的典型型号 8051 单片机为介绍对象，比较完整地介绍了 8051 单片

机的内部资源，主要涉及单片机的存储器空间分配、端口引脚、中断、定时/计数器、串行口等内容，本章的知识点对学习单片机很重要，内容抽象有些难懂，学习起来有一定的难度，但不要紧，这一章的知识主要是介绍。在后面的章节中将用具体的案例分析和实验来巩固这一章的知识，当后面的案例用到这一章的知识点时，大家可以回过头来学习。当然也可以翻阅后面的案例辅助学习本章的知识点。

习 题 2

一、选择题

1. MCS-51 单片机是由美国（ ）公司生产的一系列单片机的总称。
      A. AMD   B. Intel   C. Ateml   D. Motorola

2. 51 单片机的 CPU 的主要功能有（ ）。
      A. 产生控制信号   B. 存储数据   C. 算术、逻辑运算及位操作
      D. I/O 端口数据传输   E. 驱动 LED

3. 51 单片机 CPU 主要组成部分为（ ）。
      A. 运算器，控制器   B. 加法器，寄存器
      C. 运算器，寄存器   D. 运算器，指令译码器

4. 对于 8031 单片机来说，$\overline{EA}$ 引脚总是（ ）。
      A. 接地   B. 接电源   C. 悬空   D. 不用

5. 在 51 单片机中，通常将一些中间计算结果放在（ ）中。
      A. 累加器   B. 控制器   C. 程序存储器   D. 数据存储器

6. 51 单片机的程序计数器用于（ ）。
      A. 存放指令   B. 存放正在执行的指令地址
      C. 存放下一条执行的指令地址   D. 存放上一条执行的指令地址

7. 51 单片机应用程序一般存放在（ ）中。
      A. RAM   B. ROM   C. 寄存器   D. CPU

8. 51 单片机复位后，工作寄存器 R0 是在（ ）。
      A. 0 区 00H 单元   B. 0 区 01H 单元
      C. 1 区 09H 单元   D. SFR

9. 51 单片机的进位标志 CY 在（ ）中。
      A. 累加器 A   B. 算术逻辑运算部件 ALU
      C. 程序状态字寄存器 PSW   D. DPTR

10. 51 单片机的 XTAL1 引脚和 XTAL2 引脚是（ ）引脚。
       A. 外接定时器   B. 外接串行口   C. 外接中断   D. 外接晶振

11. 51 单片机复位后，PC 与 SP 的值为（ ）。
       A. 0000H，00H   B. 0000H，07H   C. 0003H，07H   D. 0800H，00H

12. 51 单片机的并行口作输入用途之前必须（ ）。
       A. 相应端口先置 1   B. 相应端口先置 0   C. 外接高电平   D. 外接上拉电阻

13. 在 51 单片机中既可位寻址，又可字节寻址的单元是（ ）。
       A. 20H   B. 30H   C. 00H   D. 70H

14. 51 单片机中，片内 RAM 共有（ ）字节。

      A. 128   B. 256   C. 4K   D. 64K

15. 当标志寄存器 PSW 的 RS0、RS1 分别为 1 和 0 时，系统选用的工作寄存器组为（　　）。

      A. 组 0   B. 组 1   C. 组 2   D. 组 3

16. 51 单片机的内部 RAM 中，可以进行位寻址的地址空间为（　　）。

      A. 00H~2FH   B. 20H~2FH   C. 00H~FFH   D. 20H~FFH

17. 51 单片机的程序计数器为 16 位计数器，其寻址范围是（　　）。

      A. 8KB   B. 16KB   C. 32KB   D. 64KB

18. 51 单片机中，唯一的不能被用户直接修改内容的寄存器是（　　）。

      A. PSW   B. DPTR   C. PC   D. B

19. 51 单片机的 4 个并行 I/O 口作为通用 I/O 口使用，在输出数据时，必须外接上拉电阻的是（　　）。

      A. P0 口   B. P1 口   C. P2 口   D. P3 口

20. 51 单片机的 ALE 引脚是以晶振振荡频率的（　　）固定频率输出的，因此它可作为外部时钟或外部定时脉冲使用。

      A. 1/2   B. 1/4   C. 1/6   D. 1/12

21. 51 单片机应用系统需要扩展外部存储器或其他接口芯片时，（　　）可分时复用为低 8 位地址总线使用和 8 位数据总线使用。

      A. P0 口   B. P1 口   C. P2 口   D. P3 口

22. 51 单片机应用系统需要扩展外部存储器或其他接口芯片时，（　　）可作为高 8 位地址总线使用。

      A. P0 口   B. P1 口   C. P2 口   D. P3 口

23. 51 单片机提供（　　）个外部中断，（　　）个定时/计数器中断。

      A. 1   B. 2   C. 3   D. 5

24. 51 单片机的 IP 寄存器具有（　　）功能。

      A. 设定中断优先级   B. 启动中断功能

      C. 设定中断触发信号   D. 定义 CPU 工作方式

25. 若要让 51 单片机外部中断 INT0 采用低电平触发，则（　　）。

      A. EX0=0   B. EX0=1   C. IT0=0   D. IT0=1

26. 在 51 单片机的同一级中断中，（　　）的优先级较高。

      A. T1   B. RI/TI   C. T0   D. INT0

27. 在 TCON 中，IE1 的功能是（　　）。

      A. 触发 INT1 中断   B. 指示 INT1 中断的标志位

      C. 提高 INT1 优先级   D. 取消 INT1 中断

28. 若要同时启动 INT0 和 INT1 的中断功能，则 IE 应设定为（　　）。

      A. 81H   B. 85H   C. 83H   D. 04H

29. 若要提高 INT1 的优先级，则 IP 应设定为（　　）。

      A. 80H   B. 01H   C. 04H   D. 40H

30. 51 单片机串行口发送/接收中断源的工作过程是：当串行口接收完或发送完一帧数据时，系统自动将 SCON 中的（　　），向 CPU 申请中断。

      A. RI 或 TI 置 1   B. RI 或 TI 清零

      C. RI 置 1 或 TI 清零   D. RI 清零或 TI 置 1

31. 当 CPU 响应定时器 T1 的中断请求后，程序计数器的内容是（　　）。

      A. 0x03   B. 0x0B   C. 0x13   D. 0x1B

32. 在 51 单片机的定时/计数器中，若使用工作方式 1，则其最大计数值是（　　）个机器周期。

      A. 65 536   B. 65 535   C. 8192   D. 256

33. 51 单片机系统采用 12MHz 晶振，（　　）一次可定时 1ms。
    A．工作方式 0 和工作方式 1　　　　　　　　B．工作方式 1 和工作方式 2
    C．工作方式 1 和工作方式 3　　　　　　　　D．工作方式 2 和工作方式 3

34. 51 单片机的定时/计数器 T0 的（　　）可以自动加载计数初值。
    A．工作方式 0　　　　B．工作方式 1　　　　C．工作方式 2　　　　D．工作方式 3

35. 若将 51 单片机的定时/计数器 T1 设定为外部启动，则可由（　　）引脚启动。
    A．P3.2　　　　　　　B．P3.3　　　　　　　C．P3.4　　　　　　　D．P3.5

36. 51 单片机的定时器 T1 用作定时方式是（　　）。
    A．对内部脉冲信号计数，一个时钟周期加 1
    B．对内部脉冲信号计数，一个时钟周期减 1
    C．对外部脉冲信号计数，一个时钟周期加 1
    D．对外部脉冲信号计数，一个时钟周期减 1

37. 51 单片机的定时器 T1 用作计数方式时计数脉冲是（　　）。
    A．外部计数脉冲由 T1（P3.5 引脚）输入　　　B．外部脉冲由内部时钟频率提供
    C．外部计数脉冲由 T0（P3.4 引脚）输入　　　D．由外部计数脉冲计数

38. 51 单片机的定时器 T1 用作定时方式，采用工作方式 1，则控制字 TMOD 是（　　）。
    A．0X01　　　　　　　B．0X05　　　　　　　C．0X10　　　　　　　D．0X50

39. 启动 T0 开始计数，需要使 TCON（　　）。
    A．对 TF0 置 1　　　　　　　　　　　　　　B．对 TR0 置 1
    C．对 TF0 清零　　　　　　　　　　　　　　D．对 TR0 清零

40. 使 51 单片机的定时器 T0 停止计数的 C 语言语句是（　　）。
    A．TR0=0　　　　　　B．TR1=0　　　　　　C．TR0=1　　　　　　D．TR1=1

41. 51 单片机在同一级别中除串行口外，级别最低的中断源是（　　）。
    A．外部中断 1　　　　B．定时器 T0　　　　C．定时器 T1　　　　D．外部中断 0

42. 在 51 单片机的串行通信中，（　　）是采用同步通信的。
    A．工作方式 1　　　　B．工作方式 0　　　　C．工作方式 2　　　　D．工作方式 3

43. 在 51 单片机的串行通信中，将数据放入（　　），CPU 会自动将它读出。
    A．SBUF　　　　　　B．SMOD　　　　　　C．TCON　　　　　　D．IP

44. 在 51 单片机的串行通信中，CPU 串行口为了能接收下次数据，在程序中需要将（　　）。
    A．TI 标志清零　　　B．RI 标志清零　　　C．TI 标志置 1　　　D．RI 标志置 1

45. 51 单片机串行口工作在方式 0 时，串行数据从（　　）输出或输入。
    A．RI　　　　　　　　B．TXD　　　　　　　C．RXD　　　　　　　D．RES

46. 当采用中断方式进行串行数据发送时，发送完一帧数据后，TI 标志要（　　）。
    A．自动清零　　　　　B．硬件清零　　　　　C．软件清零　　　　　D．软件、硬件清零

47. 当采用定时器 T1 作为串行口波特率发送器使用时，通常采用定时器 T1 的工作方式（　　）。
    A．0　　　　　　　　　B．1　　　　　　　　　C．2　　　　　　　　　D．3

48. 51 单片机串行口工作在方式 0 时，其波特率（　　）。
    A．取决于定时器 T1 的溢出率
    B．取决于 PCON 中的 SMOD 位
    C．取决于时钟频率
    D．取决于 PCON 中的 SMOD 位和定时器 T1 的溢出率

49. 51 单片机串行口工作在方式 1 时，其波特率（　　）。
    A．取决于定时器 T1 的溢出率

　　B．取决于 PCON 中的 SMOD 位

　　C．取决于时钟频率

　　D．取决于 PCON 中的 SMOD 位和定时器 T1 的溢出率

50．51 单片机串行口工作在方式 2 时，接收数据和发送数据端为（　　）。

　　A．RXD 和 TXD　　　B．TI 和 RI　　　C．TB8 和 RB8　　　D．REN

二、简答题

1．什么是单片机的时钟周期、状态周期、机器周期和指令周期？当主频为 24MHz 时，一个机器周期的时间是多长？执行一条最长的指令需要多长时间？

2．51 单片机系统复位有效时，片内特殊功能寄存器 P0～P3、PC、DPTR、SP、ACC、PSW 等的内容各是什么？复位是否能改变内部 RAM 单元的内容？

3．51 单片机有多少个特殊功能寄存器？哪些既可以进行字节操作，又可以进行位操作？

4．51 单片机的引脚有几根 I/O 线？它们与单片机对外的地址总线和数据总线之间有什么关系？地址总线和数据总线各有几位？

5．51 单片机的 P0～P3 口在结构上有何异同？

6．当 51 单片机系统需要外扩展存储器时，为什么只能由 P0 口作数据总线，P0 口和 P2 口作地址总线？

7．8051 单片机可以提供几个中断源？几个中断优先级？在同一优先级中各中断源的优先顺序如何确定？

8．51 单片机中断系统与控制有关的特殊功能寄存器有哪些？

9．简述 51 单片机响应中断的过程。

10．51 单片机的哪些中断源在 CPU 响应后可自动撤除中断请求？对于不能自动撤除中断请求的中断源，用户应采取什么措施？

11．51 单片机片内设有几个可编程的定时/计数器？它们可以有 4 种工作方式，如何选择和确定工作方式？

12．当 51 单片机定时器的门控位 GATE 置 1 时，定时/计数器如何启动？

13．对于定时器 T0 的工作方式 3，TR1 的控制位已经被 T0 占用，如何控制定时器 T1 的开启与关闭？

14．利用定时器 T0 产生一个 50Hz 的方波，由 P1.1 输出，设 f_{osc} = 12MHz，试确定 TMOD 和 T0 的初值。

15．在 51 单片机的定时/计数器中，若使用工作方式 1，则能计数多少个机器周期？

16．什么是串行异步通信？它有哪些特点？串行异步通信的数据帧格式是怎样的？

17．什么是波特率？如果某异步通信的串行口每秒传输 250 个字符，每个字符由 11 位组成，那么其波特率应为多少？

18．简述 51 单片机内部串行口的 4 种工作方式的特点与适用场合。

19．为什么定时器 T1 作串行口波特率发生器时常采用工作模式 2？若已知系统的晶振频率 f_{osc}，则通信选用的波特率，如何计算其初值？

第3章　C51 语言基础知识简介

内容概要

目前单片机应用设计与开发，多使用 C51（Keil C51 的简称）语言来编程。C51 语言在标准 C 的基础上，根据单片机存储器的硬件结构及内部资源，扩展相应的数据类型和变量；在语法规定、程序结构与设计方法上，与标准 C 相同。

在单片机应用开发中，软件编程占有非常重要的地位。编程人员应在短时间内编写出执行效率高、运行可靠的程序代码。同时，由于实际系统日趋复杂，因此为方便多位工程师协同开发，对程序的可读性、升级与维护及模块化的要求越来越高。

C51 语言是近年来国内外 51 单片机开发中普遍使用的一种程序设计语言。C51 语言能直接对单片机硬件进行操作，既有高级语言的特点，又有汇编语言的特点，因此在单片机应用的程序设计中得到了非常广泛的使用。

本章内容特色

本章对精选的 C51 语言内容进行介绍，内容相对比较简单。对于学过 C 语言编程的人，重点学习 C51 语言与标准 C 不同的部分；对于没有学过 C 语言编程的人，通读本章内容基本可以解决单片机 C 语言的语法设计问题。

3.1　C51 语言在单片机开发中的应用

单片机应用系统的程序设计可以采用汇编语言完成，也可以采用 C 语言完成。汇编语言对单片机内部资源的操作直接简洁、生成的代码紧凑高效；C 语言在可读性和可重用性上具有明显优势，特别是 C51 语言，设计人员更趋于采用 C51 语言进行单片机程序的设计。

3.1.1　C51 语言简介

C51 语言在标准 C 语言的基础上针对 51 单片机的硬件特点进行扩展，并向 51 单片机上移植，经多年努力，C51 语言已成为公认的 51 单片机的高效、简洁的实用高级编程语言。

与汇编语言相比，用 C51 语言进行软件开发，具有以下优点。

（1）可读性好。C51 语言程序比汇编语言程序的可读性好，因此编程效率高，程序便于修改、维护及升级。

（2）模块化开发与资源共享。C51 语言开发的模块可以直接被其他项目使用，能很好地利用已有的标准 C 程序资源与丰富的库函数，减少重复劳动，有利于多位工程师的协同开发。

（3）可移植性好。为某型号单片机开发的 C51 程序，只需要将与硬件相关之处和编译链接的参数进行适当修改，就可以移植到其他型号的单片机上。例如，为 51 单片机编写的程序通过改写头文件及少量的程序行，就可以移植到 PIC 单片机上。

（4）在编写 C51 单片机程序时，设计者不需要对单片机的指令系统进行了解，也不用为单片机系统的寄存器分配、不同存储器的寻址及数据类型等细节问题耗费精力，这一切都由编译器来管理。

为了对比 C51 语言和汇编语言的程序设计，先来看一段程序。向外部 RAM 地址单元 0BB00H 传送数据 55H，使用汇编语言，程序段如下所示。

```
MOV  DPTR, #0BB00H
MOV  A, #55H
MOVX @DPTR, A
...
```

由上述代码可知，在使用汇编语言访问外部存储器时，必须使用 DPTR 寄存器作为地址指针间接寻址，还必须使用 MOVX 指令才能完成对外部地址的访问。

使用 C 语言的程序段如下所示。

```
#include<absacc.h>
void main(void)
{
    XBYTE[0XBB00]=0X55;
    ...
}
```

显然，使用 C 语言更方便。程序员不需要知道单片机要求区分片内或片外存储器，不需要知道访问片外地址要使用间接寻址，也不需要知道访问片外地址是使用 MOVX 指令还是使用 MOV 指令。程序员只需要知道关键字 XBYTE 的含义后，使用一个简单的"="符号就可以实现这一功能。

3.1.2　C51 语言与标准 C 的比较

C51 语言的语法与标准 C 的语法基本相同，C51 语言在标准 C 的基础上进行了适合 51 系列单片机硬件的扩展。深入理解 C51 语言对标准 C 的扩展部分及不同之处，是掌握 C51 语言的关键。

C51 语言与标准 C 的主要区别如下所示。

（1）库函数不同。标准 C 中的部分库函数不适合嵌入式控制器系统，被排除在 C51 语言之外，如字符屏幕和图形函数。有些库函数可继续使用，但这些库函数都必须针对 51 单片机的硬件特点进行相应的开发。例如，库函数 printf 和 scanf，在标准 C 中常用于屏幕打印和接收字符，而在 C51 语言中主要用于串行口数据的收发。

（2）数据类型有一定区别。在 C51 语言中增加了几种针对 51 单片机的数据类型，在标准 C 的基础上又扩展了 4 种类型。例如，51 单片机包含位操作空间和丰富的位操作指令，因此，与标准 C 相比，C51 语言的位类型更多。

（3）C51 语言的变量存储模式与标准 C 的变量存储模式数据不同。标准 C 是为通用计算机设计的，计算机中只有一个程序和数据统一寻址的内存空间，而 C51 语言中变量的存储模式与 51 单片机的存储器紧密相关。

（4）数据存储类型不同。51 单片机的存储区可分为内部数据存储区、外部数据存储区及程序存储区。内部数据存储区分为 3 个不同的 C51 存储类型：data、idata 和 bdata。外部数据存储区分为 2 个不同的 C51 存储类型：xdata 和 pdata。程序存储区只能读不能写，在 51 单片机内部或外部。

（5）标准 C 没有处理单片机中断的定义。C51 语言中有专门的中断函数。

（6）C51 语言与标准 C 的输入/输出处理不同。C51 语言中的输入/输出是通过 51 单片机的串行口完成的，在输入/输出指令执行前必须对串行口进行初始化。

（7）头文件不同。C51 语言头文件与标准 C 头文件的差异是 C51 语言头文件必须将 51 单片机内部的外设硬件资源（如定时器、中断、I/O 等）相应的功能寄存器写入头文件。

（8）程序结构有差异。由于 51 单片机的硬件资源有限，因此它的编译系统不允许太多程序嵌套。而且，标准 C 具备的递归特性不被 C51 语言支持。

但是从数据运算操作、程序控制语句及函数的使用上来说，C51 语言与标准 C 几乎没有明显的差别。如果程序设计者具备了有关标准 C 的编程基础，那么只要注意 C51 语言与标准 C 的不同之处，并熟悉 51 单片机的硬件结构，就能较快地掌握 C51 语言的编程。

3.2　C51 语言基础

3.2.1　标识符

标识符是程序设计者为自定义的变量、函数、类型起的名字。标识符由字母、数字和下画线组成，数字不能作为标识符的开头，不能与关键字相同。标识符的取名要尽量"见名释义"。标识符区分大小写，因此 hour 和 HOUR 是不同的标识符。

以下是合法的标识符。

```
Min, min, t1_counter, con3, _bell, a3_1
```

以下是不合法的标识符。

```
5a, x-y, char, data, !z
```

3.2.2　关键字

关键字又称为保留字，是程序设计语言中规定的、有固定含义的特殊标识符。在编写程序时，不允许标识符与关键字相同。标准 C 规定了 32 个关键字，如图 3-1 所示，C51 语言扩充的关键字如图 3-2 所示。

auto	break	case	char	const	continue	default	do
double	else	enum	extern	float	for	goto	if
int	long	register	return	short	signed	sizeof	static
struct	switch	typedef	unsigned	union	void	volatile	while

图 3-1　标准 C 的关键字

_at_	alien	bdata	bit	code	compat	data	idata
interrupt	large	pdata	_priority	reentrant	sbit	sfr	sfr16
small	_task_	using	xdata				

图 3-2　C51 语言扩充的关键字

3.2.3 数据类型

数据是单片机操作的对象，是具有一定格式的数字，数据的格式称为数据类型。C51 语言支持的基本数据类型如表 3-1 所示。针对 51 单片机的硬件特点，C51 语言在标准 C 的基础上，扩展了 4 种数据类型（表 3-1 中的最后 4 行），对于扩展的 4 种数据类型，不能使用指针对它们进行存取。

表 3-1   C51 语言支持的基本数据类型

数据类型	类型名称	长度/bit	取值范围
unsigned char	无符号字符型	8	0～255
char 或 signed char	带符号字符型	8	−128～127
unsigned int	无符号整型	16	0～65 535
signed int	带符号整型	16	−32 768～32 767
unsigned long	无符号长整型	32	0～4 294 967 295
signed long	带符号长整型	32	−2 147 483 648～2 147 483 647
float	单精度浮点型	32	±（$1.754\ 94\times10^{-38}$～$3.402\ 823\times10^{38}$）
double	双精度浮点型	64	±（$1.754\ 94\times10^{-38}$～$3.402\ 823\times10^{38}$）
bit	位类型	1	0, 1
sbit	可寻址位型	1	0, 1
sfr	特殊功能寄存器型	8	0～255
sfr16	16 位特殊功能寄存器型	16	0～65 536

1. 字符型 char

字符型 char 包括无符号字符型 unsigned char 和带符号字符型 signed char，占 1 字节存储空间。unsigned char 表示的数值范围是 0～255，signed char 表示的数值范围是−128～127。字符型一般用于存放字符的 ASCII 码。51 单片机是 8 位单片机，其存储单元和寄存器均为 1 字节，因此，在 51 单片机程序设计中，常用 unsigned char 定义 0～255 的整数。例如，将并行口 P1 的数据输入变量 temp 中，相关的程序段如下所示。

```
unsigned char temp;
temp=P1;
```

2. 整型 int

整型 int 分为带符号整型 signed int 和无符号整型 unsigned int，占 2 字节存储空间，用于存放双字节数据。signed int 表示的数值范围是−32 768～32 767，unsigned int 表示的数值范围是 0～65 535。在程序设计中，如果估计变量的取值范围超过字符型表示的范围，那么可将变量定义为整型。

3. 长整型 long

长整型 long 分为带符号长整型 signed long 和无符号长整型 unsigned long，占 4 字节存储空间。程序设计中，如果估计变量的取值范围超过整型 int 能表示的范围时，那么可将变量定义为长整型。

4. 浮点型

浮点型分为单精度浮点型 float 和双精度浮点型 double，float 占 4 字节存储空间，double 占 8 字节存储空间。浮点型数据可以直接表示小数，因此许多复杂的数学表达式都采用浮点型数据。51 单片机使用浮点型数据进行运算时消耗资源较大，运行速度也较慢，因此在实时性要求非常高的单片机程序中，一般不进行浮点型数据的运算。

5. 位类型 bit

位类型 bit 是 C51 语言扩充的数据类型，利用它可定义一个变量，但不能定义位指针，也不能定义位数组。bit 占 1 位的存储容量，只有 0 或 1 两种取值。位变量必须定义在 51 单片机片内 RAM 的可位寻址空间中，也就是字节地址为 20H～2FH 的 16 个节单元，每 1 字节的每 1 位都可以单独寻址，共有 128 位。例如，定义一个位变量 flag，若 flag 的值为 0，则将 P1 口的状态送入变量 temp1 中，否则将 P1 口的状态送入变量 temp2 中，相关程序段如下所示。

```
unsigned char temp1,temp2;
bit  flag;
if(flag= =0)
  temp1=P1;
else  temp2=P1;
```

6. 可寻址位型 sbit

sbit 是 C51 语言中的一种扩充数据类型,利用它可以访问单片机内部的 RAM 中的可寻址位或特殊功能寄存器中的可寻址位。sbit 常用于定义并行口的单独使用的位。例如，将并行口 P1 的第 1 位、第 2 位分别定义为 LED1、LED2，相关程序段如下所示。

```
sbit  LED1=P1^1;
sbit  LED2=P1^2;
```
注意：一个 sbit 只能定义一个端口，以下定义方式是错误的。
```
sbit  LED1=P1^1, LED1=P1^2;
```

7. 特殊功能寄存器型 sfr

51 单片机内部包含各种寄存器，如各种控制寄存器、状态寄存器及 I/O 端口锁存器、定时器、串行端口数据缓冲器等，它们离散地分布在 80H～FFH 的地址空间范围，这些寄存器统称为特殊功能寄存器。特殊功能寄存器型 sfr 和 sfr16 就是用于定义这些特殊功能寄存器的。例如，定义并行口 P1，语句如下所示。
```
sfr P1=0X90;
```
为了用户处理方便，Keil C51 编译器将 51 单片机（包括 52 增强型）常用的特殊功能寄存器和其中的可寻址位进行了定义，放在名为 reg51.h（或 reg52.h）的头文件中。当用户要使用特殊功能寄存器时，只需要在使用之前用一条预处理命令#include<reg51.h>将这个头文件包含到程序中，就可以使用特殊功能寄存器名和其中的可寻址位名了。用户可以通过文本编辑器对头文件进行增减。对于程序开发人员来说，一般情况下不必使用这种类型。

3.2.4　数据的存储类型

51 单片机的存储区包括片内数据存储区、片外数据存储区和程序存储区，因此，在使用 C51 语言定义变量时，需要同时定义变量的存储类型，默认为 data 类型。

在讨论 C51 语言的数据类型时，必须同时提及它的存储类型，以及它与 51 单片机存储器结构的关系，因为 C51 语言定义的任何数据类型必须以一定的方式定位在 51 单片机的某一存储区中，否则没有任何实际意义。C51 语言存储类型与 51 单片机存储空间的对应关系如表 3-2 所示。

表 3-2　C51 语言存储类型与 51 单片机存储空间的对应关系

存储类型	长度/bit	值域范围	与物理空间的对应关系
data	8	0～127	固定指前面 0x00～0x7f 的 128 个 RAM，可以用 ACC 直接读写，速度最快，生成的代码也最少
bdata	8	0～127	位寻址内部 RAM（0x20～0x2f）空间，允许位和字节混合访问
idata	8	0～255	固定指前面 0x00～0xff 的 256 个 RAM，其中，前 128 个 RAM 和 data 的 128 个 RAM 完全相同，只是访问的方式不同，读取速度比 data 里的数据的读取速度要慢，idata 是用类似标准 C 中的指针方式访问的，对应汇编指令 MOVX　ACC, @Rx
pdata	8	0～255	外部扩展 RAM 的低 256 字节，地址出现在 A0～A7 上时进行读写，以 R0、R1 方式分页寻址的外部数据存储器，这个比较特殊，而且 C51 语言对此好像有 Bug，建议少用
xdata	16	0～65 535	外部数据存储器区（64KB 地址范围），对应汇编指令 MOVX@DPTR, A
code	16	0～65 535	程序存储器区（64KB 地址范围），对应汇编指令 MOVC A, @A+DPTR

1. data 区

位于内部 RAM 区的低 128 字节，可以直接寻址，而且读写速度最快，所以通常将常用变量放在 data 区。定义在 data 区的整型变量 sum 和字符型变量 temp，如下所示。

```
unsigned int data sum;
unsigned char data temp;
```

注意，若定义变量不加存储类型声明，则默认为 data 存储类型。

2. bdata 区

bdata 区是指内部 RAM 中地址为 20H～2FH 的位寻址区，共有 16 字节 128 位，在这个区中，声明变量可以进行位寻址。需要注意的是，不能在 bdata 区声明浮点类型变量。声明整型 temp 变量为 bdata 类型变量，如下所示。

```
unsigned int bdata temp;
```

3. idata 区

增强型 52 单片机有 256 字节的内部 RAM，地址 00H～FFH 的地址范围的存储空间称为 idata 区。idata 区与特殊功能寄存器区的地址重叠，只能通过寻址方式区分。idata 区用间接寻址方式访问，访问速度比 data 区稍慢，但比外部 RAM 访问速度快，因此也可用于存放使用较为频繁的变量。idata 区声明举例如下所示。

```
unsigned char idata sum;
```

```
unsigned int idata i;
float idata f_value;
```

4. pdata 区和 xdata 区

pdata 区和 xdata 区位于单片机外部扩展的 RAM 区。pdata 区有 256 字节的地址空间，使用 8 位地址间接寻址。xdata 区有 65 535 字节的地址空间，需要 16 位地址进行间接寻址，寻址速度相对于 pdata 区慢，所以在程序设计时尽量将外部数据放在 pdata 区。对 pdata 区和 xdata 区的声明举例如下所示。

```
unsigned char xdata temp;
unsigned int pdata seg[16];
```

5. code 区

code 区即程序存储器 ROM 区，是只读类型的，有 64KB 存储空间。code 区一般用于存放应用程序，有时也用于存放常数类型的数组，以节省内部 RAM 空间。

```
unsigned char code str[ ] ={0x00,0x01,0x02,0x03,0x04,0x05,0x06,0x07,0x08};
```

如果把上述举例中的 code 字符去掉，那么程序一般也能正常运行，但是会增加 8 字节的 RAM 使用量，而在一般情况下 51 单片机内部 RAM 中用户可用的空间很小，所以在程序设计时应把常数类型的数组定义为 code 存储类型。

3.2.5　局部变量与全局变量

1. 局部变量

局部变量是某个函数中存在的变量，它只在该函数内部有效。

2. 全局变量

全局变量是在整个源文件中都存在的变量。有效区间从定义点开始到源文件结束，其中所有函数都可直接访问该变量。若定义前的函数需要访问该变量，则需要使用 extern 关键词对该变量进行说明；若全局变量声明文件之外的源文件需要访问该变量，则也需要使用 extern 关键词进行说明。

由于全局变量一直存在，因此其占用了大量的内存单元，且加大了程序的耦合性，不利于程序的移植或复用。

全局变量可以使用 static 关键词进行定义，该变量只能在变量定义的源文件内使用，不能被其他源文件引用，这种全局变量称为静态全局变量。若其他文件的一个非静态全局变量需要被某文件引用，则需要在调用该文件前使用 extern 关键词对该变量进行声明。

3.2.6　预处理命令

程序编写完成后，需要在编译系统（如 Keil μVision 5）中进行编译，形成机器码文件，并将其下载到单片机的程序存储器 ROM 中才能运行。只在编译过程中有效，编译完成不会形成机器码的语句就是预处理命令。预处理命令以"#"开头，放在程序所有函数的外面，并且一般都放在程序开头。C51 语言提供了 3 种预处理命令，即文件包含、宏定义和条件编译。

1. 文件包含

文件包含是指在一个文件中将另一个文件包含到本文件中，文件包含的格式为

```
#include <文件名>
```

或者

```
#include "文件名"
```

使用<>方式包含的头文件，编译程序时将从包含目录中去查找（包含目录是由用户在设置环境时设置的），而不是在源文件目录中去查找；使用" "方式包含的头文件，编译程序时将从源程序所在的文件夹中查找所选择的头文件，若未找到，则到包含目录中去查找。被包含的文件可以是编译器提供的文件（如 reg51.h），也可以是程序编写人员自己编写的头文件。一个 include 命令只能指定一个被包含文件，若有多个文件要包含，则需要用多个 include 命令。例如：

```
#include <reg51.h>
```

上述文件包含命令的作用是，C51 编译器将定义 51 单片机内部特殊功能寄存器的文件 reg51.h 包含到本文件中。

2. 宏定义

对于程序编写来说，宏定义不是必需的，但使用宏定义可以使变量类型的书写简化，方便程序的维护和移植。宏定义的作用是用一个标识符代替一个字符串，这个字符串称为宏，被定义为宏的标识符称为宏名。在进行编译时，用宏定义中的字符串去代换程序中出现的所有宏名，称为宏代换或宏展开。宏定义可以放在程序的任何地方，一般习惯放在程序的开始、文件包含命令的后面。宏定义分为不带参数宏定义和带参数宏定义。

1）不带参数宏定义

格式：#define　宏名　字符串

例如：

```
#define  uchar  unsigned  char
#define  uint  unsigned  int
#define  Pai  3.14
```

第 1 个宏定义用 uchar 代替 unsigned char；第 2 个宏定义用 uint 代替 unsigned int，其作用是简化书写；第 3 个宏定义用 Pai 代替 3.14 这个常数，其作用是方便维护修改。

2）带参数宏定义

格式：#define　宏名（形参表）（字符串）

宏定义中的参数称为形式参数，宏调用中的参数称为实际参数。对带参数的宏，在调用中，不仅要进行宏展开，而且要用实参去替换形参。带参数的宏定义将一个带形式参数的表达式定义为一个带形式参数表的宏名。将程序中所有带实际参数表的宏名都用指定的表达式替换，同时用参数表中的实际参数替换表达式中对应的形式参数。

3. 条件编译

一般情况下，C 语言源程序中的所有代码都要编译，形成目标代码。但有时出于对程序代码优化的考虑，希望只对其中一部分代码进行编译。在这种情况下，需要在程序中加上条

件，让编译器只对满足条件的代码进行编译，舍弃不满足条件的代码，这就是条件编译。条件编译一般用于编写自定义头文件，防止重复编译导致代码冗余。

条件编译命令有以下 3 种形式。

1）第 1 种形式

```
#ifdef 标识符
    程序段 1
#else
    程序段 2
#endif
```

作用：若标识符已经被定义过（一般用 #define 命令定义），则编译程序段 1；否则编译程序段 2。若程序段 2 为空，则 #else 部分可以省略。

2）第 2 种形式

```
#ifndef 标识符
    程序段 1
#else
    程序段 2
#endif
```

作用：若标识符没有被定义，则编译程序段 1；否则编译程序段 2。

3）第 3 种形式

```
#if 表达式 1
    程序段 1
#else
    程序段 2
#endif
```

作用：若表达式 1 成立，则编译程序段 1；否则编译程序段 2。

3.3　C51 语言的基本运算

C51 语言的基本运算与标准 C 基本相同，主要包括赋值运算、算术运算、关系运算、逻辑运算、位运算等。

1. 赋值运算符与表达式

赋值运算符的功能是将数据赋给变量。用赋值运算符将一个变量与一个表达式连接起来的赋值表达式的一般形式如下所示。

```
变量=表达式；
```

如果赋值号两侧的类型不一致，那么编译系统会自动将右侧表达式求得的数据按赋值号左边的变量类型进行转换。

2. 算术运算符与表达式

C51 语言的算术运算符有以下 7 种：

（1）"＋"加或取正值运算符；

（2）"－"减或取负值运算符；

（3）"＊"乘运算符；

（4）"/"除运算符；

（5）"%"取余运算符；

（6）"＋＋"增量运算符；

（7）"－－"减量运算符。

运算符"＋""－""＊"符合一般的算术运算规则，值得注意的是，"/"和"%"这两个符号都涉及除法运算，其中"/"运算符是取商，"%"运算符是取余数。例如，"10/3"的结果为3，"5%3"的结果为2。

运算符"＋＋"和"－－"的作用是使变量自加1或自减1后，再回存变量。自加1和自减1运算符放在变量前和放在变量后的结果往往不相同。例如：

```
unsigned  char  i=5, x;
x=++i;  //执行这条指令后，i先加1，后将i的值赋给x；结果x=6，i=6
x=i++;  //执行这条指令后，i值先赋给x，后将i加1；结果x=6，i=7
```

"++i"和"i++"的操作都是分两步完成的，但赋值顺序不同，"++ i"是先加后赋值，"i ++"是先赋值后加。当变量的自加1或自减1表达式自成一个语句时，其运算符放在变量前面和后面没有区别。例如，语句"i++;"和语句"++i;"没有区别。

3. 关系运算符与表达式

关系运算是"比较运算"，将两个表达式进行比较以判断，判断结果为"真"或"假"。关系运算符包括"＜"（小于）、"＜="（小于或等于）、"＞"（大于）、"＞="（大于或等于）、"= ="（等于）、"！ ="（不等于）。关系运算表达式的一般形式：表达式1　关系运算符　表达式2。

关系表达式的结果只有两种：1（true）或0（false）。例如：

```
unsigned  char  a=3, b=4,c=5,x;
x=b>a+c;  //算术运算的优先级高于关系运算，赋值运算的优先级最低
```

运行结果x为0（不成立）。

4. 逻辑运算符与表达式

逻辑运算符是用于逻辑运算的符号。逻辑运算符有以下3种：

（1）"&&"逻辑与；

（2）"||"逻辑或；

（3）"！"逻辑非。

逻辑与"&&"和逻辑或"||"的表达式的形式为：表达式1　逻辑运算符　表达式2。

逻辑非"！"的表达式的形式为：！表达式。

逻辑表达式的运算的判断结果为"真"或"假"，注意在采用C51语言编写程序时，往往将逻辑与"&&"看成"并且"，即表达式1和表达式2只有同时成立，整个表达式才成立；将逻辑或"||"看成"或者"，即表达式1和表达式2只要有一个成立，整个表达式就成立。

5. 位运算符与表达式

在使用 C51 语言编写控制应用程序的过程中，往往需要改变 I/O 口中的某一位的值，而不影响其他位，如果 I/O 口是可位寻址的，那么这个问题就很容易解决。但有时需要对并行口整体按字节操作，因此在这种场合可以采用位操作。位运算符及其说明如表 3-3 所示。

表 3-3 位运算符及其说明

位 运 算 符	说　　明
&	按位与
|	按位或
^	按位异或
~	按位取反
<<	位左移
>>	位右移

1）按位与

参与按位与 "&" 运算的两个运算量，若相应的位都是 1，则结果为 1，否则为 0。任意一个二进制位和 0 "与" 被清零，和 1 "与" 不变，常用这个特性实现将并行口的某些位清零，其余位不变。例如，将 P3 口的 D7、D1、D0 位清零，其余位不变的语句如下。

```
P3=P3&0X7C;
```

2）按位或

参与按位或 "|" 运算的两个运算量，若两个相应的位至少有一个是 1，则结果值中的该位为 1，否则为 0。一个位数，与 1 "或" 被置 1，与 0 "或" 不变，该特性常用于实现将并行口的某些位置 1，其余位不变。例如，将 P2 口的 D6、D0 位置 1，其余位不变的语句如下。

```
P2=P3|0X41;
```

3）按位异或

参与按位异或 "^" 运算的两个运算量，若相应的位相同，则为 0，不同则为 1。一个位数，与 1 "异或" 被取反，与 0 "异或" 不变。例如，将 P1 口的 D5、D2 位取反，其余位不变的语句如下。

```
P1=P1^0X24;
```

4）按位取反

按位取反 "~" 用于对一个二进制数按位取反，即将 0 变 1，将 1 变 0。

5）位左移

位左移 "<<" 用于将一个数的各二进制位全部左移若干位，移到左端的高位被舍弃，右边的低位补 0。例如，a=0x52，a<<2，结果 a 为 0x48。

左移 1 位相当于乘以 2，左移 n 位相当于乘以 2^n。例如，将变量 a 乘以 4 后回存 a 的语句如下。

```
a=a<<2;
```

6）位右移

位右移 ">>" 用于将一个数的各二进制位全部右移若干位，移到右端的低位被舍弃。对无符号数或者带符号数中的正数，左边高位移入 0；对带符号数中的负数，左边高端移入 1。右移 1 位相当于除以 2，右移 n 位相当于除以 2^n。例如，a 除以 8 后回存 a 的语句如下。

```
a=a>>3;
```

6. 复合赋值运算符与表达式

双目运算符都可以和赋值运算符结合组成复合赋值运算符。C 语言规定可以使用以下 10 种复合赋值表达式：

+=、-=、*=、/=、%=、<<=、>>=、&=、|=、^=

复合赋值表达式的一般形式：　变量　复合赋值运算符　表达式。例如：

"a*=10"等价于"a=a*10"

3.4　C51 语言基本语句

3.4.1　C51 语言语句概述

C51 语言的语句用于向单片机发出操作指令。一个完整的 C51 语言程序包括数据描述和数据操作。数据描述定义数据结构和数据初值，由数据定义部分实现；数据操作是对已提供的数据进行加工，这部分功能是由语句实现的。这里的"数据"既包括与底层硬件无关的数据，又包括特殊功能寄存器等与底层硬件状态直接相关的数据。

C51 语言程序由语句组成，这些语句主要包括说明语句、表达式语句、空语句、复合语句和流程控制语句，每种语句都以分号结束，本书 C51 语言程序中用到的分号都是半角分号。

1. 说明语句

C51 语言的说明语句是用于定义变量的类型的，同时可以在需要时给变量赋初值。C51 语言规定，所有变量在使用前必须定义。每个变量都被定义为确定的类型，才能在编译时为其分配相应的存储单元，并且可以据此检查该变量进行的运算是否合法，若不合法，则报错，提示程序员修改。例如，以下语句为说明语句。

```
unsigned char a=10, b=20, c;
bit  flag=0;
sbit  LED0=P1^0;
```

2. 表达式语句

将表达式加上分号";"即可构成表达式语句，这是 C51 语言程序最基本的可执行语句。例如，以下语句是表达式语句。

```
total=a+b*c;
```

3. 空语句

空语句就是什么都不做的语句。常用的空语句有两种形式：一种是只有一个分号的语句；另一种是只有一个花括号且里面是空的语句。

```
;
{ }
```

在 51 单片机程序设计中，常常用空语句实现延时功能。例如：

```
for(i=0; i<123 ; i++)
{ }
```

另外，C51 编译器还提供了一个空语句的库函数：

```
void _nop_(void);
```

这个库函数调用一次，会延时 1 个机器周期的时间。在使用这个库函数前，需要将其所在的头文件 intrins.h 包含到当前文件。

4. 复合语句

用花括号"{ }"将一些语句组合在一起，使其在语法上等价于一个语句，这样的语句称为复合语句。复合语句中的最后一个语句中的最后的分号不能忽略不写，结束一个复合语句的右花括号之后不能带分号。复合语句在程序运行时，花括号"{ }"中的各行单语句是依次顺序执行的。在 C51 语言的函数中，函数体就是一个复合语句。例如：

```
if(++con==20)
 {
    con=0;
    LED=~LED;
 }
```

5. 流程控制语句

流程控制语句是用于控制程序中各语句执行顺序的语句，可以将语句组合成能完成一定功能的小逻辑模块，流程控制语句有 3 种类型：分支控制语句、循环控制语句和转移语句。

3.4.2　分支控制语句

实现分支控制的语句包括：if 语句和 switch 语句两种类型，if 语句又可分为 if…语句、if…else…语句、多级 if…else…语句。其中，if…语句和 if…else…语句用于实现二分支选择结构，多级 if…else…语句和 switch 语句用于实现多分支选择结构。

1. if…语句

if…语句的格式如下所示。

```
if (表达式)
 { 语句组; }
```

if…语句执行过程为：当表达式的结果为"真"时，执行其后的语句组，否则跳过该语句组，继续执行下面的语句。

if…语句中的表达式通常为逻辑表达式或关系表达式，也可以是任何其他表达式或类型数据，只要表达式的值非 0，就为"真"。以下语句都是合法的：

```
if (100) {…}
if (x=100) {…}
if (P30) {…}
```

在 if…语句中，表达式必须用括号"( )"括起来。如果花括号"{}"里面的语句组只有一条语句，那么可以省略花括号，如"if（con==0）led=0;"语句。但是为了提高程序的可读性和防止程序书写错误，建议读者在任何情况下都加上花括号。

2. if…else…语句

if…else…语句的格式如下所示。

```
if  (表达式)
     {语句组 1; }
else
     {语句组 2; }
```

if…else…语句执行过程为：当表达式的结果为"真"时，执行其后的"语句组 1"，否则执行"语句组 2"。

【例 3-1】如图 3-3 所示，P2.0 接一个发光二极管，P1.0 接一个按键，要求当按键按下时，发光二极管发光；当按键弹开时，发光二极管不发光。

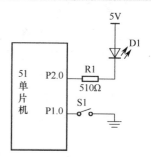

图 3-3　一个按键控制一个 LED

分析：对于 51 单片机，其 I/O 口高电平时输出电流的能力很弱，一般为几十微安；而低电平时灌入电流的能力较强，约为 10mA。所以在设计 51 单片机控制电路时，如果外设需要较大的电流，那么一般采用低电平驱动的方式。图 3-3 中的发光二极管采用低电平驱动的方式，P2.0 输出低电平时发光，P2.0 输出高电平时不发光。

发光二极管是单片机控制系统常用的输出设备，常用于指示系统运行状态等。普通二极管的导通压降一般为 0.3V 或 0.7V，而发光二极管的导通压降一般为 1.8～2V。发光二极管工作时的亮度与通过的电流有关，电流越大，亮度越高。在设计发光二极管电路时，必须串联一个限流电阻。图 3-3 中，D1 导通时的压降约为 2V，那么限流电阻的压降约为 3V，通过的电流为 $I=3/R1 \approx 6mA$。当减小 R1 的阻值时，电路的电流增大，发光二极管亮度增加，当流过发光二极管的电流超过 10mA 后，亮度将不再明显增加，而发热会快速增加。在设计电路时，流过发光二极管的电流取 5～10mA 较合适。

图 3-3 中，按键一端接在 P1.0 口，另一端接地。单片机复位后，所有 I/O 口均为高电平，所以当按键没有按下时，I/O 输入为高电平。当按键按下时，I/O 口与地端接通，I/O 输入为低电平。因为 51 单片机 P0 口内部无上拉电阻，所以如果按键接在 P0 口上，那么需要接上拉电阻，阻值一般取 1～10kΩ。

按照上述要求，编写程序如下所示。

```
#include < reg51.h >
sbit  LED = P2^0 ;
sbit  S = P1^0 ;
void  main( void )
{
    while( 1 )
    {
        if ( S = = 0 ) LED = 0 ;
        else LED = 1 ;
    }
}
```

上述程序也可以采用两个独立的 if…语句编写，程序如下所示。

```
#include < reg51.h >
sbit  LED = P2^0 ;
sbit  S = P1^0 ;
void  main( void )
{
    while ( 1 )
    {
        if ( S == 0 ) LED = 0 ;
        if ( S == 1 ) LED = 1 ;
    }
}
```

3. 多级 if…else…语句

多级 if…else…语句是由 if…else…语句组成的嵌套，用于实现多个条件分支的选择，其格式如下所示。

```
if(表达式 1)
 {语句组 1; }
 else if (表达式 2)
    {语句组 2; }
    else if (表达式 3)
    {语句组 3; }
      …
        else if (表达式 n)
            {语句组 n; }
            else
            {语句组 n+1; }
```

这种结构是由上向下逐个对条件进行判断的，一旦发现条件满足，就执行与它有关的语句，并跳过其他剩余语句；若没有一个条件满足，则执行最后一个 else 语句。最后这个 else 常起着"默认条件"的作用。

【例 3-2】如图 3-4 所示，P2 口接 8 个发光二极管，P1.0、P1.1 分别接按键 S1、S2，要求当没有按键按下时，8 个发光二极管全灭；当按键 S1 按下时，左边 4 个发光二极管亮；当按键 S2 按下时，右边 4 个发光二极管亮，当 2 个按键均按下时，8 个发光二极管全亮。

这是一个四选一的分支结构，可采用多级 if…else…语句实现功能，编写程序如下所示。

```
#include < reg51.h >
sbit  S1 = P1^0 ;
sbit  S2 = P1^1 ;
void  main( void )
{
    while( 1 )
    {
        if  ((S1 ==0)&&(S2 == 0)) P2 = 0 ;
        else if ((S1 ==0)&&(S2 == 1))  P2 = 0x0f ;
        else if ((S1 ==1)&&(S2 == 0))  P2 = 0xf0 ;
```

```
        else  P0 = 0xff ;
    }
}
```

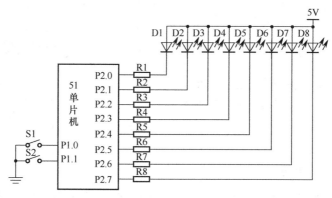

图3-4　2个按键控制8个发光二极管

4. switch 语句

switch 语句是多分支选择语句，比多级 if…else…语句简洁明了。switch 语句的格式如下所示。

```
switch  (变量表达式)
{
    case 值1: 语句组1; break;
    case 值2: 语句组2; break;
    …
    case 值n: 语句组n; break;
    default:    语句组n+1;
}
```

该语句的执行过程为：先计算表达式的值，并与 case 后的常量表达式的值逐个进行比较，当表达式的值与某个常量表达式的值相等时，执行该常量表达式后对应的语句组，再执行 break 语句，跳出 switch 语句的执行，继续执行下一条语句。若表达式的值与所有 case 后的常量表达式均不相同，则执行 default 后的语句组。

使用 switch 语句时应注意以下几点。

（1）switch 语句中的变量可以是数值，也可以是字符；

（2）可以省略一些 case 和 default；

（3）case 或 default 后的语句可以是语句体，但不需要用花括号括起来；

（4）每个 case 的常量表达式必须是互不相同的，否则将出现混乱；

（5）各 case 和 default 出现的次序不影响程序执行的结果；

（6）在执行一个 case 分支后，使流程跳出 switch 结构，即中止 switch 语句的执行，可以用一个 break 语句完成。如果在 case 语句中遗忘了 break 语句，那么程序执行了本行之后，将不会按规定退出 switch 语句，而是执行后续的 case 语句。switch 语句的最后一个分支可以不加 break 语句，结束后直接退出 switch 结构。

【例3-3】如图3-5所示，P2.0～P2.3 接4个发光二极管，P2.4～P2.7 接4个按键，现要求在一般情况下，4个发光二极管全亮，只按 S1 时，D1 灭；只按 S2 时，D2 灭，依此类推。

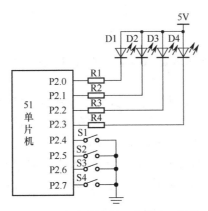

图 3-5　4 个按键控制 4 个发光二极管

这是一个多选一的分支结构，可采用多级 if…else…语句实现，也可以采用 switch 语句实现，采用 switch 语句实现的程序如下所示。

```
#include<reg51.h>
#define uchar  unsigned char
void main( void )
{
    uchar  temp ;
    P2 = 0xf0 ;                    //P2 口高 4 位写 1，低 4 位写 0
    while(1)
    {
        temp = P2 ;
        temp =temp & 0xf0 ; //屏蔽低 4 位，低 4 位为输出端口，防止影响按键值判断
        switch ( temp )
        {
            case  0xe0 : P2 = 0xf1 ; break ;
            case  0xd0 : P2 = 0xf2 ; break ;
            case  0xb0 : P2 = 0xf4 ; break ;
            case  0x70 : P2 = 0xf8 ; break ;
            default : P2 = 0xf0 ;
        }
    }
}
```

3.4.3　循环控制语句

单片机重复多次运行一条或多条指令，直到满足一定条件时才退出，称为循环。在 C51 语言中，循环可用循环语句实现。C51 语言有 3 种基本的循环语句：while 语句、do…while 语句和 for 语句。

1. while 语句

while 语句的格式如下所示。

```
while  (表达式)
{循环体语句；}
```

该语句的执行过程为：如果表达式为真，那么重复执行循环体语句；反之，则终止循环体语句。

表达式必须用括号"()"括起来，表达式可以是常量、变量、函数和各种运算表达式。

while 语句结构的特点在于，循环条件的测试在循环体的开头，要想执行重复操作，首先必须进行循环条件的测试，若条件不成立，则循环体内的重复操作一次也不能执行。

一般情况下，单片机应用程序是一个无限循环结构，即从程序开头执行到结尾，再返回开头，往复不断。可以使用"while(1)"语句实现该结构。例如：

```
void  main (void)
{
    …
    while( 1 )
    {
        …
    }
}
```

2. do…while 语句

do…while 语句的格式如下所示。

```
do
{
    循环体语句；
} while  (表达式);
```

do…while 语句的执行过程为：先执行循环体语句，再计算表达式，若表达式的值为"真"，则继续执行循环体语句，直到表达式的值为"假"，结束循环。

do…while 语句构成的循环与 while 循环语句十分相似，它们之间的主要区别是：while 语句循环的控制出现在循环体之前，只有当 while 后面表达式的值非 0 时，才可能执行循环体，在 do…while 语句构成的循环中，总是先执行一次循环体，然后求表达式的值的，因此无论表达式的值是否为 0，循环体至少要被执行一次。

do…while 循环用得并不多，用 while 语句实现会更直观。

3. for 语句

for 语句是用得最多、使用最灵活的循环语句。它不仅可以用于循环次数已知的情况，也可用于循环次数不确定、只给出循环条件的情况，完全可以替代 while 语句。

for 语句的格式如下所示。

```
for  (表达式1；表达式2；表达式3)
{    循环体语句；}
```

关键字 for 后面的括号中通常含有 3 个表达式，各表达式之间用";"隔开。这 3 个表达式可以是任意形式的表达式，通常主要用于 for 循环的控制。紧跟在 for( )之后的循环体，在语法上要求是一条语句；若循环体内有多条语句，则应该用花括号括起来组成复合语句。

该语句的执行过程如下所示。

（1）计算"表达式 1"，表达式 1 通常为循环次数变量赋初值；

（2）计算"表达式 2"，表达式 2 通常为能够进行循环的条件，若满足条件，则运行循环体语句；若不满足条件，则退出循环；

（3）执行一次循环体；

（4）计算"表达式 3"，表达式 3 通常是控制循环次数的变量修改表达式，然后转步骤（2）；

（5）结束循环，执行 for 循环之后的语句。

编写单片机控制程序时，常常会用到延时功能，可以利用循环语句和"空"循环体达到延时的目的。例如：

```
for (i=0 ; i<10000 ; i++)
{ }
```

上述语句循环 10 000 次，然后退出，达到延时的目的。还可通过循环语句的嵌套，达到更长时间延时的目的。例如：

```
uchar i, ms=100 ;
while ( ms-- )
  for( i = 0 ; i < 123 ; i++ );
```

【例 3-4】如图 3-6 所示，P2.0 接 1 个发光二极管，系统上电后让其不停闪烁。

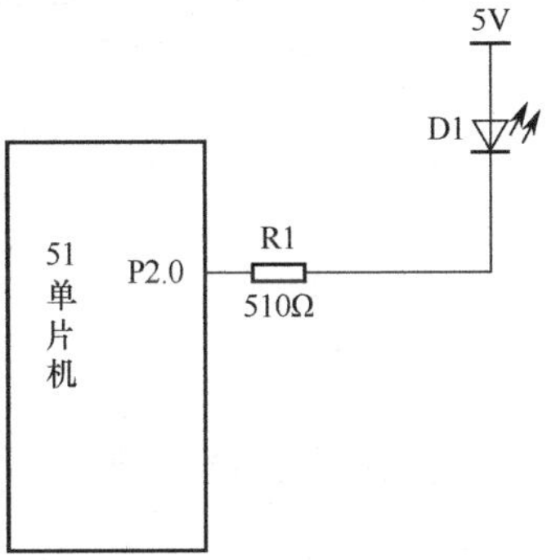

编写程序如下所示。

图 3-6　单个发光二极管闪烁

```
#include<reg51.h>
#define uint  unsigned int
sbit LED = P2^0 ;
void main( void )
{
    uint i ;
    while(1)
    {
        LED = ~ LED ;                //LED 端口电平取反
        for( i = 0 ; i < 12300 ; i++ )   //延时约 100ms
        { }                          //此花括号可以用";"代替
    }
}
```

3.4.4　转移语句

分支语句和循环语句都能控制程序流程，除此之外，还有一些语句能够控制程序流程，但其自身不具备完整的流程结构，这就是转移语句。转移语句包括 break 语句、continue 语句和 goto 语句。在循环体语句的执行过程中，如果想在满足循环判定条件的情况下跳出代码段，那么可以使用 break 语句或 continue 语句；如果想从任意位置跳转到代码的某个地方，那么可以使用 goto 语句。

1. break 语句

break 语句的格式为

```
break;
```

break 语句只能用在 switch 语句和循环语句中。break 语句用在 switch 语句中的作用是跳出 switch 语句，转到 switch 之后的语句。break 用在循环语句中的作用是跳出本层循环体，执行循环语句后面的语句。

【例 3-5】如图 3-3 所示，要求：若与 P2.0 相连的发光二极管 D1 不停地闪烁，则当与 P1.0 相连的按键 S1 按下时，停止闪烁。

程序如下所示。

```c
#include < reg51.h >
#define uint unsigned int
sbit LED = P2^0 ;
sbit S = P1^0 ;
void main( void )
{
    uint i ;
    while (1)
    {
        LED = ~ LED ;
        for( i = 0 ; i < 12300 ; i++ ); //延时
        if(S = = 0 ) break ;
    }
    while ( 1 );
}
```

2. continue 语句

continue 语句的格式为

```
continue;
```

continue 语句只能用在循环语句中。其作用及用法与 break 语句相似，二者的区别：若循环遇到 break 语句，则直接结束循环；若遇上 continue 语句，则停止当前这一次循环，然后进行下一次循环。可见，continue 语句并不结束整个循环，仅仅是中断这一次循环，然后跳到循环条件处，继续下一次循环。当然，如果跳到循环条件处，发现条件已不成立，那么循环也会结束。

【例 3-6】如图 3-3 所示，当与 P1.0 相连的按键 S1 按下时，与 P2.0 相连的发光二极管 D1 暂停闪烁；当按键 S1 弹开时，发光二极管继续闪烁，试编写程序实现。

程序如下所示。

```c
#include < reg51.h >
#define uint unsigned int
sbit LED = P2^0 ;
sbit S = P1^0 ;
void main ( void )
{
    uint i ;
    while(1)
    {
```

```
        if( S = = 0 ) continue ;
        LED = ~ LED ;
        for( i = 0 ; i < 12300 ; i++ );
    }
}
```

3. goto 语句

goto 语句的格式为

```
goto        标号;
```

goto 是一条无条件转移语句，当执行 goto 语句时，程序指针跳转到 goto 给出的下一条代码。goto 语句在 C51 语言程序编写中经常用于无条件跳转某条必须执行的语句，以及在死循环程序中退出循环。为了方便阅读，也为了避免跳转时引发错误，在程序设计中要慎重使用 goto 语句。

3.5　C51 函数简介

3.5.1　C51 函数概述

函数是一个完成一定相关功能的执行代码段。在高级语言中，函数与另外两个名词"子程序"和"过程"用于描述同样的事情。在 C51 语言中使用的是函数这个术语。

C51 语言程序由主函数和若干普通函数构成，函数是构成 C51 语言程序的基本模块。从功能上来说，一个 C51 语言程序可以只有一个主函数 main ( )，但是程序员在编写程序时，往往用自定义函数来编写不同功能模块，由这些自定义函数和主函数构成一个完整的程序。这样做的好处是：程序的整体结构清晰明了；这些函数可以重复使用，减少重复工作；将经常使用的程序段编写成自定义函数，可以明显地缩短程序代码。

C51 语言中函数的数目是不受限制的，但是一个 C51 语言程序至少有一个以 main 命名的函数，该函数称为主函数。主函数是唯一的，整个程序从这个主函数开始执行。主函数之外的函数称为普通函数，普通函数在 C51 语言中又可分为库函数、用户自定义函数和中断函数。

库函数由编译器提供，有固定格式，一般不需要用户对其进行修改，只需要在程序中包含具有该函数说明的头文件即可直接调用。例如，调用循环左移函数_crol_( )时，要求程序在调用输出库函数前包含 include 命令 "#include <intrins.h>"。

用户自定义函数是用户根据需要编写的函数。

中断函数是 C51 语言特有的，标准 C 没有这种函数。

3.5.2　用户自定义函数

根据函数定义的形式，用户自定义函数可分为无参函数、有参函数和空函数。

1. 函数的定义

函数定义的一般形式：

```
类型标识符  函数名(数据类型 形式参数1,  数据类型 形式参数2,…)
```

```
    {
        函数体;
    }
```

类型标识符是指调用函数后的返回数据的数据类型，可以是字符型、整型、实型和位型等。若没有返回值，则类型标识符必须写为"void"。

函数名是程序员给该函数起的名字，必须符合标识符的命名规则。

函数名后面的用括号括起来的是形式参数，每个形式参数必须单独指明其数据类型，如果没有形式参数，那么括号内可以写"void"，也可以空着。根据形式参数的有无，函数可分为无参函数和有参函数。

无参函数举例如下所示。

```
void  delay ( void )
{
    unsigned  int  i ;
    for( i = 0 ; i < 10000 ; i++);
}
```

有参函数举例如下所示。

```
void  delay ( unsigned  int  ms )
{
    unsigned int  i ;
    for( i = 0 ; i < ms ; i++);
}
```

花括号括起来的部分是函数体，是函数的可执行功能部分，如果函数体没有语句，那么此函数称为空函数。调用空函数时，什么工作也不做，不起任何作用。定义空函数的目的并不是执行某种操作，而是扩充程序功能。先将一些基本模块的功能函数定义成空函数，占好位置，并写好注释，之后再用一个编好的函数代替它。这样整个程序的结构清晰，可读性好，方便以后扩充新功能。

在进行函数定义时应注意：

（1）在同一工程中，函数名必须唯一；

（2）形式参数在同一个函数中必须唯一，但可以与其他函数中的变量同名；

（3）不能在一个函数中再定义函数；

（4）在定义函数时应指明函数返回值的类型，如果没有函数返回值，那么应将其设为"void"，若省略了函数返回值的类型，则默认为 int 型；

（5）函数的返回值是通过函数中的 return 语句获得的，若不需要返回函数值，则可以省略 return 语句；

（6）函数名后面的括号不可以省略，且圆括号后面不可加分号";"。

2. 函数的原型声明

函数原型声明的格式如下所示。

类型标识符　函数名(数据类型名　形式参数 1，数据类型名　形式参数 2，…);

函数的原型声明与函数的定义是完全不同的，函数的定义是对函数功能的确立，是一个完整的函数单位。函数原型声明中的类型标识符、函数名、形式参数的数据类型名都要和函数的定义一致（形式参数名可写可不写），在括号后面必须加分号";"。

函数的原型声明必须放在所有函数的外面。C 语言规定，当被调函数放在主调函数的前面时，函数的原型声明可以不写，否则必须写函数的原型声明。所以，在一般情况下，如果程序中的函数不太多，那么可以将自定义函数的放在主函数的前面，省略函数原型声明，以使程序简洁。

3. 形式参数与实际参数

C 语言采用函数之间的参数传递方式，使一个函数能对不同的变量进行功能相同的处理，从而大大提高函数的通用性与灵活性。函数之间的参数传递，由主调函数的实际参数与被调函数的形式参数之间进行数据传递实现。被调函数的最后结果由被调函数的 return 语句返给主调函数。

形式参数：函数的函数名后面的括号中的变量名称为形式参数，简称形参。

实际参数：在函数调用时，主调函数名后面括号中的表达式称为实际参数，简称实参。

在 C 语言的函数调用中，实际参数与形式参数之间的数据传递是单向进行的，只能由实际参数传递给形式参数，而不能由形式参数传递给实际参数。实际参数与形式参数的类型必须一致，否则会发生类型不匹配的错误。被调函数的形式参数在函数未调用之前，并不占用实际内存单元。只有当函数调用发生时，被调函数的形式参数才分配给内存单元，此时内存中调用函数的实际参数和被调函数的形式参数位于不同的单元。在调用结束后，形式参数占有的内存被系统释放，而实际参数占有的内存单元仍保留并维持原值。

4. 函数的返回值

函数的返回值是通过函数体中的 return 语句获得的。一个函数可以有一个以上的 return 语句，但是多于一个的 return 语句必须在选择结构（if 或 switch 语句）中使用，因为被调函数一定只能返回一个变量。

函数返回值的类型在定义函数时，由返回值的标识符指定。如果定义函数时没有指定函数的返回值类型，那么默认返回值类型为整型。当函数没有返回值时，使用标识符 void 进行说明。

5. 函数的调用

在一个函数中需要用到某个函数的功能时，就调用该函数。调用者称为主调函数，被调用者称为被调函数。函数调用的一般形式为

函数名　　{实际参数列表}；

若被调函数是有参函数，则主调函数必须将被调函数所需的参数传递给被调函数。传递给被调函数的数据称为实际参数，与形式参数的数据在数量、类型和顺序上都必须一致。实际参数可以是常量、变量和表达式。实际参数对形式参数的数据是单向的，即只能将实际参数传递给形式参数。

3.5.3　C51 中断函数

由于标准 C 没有处理单片机中断的定义，因此为了进行 51 单片机的中断处理，C51 编译器对函数的定义进行了扩展，增加了一个扩展关键字 interrupt。使用 interrupt 可以将一个函数定义成中断函数。由于 C51 编译器在编译时对声明为中断服务程序的函数自动添加了相应的现场保护、阻断其他中断、返回时自动恢复现场等程序段，因此在编写中断函数时可不必考

虑这些问题，减少用户编写中断服务程序的烦琐程度。

中断函数的一般形式为

```
void 函数名(void) interrupt m using n
```

关键字 interrupt 后面的"m"是中断号，对于 51 单片机，m 的取值为 0～4。关键字 using 后的"n"是所选择的寄存器组，using 是一个选项，可省略。如果没有使用 using 关键字指明寄存器组，那么中断函数中的所有工作寄存器的内容都将被保存到堆栈中。

有关中断函数的具体使用注意事项，将在后续章节详细介绍。

【例 3-7】编写一个带形式参数的毫秒级延时函数。

分析：延时函数的功能是调用后实现延时，无须返回值，所以类型标识符为"void"；函数名命名必须符合标识符规则，且最好"见名释义"，所以将函数命名为"delayms"；为了使本函数实现不同时间的延时，需要带一个形式参数。延时函数编写如下所示。

```
void delayms ( uchar ms )
{
    uchar i ;
    while ( ms--)                 //循环嵌套，达到长时间延时
    for( i = 0 ; i < 123 ; i ++); //12MHz 晶振,for 语句循环 123 次的时间刚好为 1ms
}
```

在调用此函数的过程中，如果没有中断发生，那么延时的时间将非常精确。形式参数 ms 为无符号 char 型，最大值为 255，因此调用一次该函数最大能延时 255ms，如果将形式参数 ms 的类型改为 int 型，那么将能实现更长时间的延时，但是精度不如 char 型。

【例 3-8】如图 3-7 所示,编程实现发光二极管从左到右的流水灯功能,间隔时间为 100ms, 晶振频率为 12MHz。

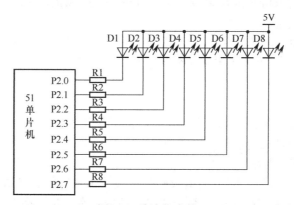

图 3-7 流水灯电路

编写程序如下所示。

```
#include < reg52. h >
#define uchar unsigned  char         //宏定义，简化书写
void delayms( uchar ms )             //毫秒级延时函数，放在主函数前可省略原型声明
{
    uchar i;
    while ( ms-- )
    for( i = 0 ;i < 123 ; i++ );
```

```
}
void main ( void )                    //主函数
{
    P2 = 0xfe ;                       //先点亮最左边的发光二极管 D1
    while( 1 )                        //主循环
    {
        delayms ( 100 );              //调用延时函数，延时 100ms
            P2=( P2<<1 )|( P2>>7 );   //循环左移一位
    }
}
```

本例可将流水灯的状态对应的 I/O 口数据放在数组中，在主循环中依次输出数组中的数据。也可用循环移位的库函数_crol_( )实现，注意使用_crol_( )库函数需要添加的文件包括语句为"#include < intrins.h >"。

本 章 小 结

相对于汇编语言，C51 语言在可读性和可重复性上具有明显优势。C51 语言程序由主函数、库函数、用户自定义函数和中断函数构成，中断函数是控制类系统特有的函数类型。

本章比较系统地介绍了 C51 语言的基本语法，包括标识符、关键字、数据类型、变量的存储类型与存储器类型、预处理命令、运算符与表达式、基本语句、函数等。

要求掌握的重点内容包括：

（1）数据类型、运算符和表达式，特别是单片机的 sbit 类型和 sfr 类型的使用；

（2）变量的存储器类型与存储器种类；

（3）C51 语言的基本语句主要包括表达式语句、分支控制语句、循环控制语句和转移语句等；

（4）函数是 C51 语言程序的基本组成单元，一个 C51 源程序至少包含一个函数，一个 C51 源程序中有且仅有一个主函数 main( )，C51 语言程序总是从主函数 main( )开始执行。

习 题 3

一、选择题

1. 下面叙述不正确的是（　　）。
    A. 一个 C 源程序可以由一个或多个函数组成　　B. 一个 C 源程序必须包含一个 main( )主函数
    C. 在 C 程序中，注释说明只能位于一条语句的后面　　D. C 程序的基本组成单位是函数
2. C 程序总是从（　　）开始执行的。
    A. 主函数　　　　　B. 主程序　　　　　C. 子程序　　　　　D. 主过程
3. 最基本的 C 语言语句是（　　）。
    A. 赋值语句　　　　B. 表达式语句　　　C. 循环语句　　　　D. 空语句
4. 在 C51 程序中常常把（　　）作为循环体，用于消耗 CPU 的运行时间，产生延时效果。

A．赋值语句　　　　　B．表达式语句　　　　C．循环语句　　　　D．空语句

5．在 C 语言的 if 语句中，用作判断语句的表达式为（　　）。

A．关系语句表达式　　B．逻辑语句表达式　C．算术表达式　　　D．任意表达式

6．如果 i=3，那么程序在执行 while(i=0)语句时，while 循环执行（　　）。

A．0 次　　　　　　　B．无限次　　　　　C．1 次　　　　　　D．2 次

7．以下描述正确的是（　　）。

A．continue 语句的作用是结束整个循环体执行

B．只能在循环体内和 switch 语句体内使用 break 语句

C．在循环体内使用 break 语句或 continue 语句的作用相同

D．以上 3 种说法都不正确

8．在 C51 语言的数据类型中，unsigned char 型的数据长度和值域为（　　）。

A．单字节，−128～127　　　　　　B．双字节，−32 768～32 767

C．单字节，0～255　　　　　　　　D．双字节，0～65 535

9．在 C 语言中，函数类型（　　）。

A．由 return 语句中表达式值的数据类型确定

B．由调用该函数时的主调用函数的类型确定

C．在调用该函数时由系统临时决定

D．由在定义该函数时指定的类型决定

二、填空题

1．一个 C 源程序有且仅有一个_____函数。

2．C51 语言程序中定义一个可位寻址的变量 FLAG 访问 P3 口的 P3.1 引脚的方法是_____。

3．C51 语言扩充的数据类型_____用于访问 51 单片机内部的所有专用寄存器。

4．结构化程序设计的 3 种基本结构是_____、_____和_____。

5．表达式语句由_____和_____组成。

6．_____语句一般用作单一条件或分支数目较少的场合，如果编写超过 3 个的分支程序，那么可以用多分支选择_____语句。

7．do…while 语句和 while 语句的区别在于：_____语句是先执行后判断，而_____语句是先判断后执行。

8．C51 语言中的字符串总是以_____作为字符串的结束符。

9．C51 语言程序总是从_____开始执行。

10．C51 源程序有且只能有_____。

11．关系表达式"8==4"的值为_____。

12．关系表达式"5>0"的值为_____。

13．下述程序实现了什么功能？

（1）

```
void main ( void)
{ int i,y=0;
    for(i=1;i<=10;i++)
    {  y=y+i;  }
}
```

（2）

```
void main ( void)
```

```
{ int i,sum=0;
   do
   {   sum=sum+i;
          i++;
   }while (i<=100);
}
```
(3)
```
void main ( void)
{ int i,sum=0;
   while (i<=10)
   {   sum=sum+i;
       i++;
   }
}
```
14. 请说明程序运行之后 x、y、z、m、n 的值分别是多少。
```
main()
{
    int x=6,y,z,m,n;
        y=++x;
        z=x--;
    m=y/z;
    n=y%z;
}
```

第4章 51单片机控制系统的人机交互接口设计

内容提要

人机交互是单片机控制系统不可缺少的部分，其中，显示器和键盘是人机交互的最基本设备，在单片机系统中的使用也是最为频繁的。本章将介绍常用的键盘和常用的显示器件的工作原理及它们的51单片机接口电路，重点掌握键盘和LED数码管的电路及程序设计，难点是液晶显示器（LCD）程序设计。通过对本章案例的学习，读者可将案例中的程序设计和电路设计有机地结合起来；通过对案例的学习，可巩固前面所学的C51语言和单片机的基础知识；通过本章的案例设计，可掌握Proteus和Keil C51的设计步骤。

本章内容特色

（1）本章的单元电路和小程序经典实用，可以用于各种单片机控制的小系统；

（2）较为详细地分析单片机控制系统中典型的单元电路中元器件的作用；

（3）详细地介绍基于Keil C51的单片机的键盘、LED显示程序设计；

（4）较详细地介绍基于Keil C51的单片机程序的错误修改及调试方法；

（5）设计案例程序有点评分析。

4.1 键盘的接口设计

4.1.1 按键概述

1. 常见按键及电路连接

按键按照结构原理可分为两类：一类是触点式开关按键，如机械式开关、导电橡胶式开关等；另一类是无触点开关按键，如电气式按键、磁感应按键等，前者造价低，后者寿命长。按键按照接口原理可分为编码键盘和非编码键盘两类，这两类键盘的主要区别是识别键符及给出相应键码的方法。编码键盘主要通过硬件实现对按键的识别，硬件结构复杂；非编码键盘主要通过软件实现按键的定义与识别，硬件结构简单，软件编程量大。编码键盘内部带有硬件编码器，它通过硬件识别键盘上的闭合键，优点是工作可靠、按键编码速度快且基本不占CPU的时间，但是电路复杂、成本较高；非编码键盘通过软件识别键盘上的闭合键，优点是硬件电路简单、成本较低，但是占用CPU的时间长。在实际的单片机应用系统设计中，为了降低成本，大多采用非编码键盘。

单片机应用系统设计中，常常使用轻触按键组成键盘。轻触按键具有自动弹回的特点，即按下按键，两个触点接通，放开按键，两个触点断开。轻触按键的外形及电路符号如图4-1所示。通常轻触按键有4个引脚，4个引脚组成两对，每对引脚相通，相当于两个触点。

2. 按键与单片机的电路连接

由于 51 系列单片机的 I/O 口在系统复位后为高电平，因此在设计按键接口时，将按键一端接地，另一端连接单片机 I/O 口，如图 4-2 所示。在图 4-2 中，当按下按键 S 时，I/O 口接地，输入为低电平；当按键 S 弹开时，接地端断开，I/O 口输入为高电平。通过检测 I/O 口的电平可以判断按键 S 是否按下。图 4-2 中，若按键 S 没有接在 P0 口的引脚，则可以不接上拉电阻 R。

图 4-1　轻触按键的外形及电路符号

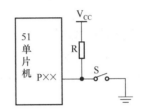

图 4-2　单个按键与 51 单片机连接

3. 按键的抖动及消抖方法

由于轻触按键内部为弹簧接触式结构，因此按键在闭合和断开时，触点会存在抖动现象。按键抖动波形和硬件消抖电路如图 4-3 所示。抖动时间的长短与开关的机械特性有关，一般为 5～10ms。如果不处理，那么会产生按下一次按键进行多次处理的问题。

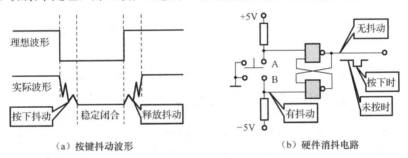

（a）按键抖动波形　　　　　　　（b）硬件消抖电路

图 4-3　按键抖动波形和硬件消抖电路

消抖可采用硬件消抖和软件消抖的方法。常用的硬件消抖方法是使用一个切换开关及互锁电路组成 RS 触发器，如图 4-3（b）所示，这个电路可以降低抖动产生的噪声，但是所需的元器件较多，增加了产品的成本、提高了电路的复杂程度，一般不使用。

软件消抖是单片机设计中的常用方法，其过程为当检测到按键端口为低电平时，不立即确认按键按下，延时 10ms 后再次进行判断，若该端口仍为低电平，则确认该端口引脚所接按键确实是被按下的，这样做避开了按键按下时的抖动时间。

4. 按键重复处理问题

在一般情况下，按键的功能是按下一次就处理一次。按键扫描检测程序必须放在主循环中，主循环每次循环都要调用一次按键扫描检测程序，而单片机的使用者按下按键的时间有长有短，这样就会产生按键只按下一次却被多次处理的问题。通常有两种解决方法：一种方法是等按键弹开再处理按键功能；另一种方法是在检测按键是否按下的程序段中加入一个静态变量，若按键没被处理过，则将此变量置0；若按键已被处理，则将此变量置1。而按键按下是否需要处理，需要"按键按下"和"此变量为0"两个条件，这样就能很好地解决按键重复处理的问题。

4.1.2　独立式按键案例分析

独立式按键的电路结构：每个按键占用一个I/O口，按键一端接I/O口，另一端接地。通过程序检测I/O口的输入电平，即可判断是哪个按键按下，然后转去运行对应按键功能的程序段。8个按键的独立式按键电路如图4-4所示。这种按键电路的特点：电路简单，各条检测线独立，识别按键号的软件编写简单；需要占用的I/O口较多，只适合按键数较少的应用场合，如果系统需要较多的按键，那么最好采用矩阵式键盘。

【例4-1】51单片机的P1.1引脚和P1.0引脚分别接两个按键，P2.0引脚接一个发光二极管，系统初始化时，发光二极管亮，当P1.1引脚所接按键S1按下时，P2.0引脚所接的发光二极管开始闪烁（亮100ms，灭100ms）；当P1.0引脚所接按键S2按下时，P2.0引脚所接的发光二极管灭。

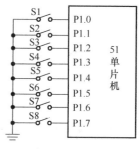

图4-4　8个按键的独立式按键电路

1. 电路设计

在Proteus中根据设计要求，设计如图4-5所示的电路，电路中的元器件清单如表4-1所示。

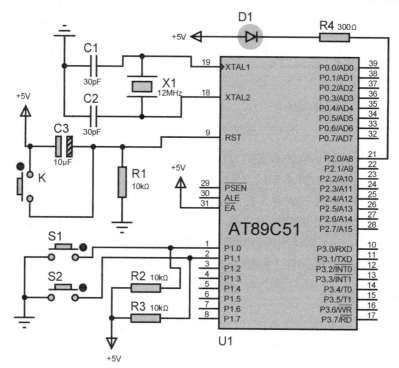

图4-5　两个按键的独立式按键电路原理图

表 4-1   51 单片机按键控制发光二极管原理图元器件清单

元器件编号	Proteus 中元器件的名称	元器件标称值	说明
U1	AT89C51	AT89C51	单片机
R1～R3	RES	10kΩ	电阻
R4	RES	300Ω	电阻
C1、C2	CAP	30pF	无极性电容
C3	CAP-ELEC	10μF	电解电容
X1	CRYSTAL	12MHz	石英晶体
K、S1、S2	BUTTON	无	按键
D1	LED-BIBY	无	黄色发光二极管

2. 电路功能介绍

（1）AT89C51 单片机电路在整个电路中起到中心控制作用，其中，引脚 31 接电源，系统使用单片机内部程序存储器存放程序。

（2）C1、C2 和 X1 构成一个振荡电路，为 AT89C51 单片机提供时钟信号，常称为单片机的时钟电路；51 系列单片机系统的时钟电路基本都一样。

（3）K、C3 和 R1 构成单片机的复位电路，可以实现手动和自动复位功能，常称为单片机的复位电路。

（4）R2 和 R3 为按键电路中的上拉电阻，保证在没有按键按下时，系统引脚的电平是高电平。

（5）R4 在这里是限流电阻，对发光二极管 D1（仿真用的发光二极管）起保护作用，避免单片机的引脚和发光二极管被大电流烧坏。R4 的阻值的确定方法如下所示。

51 单片机的输出端口为灌电流（低电平输出，可达 20mA）时其驱动能力强，为拉电流（高电平输出仅几十到几百微安）时其驱动能力弱，因此通常使用 51 单片机的并行端口中的引脚输出低电平控制发光二极管，如图 4-5 所示。为了保护 51 单片机的引脚和发光二极管，还要在单片机与发光二极管的回路中串接一个限流保护电阻，下面对如何计算该保护电阻进行简单分析。当 51 单片机的引脚输出低电平时，输出端的场效应管将导通，输出端电压接近 0V，当发光二极管正向导通时，其两端电压 V_D 为 2V，则限流电阻 R 两端将存在 3V 的电压降。

若希望将流过发光二极管的电流 I_D 限制为 10mA，则此限流电阻为

$$R = \frac{5V - 2V}{10mA} = 300\Omega \tag{4-1}$$

若要发光二极管点亮，则可使流过发光二极管的电流 I_D 为 15mA，则此限流电阻为

$$R = \frac{5V - 2V}{15mA} = 200\Omega \tag{4-2}$$

（6）在 51 单片机控制系统中，常常将单片机、时钟电路和复位电路称为单片机的最小系统，其他任何单片机控制系统都包含最小系统。只要在单片机最小系统的基础上再增加一些功能电路，就可以实现不同的控制电路。

3. C51 程序设计

（1）根据设计要求绘制如图 4-6 所示的程序流程图。

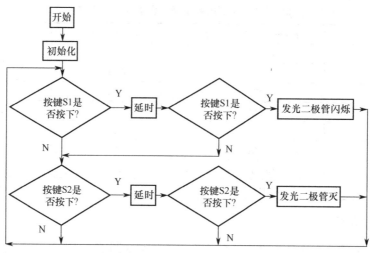

图 4-6　程序流程图

（2）程序初始化，主要对程序中涉及的 P1.0 引脚、P1.1 引脚、P2.0 引脚，以及后面主程序要调用的延时程序进行说明。

（3）判断按键 S1 和按键 S2 是否按下，根据图 4-5 中的按键电路，可以知道当按键按下时，对应的引脚变为低电平，当按键松开时，对应的引脚变为高电平，那么只要读取对应引脚电平进行判断即可，可以用 if 语句实现。

（4）判断后延时，主要用于消除按键的抖动。延时程序可以用循环的空语句实现，具体的延时时间需要通过调试得到，在后面的调试过程中加以说明。

（5）根据图 4-5 中的电路，发光二极管 D1 亮，单片机的 P2.0 引脚必须输出低电平；发光二极管 D1 灭，单片机的 P2.0 引脚必须输出高电平。为了让人眼能看清楚发光二极管的工作状态，单片机的 P2.0 引脚输出低电平和高电平都必须持续一段时间，这个时间可以在程序中通过调用延时实现。

（6）根据硬件电路编写其 C51 语言程序，在 Keil μVision 5 中保存为 4-1.c，建立 4-1 工程文件并进行编译。参考程序清单如下所示。

```
#include<reg51.h>              //单片机内部资源头文件
#define uchar unsigned char    //定义 uchar 为无符号字符，是宏定义
sbit LED=P2^0;                 //将发光二极管定义为 P2.0，sbit 是可寻址位型
sbit S1=P1^0;                  //将 S1 定义为 P1.0
sbit S2=P1^1;                  //将 S2 定义为 P1.1
void delayms (int ms)          //声明延时函数，是带形参的函数
{   uchar i;                   //定义 i 为无符号字符
        While (ms--)           //while 循环，只要 ms≥1，条件就为真，执行后面的语句
        for(i=0;i<123;i++);    //for 循环，执行 123 次空语句，消耗 CPU 时间
}                              //delayms 函数结束
void main(void)                //主函数
{                              //函数都以"{"开始
        LED=0;                 //程序开始运行，发光二极管亮
        while (1)              //单片机程序是一个死循环，一直在该 while 控制的循环中运行
```

```
      {P1=0xff;
                          //下面需要读 P1 口的值，先对 P1 口写"1"
         if  (S1==0)      //判断按键 S1 是否按下，按下则为"0"，执行该 if 语句
         {  delayms (10); //延时去抖动，延时大概 10ms
            if  (S1==0)   //再次判断按键 S1 是否按下，按下则为"0"，执行该 if 语句
            {  LED= ~LED;  //LED 值取反输出
               delayms(100); //延时大概 100ms
            }
         }
         if  (S2==0)      //判断按键 S2 是否按下，按下则为"0"，执行该 if 语句
         {  delayms(10);
            if(S2==0)
            LED=1;
         }
      }                   //对应 while 循环
}                         //对应主函数
```

4. 基于 Keil C51 的 C 语言程序编译中存在的语法错误的修改方法及步骤

按照第 1 章中 Keil 软件的操作步骤，打开 Keil μVision 5 软件，执行"File"→"New"命令，创建源程序文件，并将其保存为 4-1.c，注意保存的路径；执行"Project"→"New　μVision Project"命令，创建"4-1"项目，并选择（Ateml 公司）单片机的型号为 AT89C51；在"Project"窗格中右击"Target 1"选项，在弹出的窗口设计编译环境（可以参考第 1 章的案例说明），然后右击"Soutce Group 1"选项，在弹出的窗口中选择"Add Existing Files to Group 'Soutce Group 1'"选项，将源程序"4-1.c"文件添加到项目中。

下面主要就 Keil 软件中的 C51 语言程序编译存在的语法错误的修改方法及步骤进行说明。

在图 4-7 中的 Keil C51 编辑器的工具栏中单击 ▦ 按钮，即可对上述程序进行编译，如果有语法错误，那么在图 4-7 中的"Build Output"信息框中就会提示出错信息的错误类型。

图 4-7　C51 编译信息提示界面

图 4-7 提示的错误信息"4-1.c(9): error C202: 'm': undefined identifier"的含义是"4-1.c 程

序的第 9 行的"m"是未定义的标志符"，错误类型是"C202"，错误的原因是 while 语句中的条件"m"字符在使用前没有说明。C 语言程序编程遵循"使用前先说明"的原则，编写程序员在这里是想用 delayms 函数的形参变量"ms"，却误写成"m"。修改错误的方法有两种，一种是将 delayms 后面的形参改为"m"；另一种方法是将 while(m- -)改成 while(ms- -)。对于其他类型的错误，这里就不一一列举了，读者可在编程过程中慢慢积累经验。

如何修改编译后的语法错误呢？如果在编译中有很多错误，那么应该先修改编译过程中的第一个错误，再修改后面的错误，原因是后面的错误往往有可能是前面的错误引起的，有时第一个错误修改好后，其后面的错误也许就没有了。修改编译时出现的语法错误的方法，是将光标放在第一个编译错误处双击，光标会自动跳到有错误的那一行。如图 4-7 所示，将光标放在错误的地方双击，图 4-7 就变成了图 4-8。在图 4-8 中的第 9 行将 while(m- -)改成 while(ms- -)，再单击 ![按钮] 按钮进行编译，就会发现本程序原来的错误被修改了。注意，若没有编译错误，则生成的单片机可以执行*.hex 文件。为了保证生成的*.hex 文件在烧录到单片机程序存储器中后能可靠执行，最好在 Keil 软件中进行调试。

图 4-8　错误指示行示意图

5. 基于 Keil C51 的 C 语言程序的仿真调试方法及步骤

1）打开调试窗口

C 语言程序进行编译和链接以后，如想查看程序的运行状态及运行结果，Keil 软件可以进行仿真调试，方法为在如图 4-8 所示的界面中，执行"Debug"→"Start/Stop Debug Session"命令或者单击工具栏上的 ![按钮] 按钮，即可进入仿真调试状态，如图 4-9 所示。在如图 4-9 所示的仿真调试状态下，执行"Debug"→"Start/Stop Debug Session"命令或者单击工具栏上的 ![按钮] 按钮，就会退出调试状态。

在如图 4-9 所示的仿真调试状态下，项目窗口会自动打开"Registers"标签页，该标签页用于显示调试过程中的单片机内部工作寄存器 r0~r7、累加器 a、寄存器 b、堆栈 sp、数据指针 dptr、程序计数器 PC、程序状态字 psw 及程序运行时间 sec 等的当前值。

2）打开仿真结果观察窗口

在如图 4-9 所示的界面中，执行"Peripherals"→"I/O Ports"命令，选择"Port 1"选项，

系统会弹出"Parallel Port 1"对话框；执行"Peripherals"→"I/O-Ports"命令，选择"Port 2"选项，系统会弹出"Parallel Port 2"对话框，如图 4-10 所示。单击工具栏上的 按钮，退出调试状态，"Parallel Port 1"和"Parallel Port 2"对话框会一起关闭，再次单击 按钮，又会自动回到上次的设置状态。

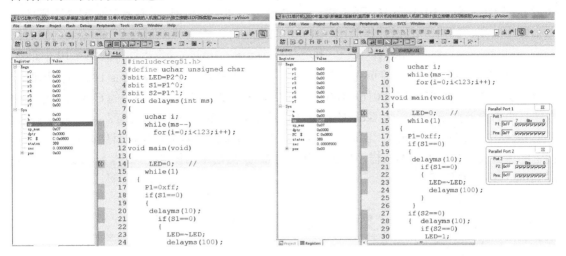

图 4-9　Keil C51 仿真调试状态　　　　　　　图 4-10　Keil C51 仿真调试及端口信息

3）仿真调试

现在重新单击工具栏上的 按钮，系统回到仿真调试的初始界面，如图 4-10 所示，在这个界面上调试的箭头指到程序的第 14 行 14　　　 LED=0;，表明 PC 指针是从主函数的第 1 条语句开始执行的，其中单片机内部工作寄存器 r0～r7、累加器 a、寄存器 b、数据指针 dptr 和程序计数器 PC 的值都为 0，堆栈 sp 为 0x07。

在如图 4-10 所示的界面中，执行"Debug"→"Step"命令或单击工具栏上的 按钮，执行程序的单步调试，系统会在 PC 指针的指示下一步一步向下执行语句，同时会发现"Registers"标签页内寄存器的值发生变化。

图 4-10 中的"Parallel Port 1"对话框 共有 8 位，从左到右分别对应单片机的 P1.7～P1.0 这 8 个引脚的状态，"√"状态对应引脚的高电平，空白状态对应引脚的低电平。如果图 4-5 的 P1.0 引脚所接按键 S1 按下，那么 P1.0 引脚应该为低电平。在调试过程中模拟硬件的变化，需要将对应"Parallel Port 1"对话框的 P1.0 位置的"√"去掉，变成空白状态 。相应方法是单击对应"√"的位置，该位置就变成空白状态。注意该位置的"√"状态可以反复操作，如果当前状态为"√"状态，那么单击它就会变成空白状态；如果当前状态为空白状态，那么单击它就会变成"√"状态。

当用 按钮单步调试将程序调试到图 4-10 中的第 18 行 18　　　 if(S1==0)时，将 Port 1 P1.0 位置的"√"去掉，表示按键 S1 按下，再单击 按钮，单步调试，程序就会进入第 1 个 if 语句，PC 指针会指到图 4-10 中的第 20 行语句 delayms(10)，这时要注意观察左边的"Registers"标签页内的时间是 sec　 0.00039400，然后单击 按钮，执行完当前子程序调试，PC 指针指到图 4-10 中的第 21 行程序，再观察"Registers"标签页内的时间是 sec　 0.01041000，0.01041000-

0.00039400=0.010016s≈10ms，也就是说调用 delayms(10)函数约延时了10ms，如果想更改延时时间，那么只需要改变 delayms( )函数内实参的值，并通过 Debug 调试就可以得到一个相对准确的延时时间。

单击 按钮，单步调试，Port 1 的 P1.0 引脚的状态依然为低电平，PC 指针会继续向下走，注意 PC 指针在图 4-10 中第 23 行的时候，再单击 按钮，单步调试，Port 2 的 P2.0 引脚的状态会发生改变，同时 PC 指针指到图 4-10 中第 24 行，观察 "Registers" 标签页内的时间 sec　0.01041300，然后单击 按钮，执行完当前子程序调试；PC 指针指到图 4-10 中第 27 行，再观察 "Registers" 标签页内的时间 sec　0.11042900，调用 delayms(100)函数延时了 0.11042900−0.01041300= 0.100016s≈100ms。这个调试步骤可以验证所编写的 C 语言程序能完成题目中的设计要求。然后将 Keil 软件编译链接生成的*.hex 文件加载到图 4-5 中的单片机 U1 的属性中，如图 4-11 所示，窗口中加载的文件 xx.hex 是笔者的调试项目生成的 hex 文件，读者的项目文件名称可能不一样，单击 "OK" 按钮，然后单击图 4-11 中的 ▶ 按钮，即可完成 Proteus 硬件的仿真。

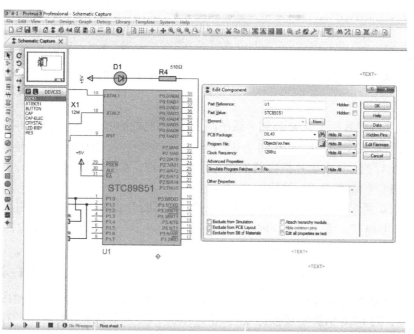

图 4-11　将 Keil 软件中编译链接生成的*.hex 文件加载到单片机 U1 的属性中

【例 4-2】根据如图 4-4 所示的独立式键盘，编写程序检测哪个按键按下了，然后进行相应处理。参考程序如下所示。

```c
#include<reg51.h>
#define uchar unsigned char
void  delayms(uchar ms)
{
    uchar i;
    while(ms--)
    for(i=0;i<123;i++);
}
```

```
uchar  key_scan(void)
{
    static kp=0;                    //静态变量, 0 表示按键未处理, 1 表示已处理
    if(P1!=0XFF)
    {
        delayms(10);
        if((P1!=0XFF)&&(kp= =0))
            {
                kp=1;
                if(P1= =0Xfe)return 1;  //S1 按下
                if(P1= =0Xfd)return 2;  //S2 按下
                if(P1= =0Xfb)return 3;  //S3 按下
                if(P1= =0Xf7)return 4;  //S4 按下
                if(P1= =0Xef)return 5;  //S5 按下
                if(P1= =0Xdf)return 6;  //S6 按下
                if(P1= =0Xbf)return 7;  //S7 按下
                if(P1= =0X7f)return 8;  //S8 按下
            }
    }
    else kp=0;
    return  0;                      //无按键按下, 返回无效代码
}
void  main(void)
{
    uchar key_val;                  //键值
    …
    while(1)
    {
        key_val=key_scan();         //得到键值
        if(key_val==1)              //处理 S1 的按键功能
        {
            …
        }
        f(key_val==2)               //处理 S2 的按键功能
        {
            …
        }
        …
        if(key_val==8)              //处理 S8 的按键功能
        {
            …
        }
    }
}
```

　　程序点评: 该案例的程序段是一个典型的独立按键程序, 可以移植到其他独立按键的单片机系统中。该程序段中加入了一个静态变量 kp, 其作用是处理按键的重复处理问题。

4.1.3　矩阵式按键案例分析

矩阵式键盘用于按键数目较多的场合，由行线和列线组成，一组为行线，另一组为列线，按键位于行、列的交叉点上。图4-12所示为一个4×4矩阵式键盘电路。一个4×4的行、列结构可以构成一个16个按键的键盘。与独立式键盘相比，矩阵式键盘能够节省较多的I/O口，但是其程序编写较为复杂。按键检测可采用逐行扫描法和线反转法。

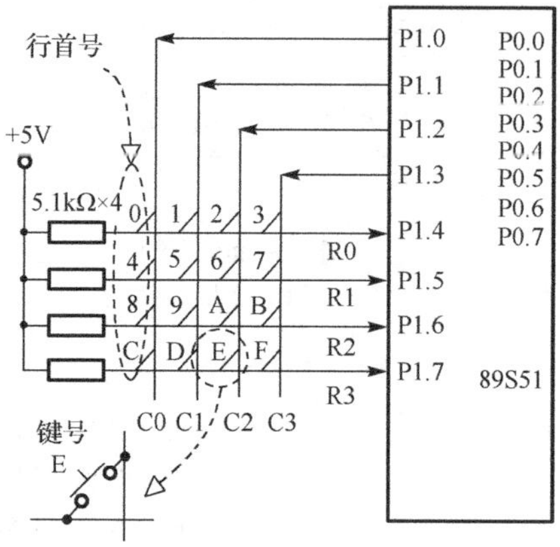

图4-12　4×4矩阵式键盘电路

1. 逐行扫描法

在如图4-12所示的电路中，P1.0～P1.3作为列线（输出），P1.4～P1.7作为行线（输入）。当按键没有按下时，所有行线与列线是断开的，行线均为高电平。当某一个按键按下时，该键对应的行线和列线短接，此时该行线的状态将由被短接的列线的低电平决定。逐行扫描法的按键识别过程主要有以下3个步骤。

（1）判断有无按键按下。将列线设置为输出口，输出全0（所有列线为低电平），然后读行线状态，若行线状态不全为高电平，则可断定有按键按下。

（2）判断哪个按键按下。先置列线C0为低电平，其余列线为高电平，读行线状态，若行线状态不全为1，则说明按下的按键在该列；否则按下的按键不在该列，再置C1列线为低电平，其他列为高电平，判断C1列有无按键按下。其余依此类推。

（3）获得相应按键编号。按键编号=按键对应的行首号+按键对应的列号，其中，行首号为行数乘以行号。根据键号就可以进入相应的按键功能实现程序。

【例4-3】对如图4-12所示的矩阵式键盘编写按键扫描函数。

程序段如下所示。

```
uchar code colcode[ 4 ]={ 0xfe, 0xfd, 0xfb, 0xf7};
uchar  key_scan(void)
{
    uchar temp, row, column, i;
    P1=0XF0;              //P1口为高4位为行号，需要被读取，所以先赋"1111"
    temp=P1&0xf0;         //目的是获取P1口的高4位的值
    if(temp!=0xf0)        //是否有按键被按下，若有，则行线会被按键短接到地，变为0
    {
        delayms(10);         //有按键按下，去抖动
        temp=P1&0xf0;        //再次读取P1口的值
        if(temp!=0xf0)       //再次判断按键是否按下
        {
        switch(temp)         //判断具体的行号
            {
                case  0x70: row=3; break;
                case  0xb0: row=2; break;
                case  0xd0: row=1; break;
                case  0xe0: row=0; break;
```

```
                    default: break;
            }
            for(i=0; i<4; i++)          //判断按下的按键所在的列号
            {
                    P1=colcode[i];
                    temp=P1&0xf0;
                    temp=~temp;
                    if(temp!=0x0f) column=i;
            }
            return row*4+column ;        //计算按键的编号
        }
    }
    else P1=0xff;
    return 16;                           //无键按下，返回无效代码
}
```

程序点评：该程序简短精练，利用 switch 复合语句判断被按下按键的行号，利用 for 语句判断被按下按键的列号。该程序段以函数的形式编写，可以用作 16 按键的逐行扫描用户函数。

2. 线反转法

线反转法识别按键的依据是键号与键值的对应关系。对于某个按下的按键，如按下 2 号键，先使列线输出全 0，读行线，结果为 11100000，即 E0H；再使行线输出全 0，读列线，结果为 00001011，即 0BH。将两次读到的结果拼成 1 字节——11101011，即 EBH，该值称为键值。每个按键均有一个确定的键值，键号与键值的对应关系如图 4-13 所示。

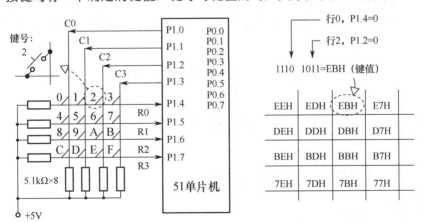

图 4-13　键号与键值的对应关系

【例 4-4】用线反转法对如图 4-13 所示的矩阵式键盘编写按键扫描函数。

程序段如下所示。

```
uchar code keyvalue[ 16 ]={ 0xee, 0xed, 0xeb, 0xe7, 0xde, 0xdd, 0xdb, 0xd7,
0xbe, 0xbd, 0xbb, 0xb7, 0x7e, 0x7d, 0x7b, 0x77};//键号
uchar  key_scan(void)
```

```
{
    uchar scan1, scan2, temp, i;
    P1=0XF0;                    //先输出列扫描信号，读取行信号
    scan1=P1&0xf0;              //读取行扫描信号
    if(scan1!=0xf0)             //判断是否有按键按下
    {
        delayms(10);            //按键去抖动
        scan1=P1&0XF0;
        if(scan1!=0xf0)
        {
            P1=0xf0;
            scan2=P1&0xf0;          //读取列线信号
            temp=scan1|scan2;       //合并行线和列线
            for(i=0; i<16 ; i++)
            {
                if(temp= =keyvalue[i])
                return i;
            }
        }
        return 16;              //返回无效代码
    }
    else  return  16;          //无键按下，返回无效代码
}
```

程序点评：该程序根据图 4-13 编写，与图 4-12 相比多了 4 个电阻，其实在很多电路板中图 4-13 中的 8 个限流保护电阻被省略了，但从电路的安全性能来说，还是应该保留限流电阻。该程序算法简单易懂，该程序段以函数形式编写，可用作 16 按键的逐行扫描用户函数。

4.2　LED 数码管接口设计

LED 数码管是单片系统中一种常用的显示器件，具有显示清晰、亮度高、寿命长、结构简单、价格低廉等优点。

4.2.1　LED 数码管的结构及工作原理

1. LED 数码管的结构

LED 数码管由 8 个或 7 个发光二极管构成，每个发光二极管对应一个显示笔画段，其中 7 个条形笔画段构成"8"字形，最后一个圆形笔画段用于显示小数点，带显示小数点的 LED 数码管称为 8 段数码管，不带小数点的 LED 数码管称为 7 段数码管。LED 数码管能够显示数字 0～9 和部分符号。

LED 数码管外形及引脚如图 4-14（a）所示，其中 7 个条形的发光二极管的编号分别为 a、b、c、d、e、f、g，圆形的发光二极管的编号为 dp，有的参考书将圆形的发光二极管定义为 h，

LED 数码管有共阳极数码管和共阴极数码管两种。在图 4-14（b）中，LED 数码管的 8 个发光二极管的阴极连接在一起，构成一个公共端 com，此 LED 数码管称为共阴极数码管，只有共阴极数码管的公共端 com 接地，8 个发光二极管才能正常工作。例如，图 4-14（b）中公共端 com 接地，发光二极管 a 的阳极接高电平时，发光二极管 a 点亮，相应的笔画段被显示。在图 4-14（c）中，LED 数码管的 8 个发光二极管的阳极连接在一起，构成一个公共端 com，此 LED 数码管称为共阳极数码管，只有共阳极数码管的公共端接高电平，8 个发光二极管才能正常工作。例如，图 4-14（c）中公共端 com 接高电平，当发光二极管 a 的阳极接地时，发光二极管 a 点亮，相应的笔画段被显示。

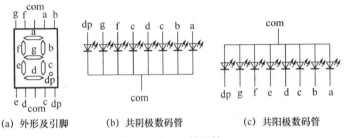

(a) 外形及引脚　　　(b) 共阴极数码管　　　(c) 共阳极数码管

图 4-14　LED 数码管

2. LED 数码管的显示原理

为了使 LED 数码管显示不同的数字或符号，需要将某些笔画段的发光二极管点亮，因此要为 LED 数码管提供代码，这些代码可使相应的笔画段发光，从而显示不同字型，该代码也称为段码（或字型码）。LED 数码管共有 8 个笔画段，因此提供给 LED 数码管的段码正好是 1 字节。习惯上以 a 段对应段码字节的最低位，段码与字节中各位的对应关系如表 4-2 所示。有一些特别保密的地方也可以按不同顺序编制。

表 4-2　段码与字节中各位的对应关系

段码位	D7	D6	D5	D4	D3	D2	D1	D0
显示段	dp	g	f	e	d	c	b	a

按照上述格式，8 段数码管段码与显示字符对应表如表 4-3 所示。值得注意的是，将此表中的共阴极字型码输送给共阴极的 8 段数码管，共阴极数码管的小数点是不亮的；但将此表中共阳极字型码输送给共阳极的 8 段数码管，共阳极数码管的小数点是亮的。

表 4-3　8 段数码管段码与显示字符对应表

数据位	D7	D6	D5	D4	D3	D2	D1	D0	字型码	
笔段位	dp	g	f	e	d	c	b	a	共阴极	共阳极
0	0	0	1	1	1	1	1	1	3FH	C0H
1	0	0	0	0	0	1	1	0	06H	F9H
2	0	1	0	1	1	0	1	1	5BH	A4H
3	0	1	0	0	1	1	1	1	4FH	B0H
4	0	1	1	0	0	1	1	0	66H	99H
5	0	1	1	0	1	1	0	1	6DH	92H

（续表）

数据位	D7	D6	D5	D4	D3	D2	D1	D0	字型码	
笔段位	dp	g	f	e	d	c	b	a	共阴极	共阳极
6	0	1	1	1	1	1	0	1	7DH	82H
7	0	0	0	0	0	1	1	1	07H	F8H
8	0	1	1	1	1	1	1	1	7FH	80H
9	0	1	1	0	0	1	1	1	6FH	90H
A	0	1	1	1	0	1	1	1	77H	88H
B	0	1	1	1	1	1	0	0	7CH	83H
C	0	0	1	1	1	0	0	1	39H	C6H
D	0	1	0	1	1	1	1	0	5EH	A1H
E	0	1	1	1	1	0	0	1	79H	86H
F	0	1	1	1	0	0	0	1	71H	8EH
—	0	1	0	0	0	0	0	0	40H	BFH
.	1	0	0	0	0	0	0	0	80H	7FH
灭	0	0	0	0	0	0	0	0	00H	FFH

4.2.2　51 单片机与 LED 数码管的静态显示接口案例分析

LED 数码管有静态显示和动态显示两种显示方式。

静态显示是指无论多少位 LED 数码管，都同时处于显示状态。数码管工作于静态显示方式时，各位的共阴极（或共阳极）连接在一起并接地（或接+5V）；每位的段码线（a～dp）分别与一个 8 位的 I/O 口锁存器输出相连。送往各 LED 数码管所显示字符的段码一经确定，则相应 I/O 口锁存器锁存的段码输出将维持不变，直到送入另一个字符的段码为止。正因如此，静态显示无闪烁，亮度较高，软件控制比较容易，CPU 不必经常扫描显示器，节约了 CPU 的工作时间。但静态显示的缺点是占用的 I/O 口较多，硬件成本也较高，因此静态显示方式适合显示位数比较少的场合。图 4-15 所示为 LED 数码管的静态显示电路原理图，该 LED 数码管为共阳极数码管，电阻的作用为限流。

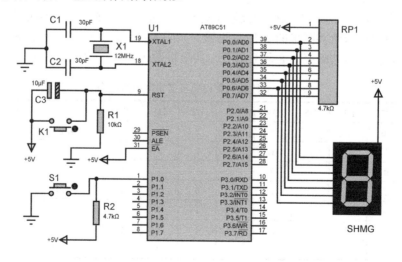

图 4-15　LED 数码管的静态显示电路原理图

【例 4-5】如图 4-15 所示，共阳极数码管段码端接单片机 P0 口，P1.0 引脚接一个按键，开始时数码管显示 "0"，每按下一次按键，数码管显示的数字加 1，加到 "10" 回 "0"。

1. 电路设计

根据设计要求，在 Proteus 软件的编辑界面放置如图 4-15 所示的元器件并连线，即可得到如图 4-15 所示的原理图，原理图中的元器件清单如表 4-4 所示。该电路与前面设计的单片机控制电路有一个共同的特点是都包含单片机最小系统。该电路的特点是使用 P0 口作为准 I/O 口，由于 P0 口内部是漏极开路，因此需要接上拉电阻。其中 P1.0 引脚外接一个独立按键用于产生计数信号，低电平有效。注意共阳极数码管 SHMG 的引脚与单片机 P0 口的连接顺序，不要连错。

表 4-4　51 单片机与 LED 数码管的静态显示电路原理图元器件清单

元器件编号	Proteus 软件中元器件名称	元器件标称值	说明
U1	AT89C51	AT89C51	单片机
R1	RES	10kΩ	电阻
R2	RES	4.7kΩ	电阻
RP1	RESPEAK-8	4.7kΩ	排阻
C1、C2	CAP	30pF	无极性电容
C3	CAP-ELEC	10μF	电解电容
X1	CRYSTAL	12MHz	石英晶体
K、S1	BUTTON	无	按键
SHMG	7SEG-COM-ANODE	无	共阳极数码管

2. 参考程序

根据硬件电路编写其 C51 语言程序，在 Keil μVision 5 软件中保存为 4-5.c，建立 4-5 工程文件并进行编译。参考程序如下所示。

```
#include<reg51.h>
#define uchar unsigned char
sbit S1=P1^0;
uchar code seg[] =              //段码
{0xC0,0xF9,0xA4,0xB0,0x99,0x92,0x82,0xF8,0x80,0x90};        //0~9 的段码
void  delayms(uchar ms)        //延时函数
{
    uchar i;
    while(ms--)
    for(i=0;i<123;i++);
}
uchar  key_scan(void)          //按键扫描函数
{
  static kp=0;
  if((P1&0x01)!=0x01)    //读取 P1.0 引脚的值，判断是否为 0，若为 0，则有按键按下
  {
```

```
        delayms(10);                    //延时 10ms（时钟是 12MHz）去按键抖动
        if(((P1&0x01)!=0x01)&&(kp==0))
            {
                kp=1;
                return 1;              //S1 按下
            }
        }
    else kp=0;
    return  0;
}
void  main(void)
{
    uchar key_val;                      //定义键值变量
    uchar num=0;                        //定义显示变量
    while(1)
    {
        key_val=key_scan();            //取键值
            if(key_val= =1)            //若按键按下，则处理按键对应的功能
            {
                if(++num= =10) num=0;
            }
            P0= seg[num];
    }
}
```

3. 程序点评

该程序采用模块化设计，简洁明了。在程序中运用数组的功能实现了将十进制数转换为数码管的显示码。

4. 程序调试与仿真

将上面的 C 语言程序在 Keil 软件中进行软件调试与仿真，若出现错误或非预期的状态，则检查源程序，并进行修改，注意对问题的分析和总结。最后将正确程序生成的 4-5.hex 程序加载到 Proteus 软件绘制的原理图中，单片机就可以进行模拟仿真。

4.2.3　51 单片机与 LED 数码管的动态显示接口案例分析

当显示位数较多时，静态显示所需的 I/O 口太多，这时常采用动态显示方式。动态显示方式是将所有 LED 数码管的段码端的相应段并接在一起，由一个 8 位 I/O 口控制，而各位显示位的公共端分别由相应的 I/O 线控制，称为位选端。显示过程通过段码端向所有 LED 数码管输出所要显示字符的段码，每一时刻只有一条位选线有效，其他位选线都无效。每隔一定时间轮流点亮各显示器（扫描方式），由于存在 LED 数码管的余辉和人眼的视觉暂留作用，因此只要控制好每位显示的时间和间隔，就能达到同时显示的效果。发光二极管不同位显示

的时间间隔（扫描间隔）应根据实际情况而定。发光二极管从导通到发光有一定的延时，如果导通时间太短，那么发光太弱，显示的笔画段都好像连在一起，显示的都是"8"字；如果扫描时间间隔较长，那么闪烁感就比较严重，同时占用 CPU 的时间更多。一般每个 LED 数码管的扫描间隔时间取 1～2ms 较为合适。

与静态显示相比，动态显示的优点是节省 I/O 口，数码管越多优势越明显；缺点是有一定的闪烁感，占用 CPU 时间较多，程序编写较复杂。

LED 数码管动态显示电路如图 4-16 所示，8 个共阴极数码管段码端对应接在一起，通过锁存器 74HC573 与单片机 P0 口连接，共阴极数码管段码端需要高电平驱动且电流较大，单片机 P0 口的高电平驱动能力较弱，锁存器 74HC573 接成直通方式相当于一个驱动器。8 个共阴极数码管的公共端通过 3-8 译码器 74HC138 与单片机的 P2 口连接，其目的是将 8 个位选端节约成 3 个。

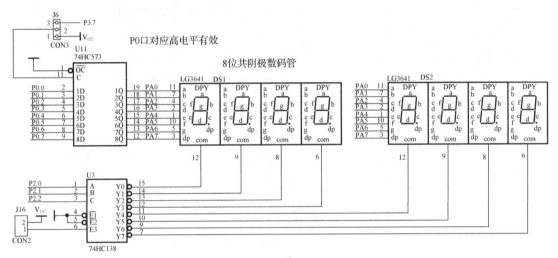

图 4-16　LED 数码管动态显示电路

【例 4-6】运用 51 单片机实现 8 位 8 段数码管的动态数字显示，LED 数码管的段选数据由 51 单片机的 P0 口控制，LED 数码管的位选信号由 51 单片机 P2 口的低 3 位控制，8 位 LED 数码管显示 0～7 这 8 个十进制数。

1. 电路设计

根据要求在 Proteus 原理图编辑器设计如图 4-17 所示的电路，电路原理图元器件清单如表 4-5 所示。该电路由 51 单片机、复位电路、时钟电路、8 位 8 段数码管及驱动电路组成。为了提高单片机的驱动能力，单片机的 P0 口通过 74HC573 与 8 位 8 段数码管的段码相连，其中 74HC573 的片选信号 $\overline{OE}$ 接地，74HC573 的锁存信号 LE 接高电平，74HC573 一直工作于直通状态，74HC573 的 Q0～Q7 分别接 8-SEG 数码管的 A、B、C、D、E、F、G、DP 引脚，在电路图中是用网络标号连接的，网络标号相同的引脚在电气上是相通的。74LS138 译码器在电路中起到译码作用，将 3 位编码信号译成 8 个输出信号，节约了单片机的输出端口，74LS138 的输入信号与单片机 P2 口的 P2.0 引脚、P2.1 引脚和 P2.2 引脚相连，74LS138 的 3 个控制信号 E1 接高电平，E2 和 E3 接低电平，74LS138 的 Y0～Y7 引脚分别接 8-SEG 的引脚

1、引脚 2、引脚 3、引脚 4、引脚 5、引脚 6、引脚 7、引脚 8，在电路图中通过网络标号 W1～W8 连接，低电平有效。

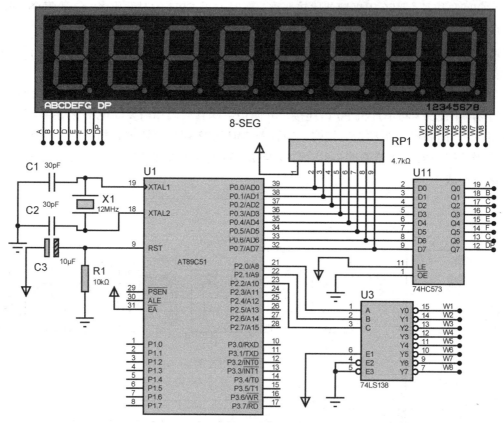

图 4-17　8 位 8 段数码管动态显示电路原理图

表 4-5　51 单片机与 8 位 8 段数码管动态显示电路原理图元器件清单

元器件编号	Proteus 软件中元器件名称	元器件标称值	说明
U1	AT89C51	AT89C51	单片机
R1	RES	10kΩ	电阻
RP1	RESPEAK-8	4.7kΩ	排阻
C1、C2	CAP	30pF	无极性电容
C3	CAP-ELEC	10μF	电解电容
X1	CRYSTAL	12MHz	石英晶体
U3	74LS138	无	3-8 译码器
U11	74HC573	无	地址锁存器
8-SEG	7SEG-MPX8-CC-BLUE	无	共阴极数码管

2. C 语言程序设计

根据硬件电路编写其 C51 语言程序，并在 Keil μVision 5 软件中将其保存为 4-6.c，建立 4-6 工程文件并进行编译。参考程序如下所示。

```
#include<reg51.h>
```

```
#define uchar unsigned char
uchar code  seg[]=
{0x3f,0x06,0x5b,0x4f,0x66,0x6d,0x7d,0x07,0x7f,0x6f};    //0～9共阴极数码管段码
uchar dis[8]dis[8]={0,1,2,3,4,5,6,7};   //位码，对应位的编码值
void  delayms(uchar ms)                    //延时函数
{
        uchar i;
        while(ms--)
        for(i=0;i<123;i++);
}
void  main(void)
{   unsigned char i;
        while(1)
        {  for (i=0;i<8;i++)
            {
                P0=seg[i];     //取显示的数据，送段码
                P2=dis[i];     //取位码
                delayms(1);    //扫描保持时间，大概 1ms，太长会闪烁，太短有重影
            }
        }
}
```

4.3　液晶显示器接口设计

　　液晶显示器（LCD）具有显示内容丰富、功耗低、电路设计简单和抗干扰能力强的优点，因此作为显示器件被广泛应用于各类电子产品中。由于 LCD 面板较脆弱，而且需要专用的驱动和控制电路连接，因此一般不会单独使用，而是用 PCB 将 LCD 面板、驱动电路和控制电路连接在一起，组合成液晶显示模块（LCM）一起使用。

　　液晶显示器种类繁多，可根据不同的使用场合选择不同类型的 LCM。LCM 可分为字段型 LCM、字符型 LCM 和点阵图形型 LCM。

　　（1）字段型 LCM，以长条状组成字符显示。应用此类显示模块的 LCD 主要用于显示数字，也可用于显示西文字母或某些字符，已广泛应用于电子表、计算器、数字仪表。

　　（2）字符型 LCM，专门用于显示字母、数字、符号等，由若干 5×7 或 5×10 的点阵组成，每个点阵显示一个字符，广泛应用于各类单片机的应用系统。

　　（3）点阵图形型 LCM，在平板上排列多行或多列形成矩阵式的晶格点，点的大小可根据显示的清晰度来设计。应用此类显示模块的 LCD 可广泛应用于显示图形，如用于笔记本电脑、彩色电视和游戏机等。

　　本节主要介绍 LCM1602 字符型 LCM，它能够显示 2 行，每行 16 个字符，能显示的内容

包括所有可显示的 ASCII 码字符和日文字符，还能显示由用户自定义的字符。这种模块与单片机的接口简单，使用灵活方便，只要向 LCM 送入相应的命令和数据就可实现所需的显示内容，常用于单片机系统设计领域。

4.3.1　字符型 LCM 外形及引脚功能

LCM1602 采用 16 个引脚接线，其外形如图 4-18 所示。

图 4-18　LCM1602 的外形

引脚 1：GND 接地。

引脚 2：V$_{DD}$ 接+5V。

引脚 3：VO，对比度调整端，接地时对比度最高。

引脚 4：RS，1 表示数据寄存器，0 表示命令寄存器。

引脚 5：RW，1 表示读，0 表示写。

引脚 6：E，使能端。

引脚 7～引脚 14：D0～D7，8 位双向数据线。

引脚 15：BLA 背光正极

引脚 16：BLK 背光负极。

4.3.2　字符型 LCM 组成结构

LCM1602 由 LCD 面板、驱动器、控制器及各种存储器构成，如图 4-19 所示。

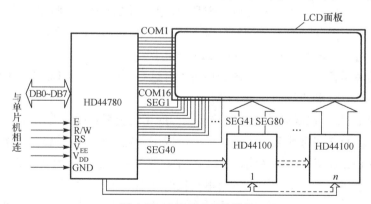

图 4-19　LCM1602 的结构

1. LCD 面板

在 LCD 面板上分两行排列 32 个 5×7 或 5×10 点阵的字符显示位。

2. 控制器和驱动器

HD44780 是 LCM 的控制器，可以驱动单行 16 个字符位，对于 2 行 16 个字符位，需要增加 HD44100 驱动器。控制器 HD44780 内部包括字符发生存储器 CGROM、自定义字符发生存储器 CGRAM 和数据存储器 DDRAM。

字符发生存储器 CGROM 固化 192 个 5×7 点阵字符，包括可显示的 ASCII 码和日文字符，如图 4-20 所示。由该字符库可看出 LCM 显示的数字和字母部分的代码值与 ASCII 码表中的数字和字母相同，所以在显示数字和字母时，只需要向 LCM 送入对应的 ASCII 码即可。

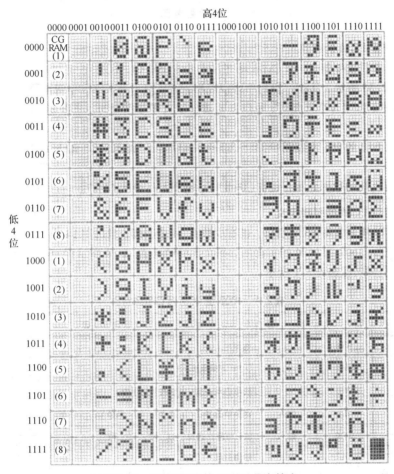

图 4-20　LCM1602 的 CGROM 字符库

自定义字符发生存储器 CGRAM 可由用户自己定义 8 个 5×7 点阵字符。地址的高 4 位为 0000 时对应 CGRAM 空间（0000x000B～0000x111B）。每个字形由 8 字节编码组成，且每字节编码仅用到低 5 位。显示的点用 1 表示，不显示的点用 0 表示。最后一字节要留给光标，所以通常是 00000000B。

程序初始化时将字节编码写入 CGRAM 中，就可以像 CGROM 一样使用这些自定义字符了。图 4-21 所示为自定义字符的构造示例。

数据存储器 DDRAM 的作用是与 LCD 上的显示位置相对应，共有 80 个单元，由于 LCM1602 只有 32 个显示位，因此实际仅仅用到 0x00～0x0f 和 0x40～0x4f 共 32 个地址单元。DDRAM 地址与显示位置的关系如图 4-22 所示。DDRAM 单元存放的是要显示字符的编码，控制器 HD44780 以该编码为索引，到 CGROM 或 CGRAM 中取点阵数据，然后送 LCD 面板显示。

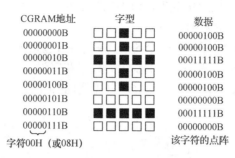

图 4-21　自定义字符的构造示例

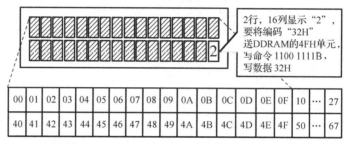

图 4-22　DDRAM 地址与显示位置的关系

4.3.3　字符型 LCM 的操作命令

LCM1602 的操作命令有 11 条，如表 4-6 所示。

表 4-6　LCM1602 的操作命令

序号	指令	RS	RW	D7	D6	D5	D4	D3	D2	D1	D0
1	清除显示器	0	0	0	0	0	0	0	0	0	1
2	光标归位	0	0	0	0	0	0	0	0	1	*
3	设定输入模式	0	0	0	0	0	0	0	1	I/D	S
4	开/关显示器	0	0	0	0	0	0	1	D	C	B
5	光标或字符移位方式	0	0	0	0	0	1	S/C	R/L	*	*
6	功能设定	0	0	0	0	1	DL	N	F	*	*
7	CGRAM 寻址	0	0	0	1	字符发生存储器地址					
8	DDRAM 寻址	0	0	1	显示数据存储器地址						
9	读忙标志或地址	0	1	BF	计数器地址						
10	写入数据	1	0	写入的数据内容							
11	读数据	1	1	读出的数据内容							

各条命令的说明如下所示。

1. 清除显示器指令

功能：清除 LCD，即将 DDRAM 中的内容全部填入 20H（空白字符），光标撤回显示器左上方，将地址计数器（AC）设为 0，光标移动方向由左向右，并且 DDRAM 的自增量为 1（I/D=1）。

2. 光标归位指令

功能：将地址计数器设为 00H，DDRAM 的内容保持不变，光标移至左上角。

3. 设定输入模式指令

功能：设置光标的移动方向，并指定整体显示是否移动。其中，I/D=1，为增量方式；I/D=0，为减量方式。例如，S=1，表示移位；S=0，表示不移位。

4. 开/关显示器指令

功能：D 位（DB2）控制整体显示的开关，D=1，开显示；D=0，关显示。C 位（DB1）控制光标的开关，C=1，光标开；C=0，光标关。B 位（DB0）控制光标处字符的闪烁，B=1，字符闪烁；B=0，字符不闪烁。

5. 光标或字符移位方式指令

功能：整体显示内容的移动或光标移动，DDRAM 的内容不变。当 S/C=0，R/L=0 时，光标左移，地址计数器减 1（显示内容和光标一起左移）；当 S/C=0，R/L=1 时，光标右移，地址计数器加 1（显示内容和光标一起右移）；当 S/C=1，R/L=0 时，显示内容左移；光标不移动；当 S/C=1，R/L=1 时，显示内容右移，光标不移动。

6. 功能设定指令

功能：DL 位设置接口数据位数，DL=1 为 8 位数据接口；DL=0 为 4 位数据接口。N 位设置显示行数，N=0 单行显示；N=1 双行显示。F 位设置字形大小，F=1 为 5×10 点阵；F=0 为 5×7 点阵。

7. CGRAM 寻址指令

功能：设置 CGRAM 的地址，地址范围为 0～63。

8. DDRAM 寻址指令

功能：设置 DDRAM 的地址，地址范围为 0～127。

9. 读忙标志或地址指令

功能：BF 位为忙标志。BF=1，表示忙，此时 LCM 不能接收命令和数据；BF=0，表示不忙，LCM 可以接收命令和数据。AC 位为地址计数器的值，范围为 0～127。

10. 写入数据指令

功能：将数据写入 CGRAM 或 DDRAM 中，应与 CGRAM 或 DDRAM 的寻址指令结合使用。

11. 读数据指令

功能：从 CGRAM 或 DDRAM 中读取数据，应与 CGRAM 或 DDRAM 的寻址指令结合使用。

4.3.4 51 单片机与 LCM1602 的接口设计

对 LCD 主要有 4 种基本操作：写命令、写数据、读状态和读数据。在进行写命令、写数据和读数据 3 种操作之前，必须先查询 BF 位，当 BF 位为 0 时，才能进行这 3 种操作。LCD 上电时，必须按照一定时序对 LCD 进行初始化操作，主要分为以下 4 步。

（1）设置 LCD 的工作方式：确定表 4-6 中的功能设定指令（001DL N F＊＊）相关位的值，例如，初始化 LCD 的数据位数为 8 位，采取 2 行 5×7 点阵字符格式显示，则指令值设为 00111000B（0x38）。

（2）设置显示状态：确定表 4-6 中开/关显示器指令（00001DCB）相关位的值。例如，初始化 LCD 的显示状态为开显示，开光标但不闪烁，则指令设为 00001100B（0x0c）。

（3）清屏：确定表 4-6 中清除显示器指令（00000001）相关位的值，将光标设置为第 1 行第 1 列。

（4）设置输入方式：确定表 4-6 中设定输入模式指令（000001 I/D S）相关位的值。例如，设置光标增量方式右移，显示字符不移动，则指令设为 00000110B（0x06）。

当写一个显示字符后，若没有再给光标重新定位，则 DDRAM 地址会自动加 1 或减 1。对 LCM 的读/写操作必须符合读/写操作时序，并要有一定的延时。读操作时，先设置 RS 和 RW 状态，再设置 E 信号为高，这时从数据口读取数据，然后将 E 信号置低。写操作时，先设置 RS 和 RW 状态，再设置数据，然后产生 E 的脉冲。

下面给出 3 个关于 LCM1602 操作的函数。

1. 写指令寄存器函数

```
void w_com(uchar com)
{
    RS=0;                //选择指令寄存器
    RW=0;                //写
    E=1;
    P0=com;              //指令代码从 P0 口送出，按电路修改
    E=0;                 //E 端下降沿执行命令
    delayms(1);          //等待命令执行完毕，可用查忙代替
}
```

此函数的形参为写入的命令，无返回值。有以下两个功能：

（1）写入指令代码，如执行清除显示器命令为"w_com（0x01）;"。

（2）显示定位指令，确定 LCD 面板上的写入位置，其中，显示命令的最高位为 1，所以设置显示地址第一行的地址为 0x80～0x8f，第二行的地址为 0xc0～0xcf。例如，定位在第一行第二个字符位显示的语句为"w_com（0x81）;"。

2. 写数据寄存器函数

```
void  w_dat(uchar dat)
{
    RS=1;                    //选择数据寄存器
    RW=0;                    //写
    E=1;
    P0=dat;                  //数据从 P0 口送出，按电路修改
    E=0;                     //E 端下降沿执行命令
    delayms(1);              //等待命令执行完毕，可用查忙代替
}
```

此函数的形参为要写入的数据，无返回值。形参是什么代码，对应 LCD 上就显示什么。例如，需要显示小写字母 "a"，则语句为 "w_dat（'a'）;" 或者 "w_dat（97）;"。

3. LCD 初始化函数

```
void  lcd_ini( void )
{
    delayms(10);
    w_com(0x38);            //功能设置：8 位口，2 行，5×7 点阵
    delayms(10);
    w_com(0x0c);            //显示设置：开显示，关光标，无闪烁
    delayms(10);
    w_com(0x06);            //输入模式：右移一格，地址加 1
    delayms(10);
    w_com(0x01);            //清显示
    delayms(10);
    w_com(0x38);            //功能设置：8 位口，2 行，5×7 点阵
    delayms(10);
}
```

此函数无形参，无返回值，作用是对 LCM1602 进行功能设置，系统上电后运行一次即可，因此要放在主函数中的主循环外面调用一次。

【例 4-7】完成 51 单片机与 LCM1602 的接口电路设计，并编写一个简易秒表的功能，第一行中间位置显示 "0→99 stopwatch:"，第二行中间位置显示 00～99，用软件延时实现定时功能。

（1）电路设计。

根据 LCM1602 的引脚功能，在 Proteus 中绘制如图 4-23 所示的电路原理图，元器件清单如表 4-7 所示。单片机的 P0 口作为准 I/O 口时外接上拉电阻，通过排阻 RP1 完成，排阻 RP1 的引脚 1 接电源，P0.0～P0.7 引脚分别与 LCD1 的数据口 D0～D7 连接；单片机的 P1.0 引脚、P1.1 引脚和 P1.2 引脚分别与 LCD1 的控制位 RS、RW 和 E 连接。

（2）C 语言程序设计。

分析：显示的固定字符 "0→99 stopwatch:" 用字符串存储，因字符串最后以 "\0" 结束，显示的时候可用 for 语句循环，遇到 "\0" 即循环显示结束。固定字符的显示应放在主循环外，以节约 CPU 资源。变化的字符显示应放在主循环内部，显示内容才能改变。

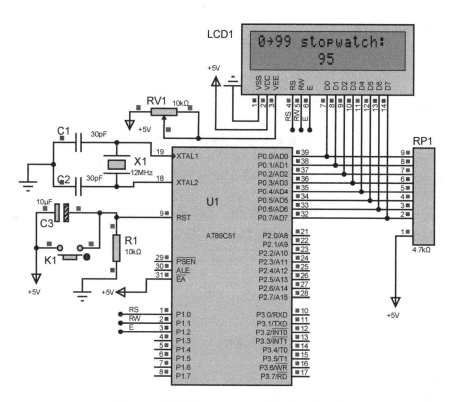

图 4-23　单片机与 LCM1602 连接电路原理图

表 4-7　单片机与 LCM1602 接口原理图元器件清单

元器件编号	Proteus 软件中元器件名称	元器件标称值	说明
U1	AT89C51	AT89C51	单片机
R1	RES	10kΩ	电阻
RP1	RESPEAK-8	4.7kΩ	排阻
RV1	POT-HG	10kΩ	可变电阻
C1、C2	CAP	30pF	无极性电容
C3	CAP-ELEC	10μF	电解电容
X1	CRYSTAL	12MHz	石英晶体
LCD1	LM016L	无	LCM1602

根据硬件电路编写 C51 语言程序，在 Keil μVision 5 软件中保存为 4-7.c，建立 4-7 工程文件并进行编译。参考程序如下所示。

```
#include<reg51.h>
#define uchar unsigned char
#define uint unsigned int
sbit RS=P1^0;
sbit RW=P1^1;
sbit E=P1^2;
uchar  code str[]="0～99 stopwatch:";
uchar  sec=0;
```

```
uchar  con=0;
void  delayms(uint ms)              //延时子函数
{
    uchar i;
    while(ms--)
    for(i=0;i<123;i++);
}
void  w_com(uchar com)              //写指令寄存器函数
{
    RS=0;
    RW=0;
    E=1;
    P0=com;
    E=0;
    delayms(1);
}
void  w_dat(uchar dat)              //写数据寄存器函数
{
    RS=1;
    RW=0;
    E=1;
    P0=dat;
    E=0;
    delayms(1);
}
void  lcd_ini(void)                 //LCD 初始化函数
{
    delayms(10);
    w_com(0x38);
    delayms(10);
    w_com(0x0c);
    delayms(10);
    w_com(0x06);
    delayms(10);
    w_com(0x01);
    delayms(10);
    w_com(0x38);
    delayms(10);
}
void  main(void)
{
    uchar i,num;
    lcd_ini();
```

```
w_com(0x80);
for(i=0;str[i]!='\0';i++)
w_dat(str[i]);
while(1)
{
    w_com(0xc7);
    w_dat(num/10+0x30);
    w_dat(num%10+0x30);
    delayms(1000);
    if(++num==100)num=0;
}
}
```

程序点评：该程序采用模块化设计，简洁明了，具有较好的实用性，可移植到其他
LCM1602 的程序设计中。

4.4　51 单片机与 LED 点阵显示器的接口设计

LED 点阵显示器由发光二极管（有各种形状，通常为圆形）组成，通过灯珠的"亮"与
"灭"显示文字、图片、动画、视频等，通常由显示模块、控制系统及电源系统组成。LED 点
阵显示器制作简单、安装方便，被广泛应用于汽车报站器、广告屏及公告牌等公共场合。

LED 点阵显示器有单色、双色和全彩 3 类，可显示红、黄、绿、橙等颜色。根据 LED 点
阵的构成来划分，LED 点阵可分为 4×4、4×8、5×7、5×8、8×8、16×16、24×24、40×40 等多
种。LED 点阵根据图素的数目，可分为单原色、双原色、三原色，LED 图素颜色的不同，所
显示的文字、图像等内容的颜色也不同，单原色点阵只能显示固定色彩，如红、绿、黄等单
色，双原色和三原色点阵显示内容的颜色由图素内不同颜色发光二极管的点亮组合方式决定，
如红绿都亮时可显示黄色，假如按照脉冲方式控制发光二极管的点亮时间，则可实现 256 或
更高级灰度显示，即可实现真彩色显示。

以简单的 8×8 点阵为例，它由 64 个发光二极管组成，且每个发光二极管放置在行线和列
线的交叉点上，当对应的某一行置 1 电平、某一列置 0 电平时，相应的发光二极管点亮。要
显示图形或字体，需考虑其显示方式，只要通过编程控制各显示点对应的 LED 阳极和阴极
的电平，就可以有效地控制各显示点的工作状态（亮/灭）。比如，KEM-23088-BB 型号是 8×8
点阵，若要将第一行点亮，则行引脚 9 接高电平，而对应的引脚 13、引脚 3、引脚 4、引
脚 10、引脚 6、引脚 11、引脚 15、引脚 16 这 8 个列引脚接低电平，那么第一行所有的发光
二极管就会被点亮。

大屏幕显示系统一般由多个小模块 LED 点阵以搭积木的方式组合而成，每个小模块都有
自己独立的控制系统，组合在一起后需要引入一个总控制器来控制各模块的命令和数据，这
种方法简单且具有易装、易维修的特点。

LED 点阵显示系统中各模块有静态显示和动态显示两种显示方式。静态显示原理简单、控
制方便，但硬件接线复杂，在实际应用中一般采用动态显示。动态显示采用扫描的方式工作，
由峰值较大的窄脉冲驱动，由上向下逐次不断地对显示器的各行进行选通，同时又向各列送出
表示图形或文字信息的脉冲信号，反复循环以上操作，就可显示各种图形或义字信息。

由 LED 点阵显示器的内部结构可知，元器件宜采用动态扫描驱动方式工作。由于发光二极管的管芯大多为高亮度型，因此某行或某列的单体发光二极管驱动电流可选用窄脉冲，但其平均电流应限制在 20mA 内。多数 LED 点阵显示器的单体发光二极管的正向压降在 2V 左右，但大亮点 10 点阵显示器单体发光二极管的正向压降约为 6V。

【例 4-8】利用 51 单片机控制一块 8×8 LED 点阵式电子广告牌，要求在 8×8 LED 点阵式电子广告牌上循环显示 0、1、2、3、4、5、6、7、8、9 这 10 个数字。

1. 电路设计

用 51 单片机控制一块 8×8 LED 点阵式电子广告牌，硬件电路原理图如图 4-24 所示，元器件清单如表 4-8 所示。8×8 LED 点阵显示器有 8 行 8 列共 16 个引脚，单片机的 P1 口控制 8 条行线，P0 口控制 8 条列线。LED 点阵显示器通过 74LS245 与单片机的 P1 口相连，提高了单片机 P1 口的输出电流值，既保证了发光二极管的亮度，又保护了单片机的端口引脚。

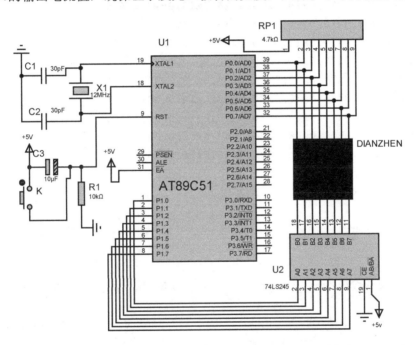

图 4-24　8×8 LED 点阵式电子广告牌的硬件电路原理图

表 4-8　51 单片机与 8×8 LED 点阵式电子广告牌的控制原理图元器件清单

元器件编号	Proteus 软件中元器件名称	元器件标称值	说明
U1	AT89C51	AT89C51	单片机
R1	RES	10kΩ	电阻
RP	RESPEAK-8	4.7kΩ	排阻
C1、C2	CAP	30pF	无极性电容
C3	CAP-ELEC	10μF	电解电容
X1	CRYSTAL	12MHz	石英晶体
U2	74LS245	无	驱动芯片
DIANZHEN	MATRIX-8-8-LED	无	8×8 点阵

2. C 语言程序设计

在 8×8 点阵上显示一个字符的程序设计思路如下：首先选中 8×8 点阵的行，然后将该行要点亮状态所对应的字符码型，送到列端口，延时 1ms；然后选中第二行，再送该行对应的显示状态字符码型，延时 1ms；再选中第三行，重复上述过程，直到每行显示一遍，时间约为 8ms，即完成一遍扫描显示。然后取第二个字符的码型，按照前面的方式循环扫描即可，采用二维数组实现。8×8 LED 点阵式电子广告牌上循环显示数字 0～9 的程序如下所示。

```c
#include  "reg51.h"
void delay(unsigned int i);                  //延时函数声明
void main()                                  //主函数
{
    unsigned char code led[10][8]={
    {0x24,0x24,0x24,0x24,0x24,0x24,0x18,0x18}, //0
    {0x18,0x1c,0x18,0x18,0x18,0x18,0x18,0x00}, //1
    {0x1e,0x30,0x30,0x1c,0x06,0x06,0x3e,0x00}, //2
    {0x1e,0x30,0x30,0x1c,0x30,0x30,0x1e,0x00}, //3
    {0x30,0x38,0x34,0x32,0x3e,0x30,0x30,0x00}, //4
    {0x1e,0x02,0x1e,0x30,0x30,0x30,0x1e,0x00}, //5
    {0x1c,0x06,0x1e,0x36,0x36,0x36,0x1c,0x00}, //6
    {0x3f,0x30,0x18,0x18,0x0c,0x0c,0x0c,0x00}, //7
    {0x1c,0x36,0x36,0x1c,0x36,0x36,0x1c,0x00}, //8
    {0x1c,0x36,0x36,0x36,0x3c,0x30,0x1c,0x00}
    };  //9,定义二维数组,0～9 的显示码
    unsigned char w;
    unsigned int j,k,m;
    while(1)
    {
    for(k=0;k<10;k++)                        //第一维下标取值范围为 0～9
        {
            for(m=0;m<200;m++)               //每个字符扫描显示 200 次,控制显示时间
                {   w=0x01;
                    for(j=0;j<8;j++)        //第二维下标取值范围为 0～7
                    {   P1=w;               //行控制
                    P0=led[k][j];           //将指定数组元素赋值给 P0 口,显示码
                    delay(100);
                    w<<=1;
                    }
                }
        }
    }
void  delay(unsigned int i)                  //延时函数
{   unsigned int k;
```

```
    for(k=0;k<i;k++);
}
```

程序点评：程序简单明了，程序设计中运用了二维数组实现了对点阵的控制。在 C51 语言程序设计中应注意 include"reg51.h"与 include <reg51.h>的区别。

4.5　蜂鸣器接口设计

蜂鸣器是一种发声器件，广泛应用于各类电子产品。蜂鸣器从结构上来划分，有压电式蜂鸣器和电磁式蜂鸣器两种，单片机应用系统通常使用电磁式蜂鸣器发出提示音。电磁式蜂鸣器有两种：一种是内部带有多谐振荡器的有源蜂鸣器，接上直流电源即可发出声音；另一种是不带多谐振荡器的无源蜂鸣器，工作时需要接入音频方波，改变方波频率可以得到不同音调的声音。图 4-25（a）所示为电磁式蜂鸣器的外形。

蜂鸣器工作时，需要较大的电流，而 51 单片机的 I/O 口驱动较弱，无法直接驱动蜂鸣器，需要接电流放大电路。图 4-25（b）是一种常用的蜂鸣器驱动电路，当 P2.0 引脚输出低电平时，PNP 型三极管 8550 导通，电流流过蜂鸣器，发出声音；当 P2.0 引脚输出高电平时，PNP 型三极管 8550 截止，无电流流过蜂鸣器，蜂鸣器不发声。如果此蜂鸣器为无源蜂鸣器，那么还可以通过改变 P2.0 引脚输出波形的频率调整蜂鸣器的音调。

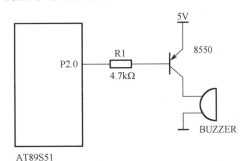

(a) 电磁式蜂鸣器的外形　　　　　　(b) 蜂鸣器与单片机接口电路

图 4-25　电磁式蜂鸣器的外形及典型驱动电路

【例 4-9】假设图 4-25（b）中的蜂鸣器为有源蜂鸣器，编写程序让其发出响 1s、静音 1s 的间歇音。

程序如下所示。

```
#include<reg51.h>
#define uchar unsigned char
#define uint unsigned int
sbit BELL=P2^0;                //蜂鸣器端口定义
void  delayms(uint ms)
{
    uchar i;
    while(ms--)
    for(i=0;i<123;i++);
```

```
}
void  main(void)
{
    while(1)
    {
            BELL=0;                    //发声
            delayms(1000);
            BELL=1;                    //不发声
            delayms(1000);
    }
}
```

【例 4-10】假设图 4-25（b）中的蜂鸣器为无源蜂鸣器，编写程序让其以 500Hz 的频率发出响 1s、停 1s 的间歇音。

分析：500Hz 频率对应的周期为 2ms，每隔 1ms 将端口电平取反可得到 500Hz 的方波。编写程序如下所示。

```
#include<reg51.h>
#define uchar unsigned char
#define uint unsigned int
sbit BELL=P2^0;                              //蜂鸣器端口定义
void  delayms(uint ms)
{
    uchar i;
    while(ms--)
    for(i=0;i<123;i++);
}
void  main(void)
{
    uint i;
    while(1)
    {
            for(i=0;i<1000;i++)                //500Hz 响 1s
            {
            BELL=~BELL;
            delayms(1);
            }
        for(i=0;i<1000;i++)                   //不发声 1s
        {
            BELL=1;
            delayms(1);
        }
    }
}
```

本 章 小 结

本章主要介绍了键盘、LED 数码管、字符型 LCM、LED 点阵显示器和电磁式蜂鸣器等元器件与单片机的接口电路及其程序设计。

键盘的作用是将系统使用者的指令参数输入单片机。键盘的接法主要有独立式和矩阵式两种，独立式键盘适用于按键数目较少的场合，矩阵式键盘适用于按键数目较多的场合。键盘程序的编写需要注意按键抖动问题和防止按键功能重复处理的问题。

LED 数码管有共阴极和共阳极两种。需要送段码给数码管才能使其显示对应的字符。数码管的接口电路有静态显示和动态显示两种，一般在数码管较多的场合使用动态显示。

LCM 内部包含驱动器和控制器，对 LCM 的操作就是对其内部的驱动器和控制器的操作。

蜂鸣器是一种常用的发声器件，一般在单片机系统中用于发出提示音。单片机不能直接驱动蜂鸣器，需要加电流放大电路。有源蜂鸣器加电即可发出声音，无源蜂鸣器需要加入音频方波才能发出声音。无源蜂鸣器可通过改变控制方波的频率改变其发声的声调。

习　题　4

一、选择题

1. 点亮一般的发光二极管所消耗的电流为（　　）。
 　　A．1～20μA　　　　　B．10～20μA　　　　　C．1～10mA　　　　　D．10～20mA

2. 在 51 单片机的程序中需要从端口读入值时，应（　　）。
 　　A．先输出高电平到该 I/O 口　　　　　　　　B．先输出低电平到该 I/O 口
 　　C．先读取该 I/O 口的状态　　　　　　　　　D．先存储该 I/O 口的状态

3. 根据实验统计，当操作开关时，其不稳定状态的时间会持续（　　）。
 　　A．1～5ms　　　　　B．5～10ms　　　　　C．100～150ms　　　　D．150～250ms

4. 在电路板上的跳线（Jumper）常被（　　）代替。
 　　A．闸刀开关　　　　B．指拨开关　　　　C．按钮开关　　　　D．数字型拨码开关

5. 设计 4 位 LED 数码管显示时，其扫描的时间间隔大约为（　　）比较合适。
 　　A．1ms　　　　　B．0.3s　　　　　C．0.15s　　　　　D．0.015s

6. 在数码管电路设计中，与使用多片单个 LED 数码管相比，使用多位数集成在一起的 7 段 LED 数码管模块电路最大的优点是（　　）。
 　　A．数字显示好看　　B．成本较低　　　C．比较高级　　　D．电路简单

7. 若将 4×4 键盘与 51 单片机相连，则至少需要使用 51 单片机（　　）的 I/O 口。
 　　A．16 位　　　　　B．12 位　　　　　C．8 位　　　　　D．4 位

8. 在单片机应用系统中，LED 数码管显示电路通常有（　　）显示方式。
 　　A．静态　　　　　B．动态　　　　　C．动态和静态　　　　D．串行

9. 在单片机数码管的（　　）显示方式中编程简单，但占用 I/O 引脚数多，一般适用于显示位数不多的场合。
 　　A．静态　　　　　B．动态　　　　　C．动态和静态　　　　D．串行

10. 若 LED 数码管采用动态显示方式，则下列说法错误的是（　　）。
 　　A．将各位数码管的段选线并联

128   51 单片机原理及应用（第 2 版）——C 语言版

B．将各位数码管的公共端直接连在+5V 或者 GND 上

C．将段选线用一个 8 位 I/O 口控制

D．将各位数码管的位选线用各自独立的 I/O 口控制

11．共阳极数码管加反向器驱动时，显示字符"6"的段码是（   ）。

     A．0X06   B．0X7D   C．0X82   D．0XFA

12．一个单片机应用系统用 LED 数码管显示字符"8"的段码是 0X80，可以断定该显示系统用的是（   ）。

     A．不加反相器驱动的共阴极数码管

     B．加反相器驱动的共阳极数码管

     C．加反相器驱动的共阴极数码管或不加反相器驱动的共阳极数码管

     D．以上都不是

13．在共阳极数码管的使用中，若只显示小数点，则其相应的码段是（   ）。

     A．0X80   B．0X10   C．0X40   D．0X7F

14．某一应用系统需要扩展 10 个功能键，采用（   ）比较好。

     A．独立按键   B．矩阵按键   C．动态按键   D．静态按键

15．按键开关的结构通常是机械弹性元件，在按键按下和放开时，触点在闭合和断开瞬间会产生接触不稳定，为了消除抖动产生的不良后果，常采用的方法有（   ）。

     A．硬件去抖动   B．软件去抖动

     C．硬件、软件两种方法   D．单稳态电路去抖动

二、简答题

1．什么是抖动？如何防止抖动发生？常用的防止抖动的方法有几种？

2．LED 数码管的静态显示和动态显示在硬件连接上分别具有什么特点，实际设计时应如何选择？

3．独立式按键和矩阵式按键分别具有什么特点？适用于什么场合？

三、程序设计题

1．如图 4-26 所示，编写程序实现：按键 S1 按下一次，流水灯 D1～D8 的流动方向改变一次。

2．数码管动态显示电路如图 4-17 所示，编写程序实现：上电后 8 个数码管显示 00000000，每隔 1s 数码管显的数据全部加 1，加到 99999999 返回 00000000。

3．图 4-27 中蜂鸣器为有源蜂鸣器，其控制端口为 P2.0，按键 S1 接 P1.0 口，编写程序实现：按键 S1 按下，蜂鸣器发出 10ms 的短音。

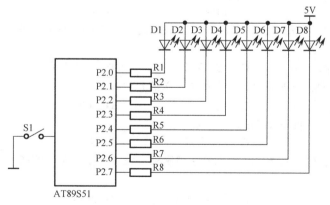

图 4-26   按键控制流水灯流动方向图

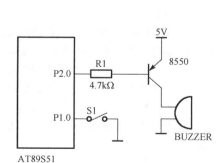

图 4-27   按键控制蜂鸣器

第5章　51单片机控制系统的接口扩展

内容概要

　　51单片机内部集成了ROM、RAM和I/O等功能部件，对于简单的应用场合，通过这些内部集成的功能部件即可满足系统的设计要求，但对于一些较为复杂的应用场合，其内部资源不能满足要求，这时候就需要在单片机外部扩展相应的外部电路来满足系统需求。

　　本章以8051为例，介绍单片机系统的并行总线扩展、常用串行总线SPI（Serial Peripheral Interface）和I²C（Inter Interface Circuit）总线扩展的基本原理。然后从应用的角度介绍设计中流行的、典型的、串行总线芯片的接口的硬件电路和程序设计，这些接口电路对不同型号的单片机都具有通用性。通过这些案例的程序设计，进一步加强51单片机C51语言程序设计的能力训练。

本章内容特色

　　（1）简明扼要地介绍了当前较为流行的串行总线SPI和I²C的工作原理，特别是对SPI和I²C总线的工作方式编写了精练的子函数，并将这些精练的子函数应用于典型的SPI和I²C总线接口程序中。

　　（2）用Proteus ISIS绘制了典型案例的硬件电路并进行了仿真分析。

　　（3）对案例的C51语言程序所涉及的知识点进行了较为详细的点评。

5.1　51单片机的外部并行总线

5.1.1　并行总线结构

　　51单片机具有外部并行总线，分为地址总线（AB）、数据总线（DB）和控制总线（CB）。地址总线用于传送单片机发出的地址信号，以便进行存储单元和I/O接口芯片中的寄存器单元的选择。数据总线用于单片机与外部存储器之间或与I/O接口之间传送数据，数据总线是双向的。控制总线用于单片机发出的各种控制信号线。单片机系统扩展结构图如图5-1所示。

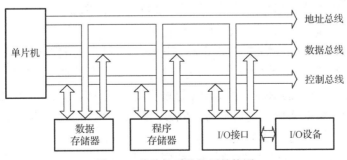

图5-1　单片机系统扩展结构图

单片机通过并行总线将各扩展部件连接起来，如同将各扩展部件"挂"在总线上一样。总线是 51 单片机与扩展的各功能部件之间的公共信息通道。扩展的设备包括 ROM、RAM、I/O 接口、A/D 转换器和 D/A 转换器等。单片机的三总线结构如图 5-2 所示。

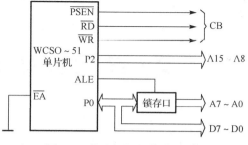

图 5-2　单片机的三总线结构图

1. 地址总线

地址总线用于传送外部存储器或外部设备的地址，由 51 单片机的 P0 口作为地址线低 8 位，51 单片机的 P2 口作为地址线高 8 位，构成 16 位地址，寻址范围为 64KB。P0 口分时复用为地址总线和数据总线，除了提供低 8 位地址，还要作数据口，地址和数据分时控制输出。为了避免地址和数据的冲突，低 8 位地址必须用锁存器锁存。也就是在 P0 口外加一个锁存器，当 ALE 为下降沿时，将低 8 位地址锁存。

2. 数据总线

数据总线用于传送数据和指令码，51 单片机的数据总线由 P0 口提供，数据宽度为 8 位双向三态端口。P0 口作为数据总线和地址总线低 8 位时，其工作过程：先发出低 8 位地址送地址锁存器锁存，锁存器输出作为系统的低 8 位地址（A7~A0），随后，P0 口又作为数据总线口（D7~D0）。

3. 控制总线

控制总线用于传送各种控制信息，51 单片机用于系统扩展的控制线共有 5 根，它们分别是 ALE、$\overline{PSEN}$、$\overline{EA}$、$\overline{RD}$ 和 $\overline{WR}$。

（1）ALE 用作地址锁存 P0 口输出的低 8 位地址，分离地址和数据。

（2）$\overline{PSEN}$ 用于扩展片外程序存储器的读控制，当单片机向片外程序存储器读指令或数据时，该信号有效。

（3）$\overline{EA}$ 用于片内/片外程序存储器选择信号。$\overline{EA}=0$ 时，无论是否有片内程序存储器，只访问外部程序存储器；$\overline{EA}=1$ 时，系统从内部的程序存储器开始执行程序。片内的程序存储器地址为 0000H~FFFH，共 4KB 空间，片外的程序存储器地址空间为 1000H~FFFFH，共 60KB 空间。

（4）$\overline{RD}$ 和 $\overline{WR}$ 作为扩展片外数据存储器和 I/O 口的读/写选通信号。单片机对片外数据存储器单元进行读/写时，自动产生 $\overline{RD}$ 和 $\overline{WR}$ 信号。

51 单片机通过三总线扩展外部接口电路。这时 P0、P2 口用作外部扩展总线，无法再作通用 I/O 口。P0 口经锁存器 74HC573 在 ALE 下降沿输出有效的低 8 位地址信号与 P2 口组成 16 位地址总线。片外有效的 ROM 和 RAM 寻址空间（包括片外 I/O）为 0000~FFFFH，共 64KB。P0 口在地址 ALE 下降沿之后作为 8 位数据总线。P3 口的读/写控制信号 $\overline{RD}$、$\overline{WR}$ 和程序选通信号 $\overline{PSEN}$ 等作为控制总线。

51 单片机系统通过三总线的扩展系统结构图如图 5-3 所示。

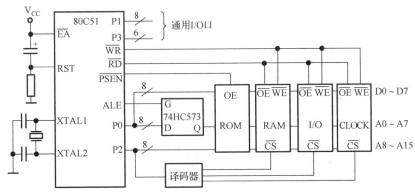

图 5-3　51 单片机系统通过三总线的扩展系统结构图

由图 5-3 可知，单片机采用三总线扩展 ROM、RAM、I/O 和 CLOCK 等接口电路，ROM 为扩展的程序存储器空间，当取指令时，$\overline{PSEN}$ 信号有效，从 ROM 读出程序指令，图 5-3 中 51 单片机的 $\overline{EA}$ 接 V_{CC}，表示 0000H～0FFFH 取指令的操作均在片内，片外程序存储器地址从 1000H 开始。若 $\overline{EA}$ 接 GND，则 0000H～FFFFH 取指令操作均在片外进行。RAM、I/O 和 CLOCK 则处于数据存储器空间，通过读/写控制信号 $\overline{RD}$、$\overline{WR}$ 对其进行读/写和输入/输出操作。译码器产生地址译码信号，在任意时刻其输出的有效片选信号使得单片机只能访问 RAM、I/O 和 CLOCK 其中之一，避免了总线竞争现象。

5.1.2　编址技术

所谓编址，就是通过 51 单片机地址总线，使片外扩展的存储器和 I/O 口中的每个存储单元或元器件，在 51 单片机的寻址范围内均有独立的地址，以便 51 单片机使用该地址能唯一地选中该单元。51 单片机对外部扩展的存储器和 I/O 设备进行编址的方法有两种：线选法和译码法。

1. 线选法

所谓线选法，就是直接选定单片机的某根空闲地址线作为存储芯片的片选信号。51 单片机系统的线选法一般将 51 单片机的高 8 位地址线（A8～A15）中的某几条与外部接口芯片的片选信号引脚相连，当该位的地址线为 0 时（对低电平选通有效的外部芯片而言），与该地址线相连的外部芯片被选通，用低位地址线作片内存储单元寻址。该方法的优点是硬件线路连接简单，缺点是会导致一个芯片有多个地址空间，多个芯片的地址范围不连续，而且有重叠。若使用 m 条地址线用作片选，则扩展的芯片最多为 m 片，适用于扩展的芯片较少的场合。51 单片机系统线选法的典型电路如图 5-4 所示。

从图 5-4 中可以发现，当 A15＝0 时，选中 6264 芯片；当 A14＝0 时，选中 8255 芯片，为了避免产生总线竞争，要求 A15 和 A14 不能同时为 0，由此可以确定选中 6264 芯片的二进制数地址应为 01×××××× ××××××××，×为任意，即可以是 0 也可以是 1。所以 6264 芯片用二进制数表示的地址范围是 01000000 00000000～01111111 11111111，对应的十六进制数是 4000H～7FFFH，共 16KB。而 6264 芯片容量只有 8KB，因此 4000H～5FFFH、6000H～7FFFH 两段地址完全重叠。

同样可确定选中 8255 芯片的二进制数地址：10×××××× ××××××××，×为任意。

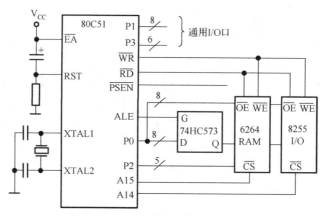

图 5-4　51 单片机系统线选法的典型电路

8255 芯片的二进制数所表示的地址范围是 10000000 00000000～10111111 11111111，对应十六进制数是 8000H～0BFFFH。而 8255 芯片实际只占用 4 个地址单元，故地址重叠部分更多。

2. 译码法

所谓译码法，就是使用译码器对单片机的高位地址进行译码，以其译码输出作为存储器芯片的片选信号。全地址译码法能有效利用存储空间，避免一个扩展芯片有多个地址空间及多个芯片之间地址不连续的问题。如果对 m 条地址线译码产生片选信号，那么最多可以扩展 2^m 个芯片。适用于大容量多芯片存储器的扩展。译码法又有全译码和部分译码之分。全译码就是对全部空闲的高位地址线译码产生片选信号，部分译码就是对空闲的部分高位地址线译码产生片选信号。译码电路要用译码器芯片实现，常用的译码器芯片有 74LS138 和 74LS139 等。

全地址译码法的典型电路如图 5-5 所示。51 单片机的高端地址信号 A13、A14、A15 接 74HC138 译码器的地址输入 A、B、C，74HC138 译码器的输出 $\overline{Y0}$～$\overline{Y7}$ 对应的 8 个有效的地址空间为 0000H～1FFFH、2000H～3FFFH、4000H～5FFFH、6000H～7FFFH、8000H～9FFFH、0A000H～0BFFFH、0C000H～0DFFFH 和 0E000H～0FFFFH。

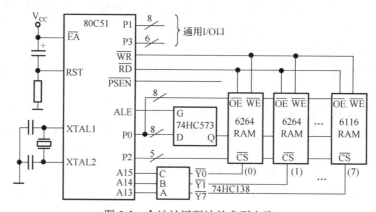

图 5-5　全地址译码法的典型电路

5.2　A/D 与 D/A 转换器简介

在单片机测控系统中，单片机只能处理数字信号，而单片机测控系统常常会测量温度、压力、流量、速度等非电物理量，这些非电量信号须经传感器先转换成连续变化的模拟电信号（电压或电流），然后将模拟电信号转换成数字量后，才能被单片机处理，同理单片机输出的数字信号也不能被模拟器件接收，因此在单片机测控系统中，单片机与外部接口器件需要通过 A/D 转换器和 D/A 转换器的转换。实现模拟量转换成数字量的器件称为 A/D 转换器。实现数字量转换成模拟量的器件称为 D/A 转换器。

5.2.1　A/D 转换器

A/D 转换器的作用是将模拟量转换成数字量，以便单片机进行数据处理。随着超大规模集成电路技术的飞速发展，A/D 转换器的新设计思想和制造技术层出不穷。为了满足各种不同的检测及控制任务的需要，产生了大量结构不同、性能各异的 A/D 转换芯片。

1. A/D 转换器的分类

目前广泛应用在单片机应用系统中的 A/D 转换器主要有逐次比较型 A/D 转换器和双积分型 A/D 转换器，此外 Σ-Δ 式 A/D 转换器逐渐得到重视，得到了较为广泛的应用。

逐次比较型 A/D 转换器，在精度、速度和价格上都适中，是最常用的 A/D 转换器。

双积分型 A/D 转换器，具有精度高、抗干扰性好、价格低廉等优点，与逐次比较型 A/D 转换器相比，双积分型 A/D 转换器的转换速度较慢，近年来在单片机应用领域中也得到了广泛应用。

Σ-Δ 式 A/D 转换器具有双积分型 A/D 转换器与逐次比较型 A/D 转换器的双重优点。它对工业现场的串模干扰具有较强的抑制能力，不亚于双积分型 A/D 转换器，它比双积分型 A/D 转换器具有更高的转换速度。与逐次比较型 A/D 转换器相比，Σ-Δ 式 A/D 转换器具有较高的信噪比、分辨率高、线性度好，不需要采样保持电路。由于具体上述优点，因此 Σ-Δ 式 A/D 转换器得到了重视，已有多种 Σ-Δ 式 A/D 芯片可供用户选用。

A/D 转换器按照输出数字量的有效位数，可分为 4 位、8 位、10 位、12 位、14 位、16 位输出及 BCD 码输出的 3 位半、4 位半、5 位半等。

随着单片机串行扩展方式使用的日益增多，带有同步 SPI 串行接口的 A/D 转换器的使用也逐渐增多。串行输出的 A/D 转换器具有占用端口线少、使用方便、接口简单等优点。较为典型的串行 A/D 转换器为美国 TI 公司的 TLC549（8 位）、TLC1549（10 位）、TLC1543（10 位）和 TLC2543（12 位）。

A/D 转换器按照转换速度，可大致分为超高速（转换时间≤1ns）、高速（转换时间≤1μs）、中速（转换时间≤1ms）、低速（转换时间≤1s）等几种不同转换速度的芯片。为了适应系统集成的需要，有些转换器还将多路转换开关、时钟电路、基准电压源、二进制/十进制译码器和转换电路集成在一个芯片内，为用户提供了很多方便。

2. A/D 转换器的主要技术指标

A/D 转换器的性能指标是衡量转换质量的关键，也是合理选用 A/D 转换器的依据。下面介绍 A/D 转换器的几个主要技术指标。

（1）分辨率：分辨率表示输出数字量变化一个最低有效位（LSB）所对应的输入模拟电压的变化量。分辨率的定义为转换器的满刻度电压（基准电压）V_{FSR} 与 2^n 的比值，即

$$分辨率 = \frac{V_{FSR}}{2^n}$$

式中，n 为 A/D 转换器输出的二进制位数，n 越大，分辨率越高。分辨率取决于 A/D 转换器的位数，所以习惯上用输出的二进制位数或 BCD 码位数表示。例如，A/D 转换器 AD1674 的满量程电压（基准电压）为 5V，输出 12 位数字量，即用 2^{12} 个数进行量化，其分辨率为 $5V/2^{12}=1.22mV$，表示其能分辨出输入电压 1.22mV 以上的变化。

（2）量化误差：模拟量是连续的，而数字量是断续的，当 A/D 转换器的位数固定后，数字量不能把模拟量所有的值都精确地表示出来，这种由 A/D 转换器有限分辨率造成的真实值与转换值之间的误差称为量化误差。一般量化误差为数字量的最低有效位表示的模拟量，理想的量化误差容限是±1/2LSB。

（3）转换精度：转换精度是一个实际的 A/D 转换器和理想的 A/D 转换器相比的转换误差。绝对精度一般以 LSB 为单位给出，相对精度则是绝对精度与满量程的比值。

（4）转换时间：指 A/D 转换器完成一次 A/D 转换所需的时间。转换时间越短，适应输入信号快速变化的能力越强。其倒数是转换速率。

（5）温度系数：是指 A/D 转换器受温度影响的程度。一般用环境温度变化 1℃所产生的相对误差表示，单位是 PPM/℃（10^{-6}/℃）。

5.2.2　D/A 转换器

单片机只能输出数字量，但对于控制而言，经常需要输出模拟量。例如，直流电动机的转速控制和波形输出等应用，要求单片机系统能够输出模拟量，D/A 转换器的功能为将数字量转换成模拟量。

目前集成化的 D/A 转换器芯片较多，设计者只需要合理选用芯片，了解它们的功能、引脚外特性及与单片机的接口设计即可。由于现在部分单片机芯片中集成了 D/A 转换器，位数一般在 10 位左右，且转换速度也很快，因此单片的 D/A 转换器开始向高位数和高转换速度方向转变，而低端的 8 位 D/A 转换器正面临被淘汰的危险，但在实验室或某些简单工业控制方面，低端的 8 位 D/A 转换器优异的性价比还是具有相当大的应用空间的。

1. D/A 转换器的工作原理及分类

D/A 转换器的基本工作原理：通过电阻网络将 n 位数字量逐位转换成模拟量，经运算器相加，得到一个与 n 位数字量成比例的模拟量。由于计算机输出的数据（数字量）是断续的，D/A 转换过程也需要一定的时间，因此转换输出的模拟量也是不连续的。

D/A 转换器有两种输出形式：一种是电压输出，即给 D/A 转换器输入的是数字量，输出为电压；另一种是电流输出，对电流输出的 D/A 转换器，如需要模拟电压输出，可在其输出端加一个由运算放大器构成的 *I-V* 转换电路，将电流输出转换为电压输出。

单片机与 D/A 转换器的连接，早期多采用 8 位数字量并行传输的并行接口，现在除了并行接口，带有串行接口的 D/A 转换器的品种也不断增多。目前较为流行的是 I²C 串行接口和 SPI 串行接口等，所以在选择 D/A 转换器时，要考虑单片机与 D/A 转换器的接口形式。

2. D/A 转换器的技术指标

（1）分辨率：指单片机输入 D/A 转换器的单位数字量的变化，所引起的模拟量输出的变化，通常将其定义为输出满刻度值与 2^n 之比（n 为 D/A 转换器的二进制位数）。习惯上用输入数字量的二进制位数表示。位数越多，分辨率越高，即 D/A 转换器对输入量变化的敏感程度越高。

例如，8 位的 D/A 转换器，若满量程输出为 10V，根据分辨率的定义，则分辨率为 $10V/2^n$，分辨率为 10V/256=39.06mV，即输入的二进制数最低位的变化可引起输出的模拟电压变化为 39.06mV，该值占满量程的 0.391%，常用符号 1LSB 表示。

同理：

10 位 D/A 转换　　1 LSB = 9.77mV = 0.1%满量程

12 位 D/A 转换　　1 LSB = 2.44mV = 0.024%满量程

16 位 D/A 转换　　1 LSB = 0.15mV = 0.0015%满量程

使用时，应根据对 D/A 转换器分辨率的需要来选定 D/A 的位数。

（2）建立时间：描述 D/A 转换器转换速度快慢的参数，用于表明转换时间或转换速度。其值为从输入数字量到输出达到终值误差±(1/2)LSB 时所需的时间。电流输出的转换时间较短，而电压输出的转换器，由于要加上完成 *I-V* 转换的运算放大器的延迟时间，因此转换时间要长一些。快速 D/A 转换器的转换时间可控制在 1μs 以下。

（3）转换精度：理想情况下，转换精度与分辨率基本一致，位数越多，精度越高。但由于电源电压、基准电压、电阻、制造工艺等各种因素存在误差，因此严格来讲，转换精度与分辨率并不完全一致。只要位数相同，分辨率就相同，但相同位数的不同转换器的转换精度会有所不同。例如，某种型号的 8 位 D/A 转换器的精度为±0.19%，而另一种型号的 8 位 D/A 转换器的精度为±0.05%。

5.3　SPI 总线简介及典型 SPI 芯片介绍

SPI 是 Motorola 公司推出的一种同步串行接口标准，允许单片机与多个厂家生产的带有标准 SPI 接口的外围设备直接连接，以同步串行方式交换信息。SPI 总线广泛用于 E²PROM、实时时钟、A/D 转换器、D/A 转换器等器件。SPI 总线属于高速、全双工通信总线，由于只占用 4 个芯片的引脚，因此节约了芯片的引脚资源，同时也为 PCB 布局提供了方便。正是具有这些优点，现在越来越多的芯片集成了这种接口。

5.3.1　SPI 总线结构

SPI 有两种工作模式：主模式和从模式。它允许一个主设备启动一个从设备进行同步通信，从而完成数据的同步交换和传输。只要主设备有 SPI 控制器（也可以用模拟方式），就可以与基于 SPI 的各种芯片传输数据。

　　SPI 外围串行扩展系统的从器件要有 SPI 接口，主器件是单片机。目前已有许多类型的单片机都带有 SPI 接口。但是对于 51 单片机，由于不带 SPI 接口，因此可采用软件与 I/O 口结合的方式模拟 SPI 的接口时序。

　　单片机扩展 SPI 从器件的系统结构图如图 5-6 所示。SPI 使用 4 条线：串行时钟 SCK、主器件输入/从器件输出数据线 MISO、主器件输出/从器件输入数据线 MOSI 和从器件选择线 $\overline{\text{CS}}$。

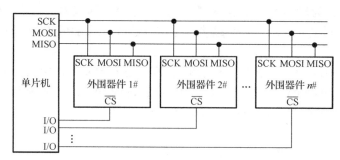

图 5-6　单片机扩展 SPI 从器件的系统结构图

　　SPI 的典型应用是主模式，即只有一台主器件，从器件通常是外围接口器件，如 E^2PROM、实时时钟、A/D 转换器、D/A 转换器等。单片机扩展多个外围器件时，SPI 无法通过数据线译码选择，所以外围器件都有片选端。在扩展单个 SPI 器件时，外围器件的片选端可以接地或通过 I/O 口控制；在扩展多个 SPI 器件时，单片机应分别通过 I/O 口线分时选通外围器件。

　　在 SPI 串行扩展系统中，当某一从器件只作输入（如键盘）或只作输出（如显示器）时，可省去一条数据输出（MISO）线或一条数据输入（MOSI）线，从而构成双线系统（接地）。

　　SPI 系统中单片机对从器件的选通需要控制其片选端 $\overline{\text{CS}}$。但在扩展器件较多时，需要控制较多的从器件片选端，连线较多。

　　在 SPI 串行系统中，主器件单片机在启动一次传送时，便产生 8 个时钟，传送给接口芯片作为同步时钟，控制数据的输入和输出。数据的传送格式是高位（MSB）在前，低位（LSB）在后，如图 5-7 所示。数据线上输出数据的变化及输入数据时的采样都取决于 SCK。但对于不同的外围芯片，有的可能是 SCK 的上升沿起作用，有的可能是 SCK 的下降沿起作用。SPI 有较高的数据传输速度，最高可达 1.05Mbit/s。

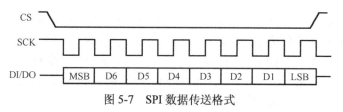

图 5-7　SPI 数据传送格式

5.3.2　基于 SPI 总线的 A/D 转换器 TLC549 芯片简介

　　TLC549 是 TI 公司生产的一种低价位、高性能的 8 位 A/D 转换器，它以 8 位开关电容逐次逼近的方法实现 A/D 转换，其转换时长小于 17μs，最大转换速率为 40 000 次/秒。工作电压为 3～6V。它可采用 SPI 三线方式与单片机进行连接。

1. TLC549 的引脚定义

TLC549 的引脚如图 5-8 所示。

- REF+：正基准电压，$2.5V \leqslant REF+ \leqslant V_{CC}+0.1$。
- REF−：负基准电压，$-0.1V \leqslant REF- \leqslant 2.5V$。
- V_{CC}：系统电源，$3V \leqslant V_{CC} \leqslant 6V$。
- GND：接地端。
- $\overline{CS}$：芯片选择输入端。
- DATA OUT：转换结果数据串行输出端。
- ANALOG IN：模拟信号输入端。
- I/O CLOCK：外接 I/O 时钟输入端。

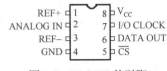

图 5-8　TLC549 的引脚

2. TLC549 的功能框图

TLC549 由采样保持、A/D 转换器、输出数据寄存器、8 到 1 数据选择与驱动及相关控制逻辑电路组成。TLC549 的内部结构如图 5-9 所示。TLC549 带有内部时钟，该时钟与 I/O CLOCK 是独立工作的，无须特殊的速率匹配。当 $\overline{CS}$ 为高电平时，数据输出端 DATA OUT 处于高阻状态，此时 I/O CLOCK 不起作用。这种 $\overline{CS}$ 控制作用允许在同时使用多片 TLC549 时，公用 I/O CLOCK，以减少多片 A/D 使用时的 I/O 控制端口。

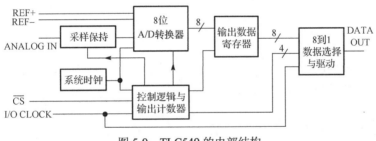

图 5-9　TLC549 的内部结构

3. TLC549 的工作时序

TLC549 的工作时序图如图 5-10 所示。

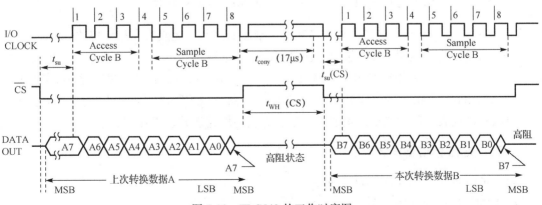

图 5-10　TLC549 的工作时序图

（1）$\overline{CS}$ 为低电平，内部电路在测得 $\overline{CS}$ 下降沿后，在等待两个内部时钟上升沿和一个下降沿后，再确认这一变化，最后自动将前一次转换结果的最高位 D7 输出到 DATA OUT。

（2）在前 4 个 I/O CLOCK 周期的下降沿依次移出 D6、D5、D4、D3，片上采样保持电路在第 4 个 I/O CLOCK 下降沿开始采样模拟输入。

（3）在接下来的 3 个 I/O CLOCK 周期的下降沿可移出 D2、D1、D0。

（4）在第 8 个 I/O CLOCK 后，$\overline{CS}$ 必须为高电平或 I/O CLOCK 保持低电平，这种状态需要维持 36 个内部系统时钟，以等待保持和转换工作的完成。

此时的输出是前一次的转换结果，而不是正在进行的转换结果。若要在特定的时刻采样模拟信号，则应使第 8 个 I/O CLOCK 时钟的下降沿与该时刻对应。因为芯片虽然在第 4 个 I/O CLOCK 的下降沿开始采样，却在第 8 个 I/O CLOCK 的下降沿才开始保存。

4. TLC549 与单片机的接口函数

根据 TLC549 的工作时序，编写 C51 语言程序的接口函数如下所示。

```
uchar TLC549_ADC(void)
{
        uchar i, temp;
        TLC549_CLK = 0;
        TLC549_CS  = 0;
        for(i = 0; i < 8; i++)
        {
            temp<<=1;
            temp|= TLC549_DO;
            TLC549_CLK = 1;
            TLC549_CLK = 0;
        }
        TLC549_CS = 1;
        delayus(20);
        return  temp;
}
```

5.3.3　基于 SPI 总线的 D/A 转换器 TLC5615 芯片简介

TLC5615 为美国德州仪器公司于 1999 年推出的产品，是具有串行接口的 D/A 转换器（DAC），其输出为电压型，最大输出电压是基准电压的两倍。带有上电复位功能，即将 DAC 寄存器复位至全零。性能比早期电流型输出的 DAC 要好。只需要通过 3 根串行总线就可以完成 10 位数据的串行输入，易于和工业标准的微处理器或微控制器（单片机）接口，适用于电池供电的测试仪表、移动电话，也适用于数字失调与增益调整及工业控制场合。

1. TLC5615 的引脚定义

TLC5615 的引脚图如图 5-11 所示。

- DIN：串行数据输入端。

- SCLK：串行时钟输入端。
- $\overline{CS}$：芯片选用通端，低电平有效。
- DOUT：用于级联时的串行数据输出端。
- AGND：模拟地。
- REF IN：基准电压输入端，2V～(V_{DD}−2)。
- OUT：DAC 模拟电压输出端。
- V_{DD}：正电源端，4.5～5.5V，通常取 5V。

2. TLC5615 的功能框图

TLC5615 的内部功能框图如图 5-12 所示，它主要由以下几部分组成：10 位 DAC 电路；一个 16 位移位寄存器，用于接收串行移入的二进制数，并且有一个级联的数据输出端 DOUT；并行输入/输出的 10 位 DAC 寄存器，为 10 位 DAC 电路提供待转换的二进制数据；电压跟随器，为参考电压端 REF IN 提供很高的输入阻抗，大约为 10MΩ；×2 电路提供最大值为 2 倍于 REF IN 的输出；上电复位电路和控制逻辑电路。

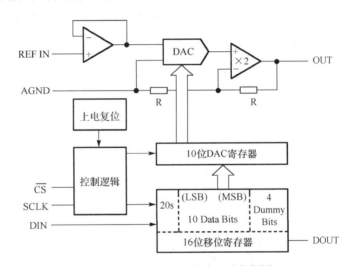

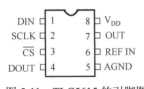

图 5-11　TLC5615 的引脚图　　　　　　　图 5-12　TLC5615 的内部功能框图

TLC5615 有两种工作方式，即 12 位数据序列方式和 16 位数据序列方式。16 位移位寄存器分为高 4 位虚拟位、低 2 位填充位及 10 位有效位。在 TLC5615 工作时，只需要向 16 位移位寄存器先后输入 10 位有效位和低 2 位填充位，低 2 位填充位数据任意，这是第一种方式，即 12 位数据序列方式。第二种方式为级联方式，即 16 位数据列方式，可以将本片的 DOUT 接到下一片的 DIN，需要向 16 位移位寄存器先后输入高 4 位虚拟位、10 位有效位和低 2 位填充位，由于增加了高 4 位虚拟位，因此需要 16 个时钟脉冲。

3. TLC5615 的工作时序

TLC5615 的工作时序图如图 5-13 所示。可以看出，只有当片选 $\overline{CS}$ 为低电平时，串行输入数据才能被移入 16 位移位寄存器。当 $\overline{CS}$ 为低电平时，在每个 SCLK 时钟的上升沿将 DIN 的

1 位数据移入 16 位移位寄存器。注意，二进制最高有效位被首先移入。接着，$\overline{CS}$ 的上升沿将 16 位移位寄存器的 16 位有效数据锁存于 10 位 DAC 寄存器，供 DAC 电路进行转换；当 $\overline{CS}$ 为高电平时，串行输入数据不能被移入 16 位移位寄存器。注意，$\overline{CS}$ 的上升和下降都必须发生在 SCLK 为低电平期间。

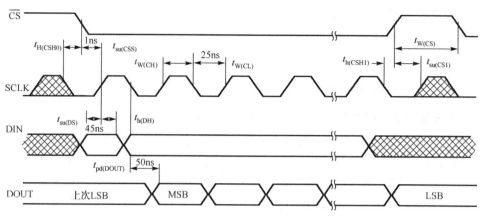

图 5-13　TLC5615 的工作时序图

4. TLC1565 与单片机的接口函数

根据 TLC1565 的工作时序，编写 C51 语言程序的接口函数如下所示。

```c
void TLC5615_DAC(uint dat)
{
        uchar i;
    dat<<= 6;                    //左移6位，补6位0
    TLC5615_CLK = 0;
    TLC5615_CS  = 0;
        for (i=0;i<12;i++)
        {
        TLC5615_DI  = (bit)(dat & 0x8000);
            TLC5615_CLK = 0;
            dat <<= 1;
            TLC5615_CLK = 1;
            }
        TLC5615_CS  = 1;
        TLC5615_CLK = 0;
        delayus(20);
}
```

以上采用的是 12 位数据序列方式，还可以采用 16 位数据序列方式，程序如下所示。

```c
void TLC5615_DAC(uint dat)
{
    uchar i;
    dat<<= 2;                    //左移2位，补2位0
    TLC5615_CLK - 0;
```

```
TLC5615_CS = 0;
    for (i=0;i<16;i++)
    {
    TLC5615_DI = (bit)(dat & 0x8000);
    TLC5615_CLK = 0;
    dat <<= 1;
    TLC5615_CLK = 1;
    }
    TLC5615_CS = 1;
    TLC5615_CLK = 0;
    delayus(20)
}
```

5.4 I²C 总线简介及典型 I²C 芯片介绍

I²C 总线是指集成电路之间的一种串行总线。采用的 I²C 总线有两个规范，分别是荷兰飞利浦公司和日本索尼公司的规范，现在多采用飞利浦公司的技术规范，已成为电子行业认可的总线标准。采用 I²C 技术的单片机及外围器件的种类有很多，已广泛应用于各类电子产品、家用电器及通信设备。

5.4.1 I²C 串行总线简介

1. I²C 串行总线结构

I²C 总线采用二线制连接，一条是数据线 SDA，另一条是时钟线 SCL，SDA 和 SCL 是双向的，I²C 总线上各器件的数据线都接到 SDA 上，各器件的时钟线均接到 SCL 上。I²C 串行总线系统的基本结构如图 5-14 所示。带有 I²C 总线接口的单片机可直接与具有 I²C 总线接口的各种扩展器件（如存储器、I/O 芯片、A/D 转换器、D/A 转换器、键盘、显示器、日历/时钟）连接。由于 I²C 总线采用纯软件的寻址方法，因此无须对片选线进行连接，这就大大减少了总线数量。I²C 串行总线的运行由主器件控制。主器件是指启动数据的发送（发出起始信号）、发出时钟信号、传送结束时发出终止信号的器件，通常是单片机。从器件可以是存储器、LED 或 LCD 驱动器、A/D 或 D/A 转换器、时钟/日历等，从器件必须带有 I²C 串行总线接口。

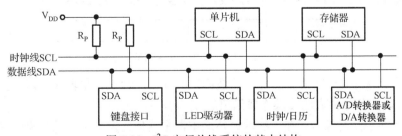

图 5-14　I²C 串行总线系统的基本结构

当 I²C 总线空闲时，SDA 和 SCL 两条线均为高电平。由于连接到总线上的器件的输出级必须是漏极或集电极开路的，因此只要有一个器件在任意时刻输出低电平，都将使总线上的信号变低，即各器件的SDA及SCL都是"线与"的关系。

　　由于各器件的输出端为漏极开路，因此必须通过上拉电阻接正电源（图5-14中的两个电阻 R_P），以保证SDA和SCL在空闲时被上拉为高电平。SCL上的时钟信号对SDA上的各器件之间的数据传输起同步控制作用。SDA上的数据起始、终止及数据的有效性均要根据SCL上的时钟信号来判断。

　　在 I^2C 标准的普通模式下，数据的传输速率为100kbit/s，高速模式下可达400kbit/s。总线上扩展的器件数量不是由电流负载决定的，而是由电容负载决定的。I^2C 总线上的每个器件的接口都有一定的等效电容，连接的器件越多，电容值就越大，会造成信号传输延迟。总线上允许的器件数以器件的电容量不超过400pF（通过驱动扩展可达4000pF）为宜，据此可计算出总线长度及连接器件的数量。每个连到 I^2C 总线上的器件都有唯一的地址，扩展器件时也要受器件地址数目的限制。

2. I^2C 总线的数据帧格式

　　I^2C 总线上传送的数据信号既包括真正的数据信号，也包括地址信号。

　　I^2C 总线规定，起始信号后须传送一个从器件地址（7位），第8位是数据传送的方向位（R/$\overline{W}$），"0"表示主器件发送数据，"1"表示主器件接收数据。每次数据传送总是由主器件产生的终止信号结束的。若主器件希望继续占用总线进行新的数据传送，则可不产生终止信号，可以马上再次发出起始信号对另一从器件进行寻址。因此，在总线一次数据传送过程中，可以有以下几种组合方式。

　　（1）主器件向从器件发送 n 字节的数据，数据的传送方向在整个传送过程中不变。主器件向从器件发送的数据帧格式如图5-15所示。

图 5-15　主器件向从器件发送的数据帧格式

　　图5-15中，字节1~字节 n 为主器件写入从器件的 n 字节的数据。图5-15中阴影部分表示主器件向从器件发送数据，无阴影部分表示从器件向主器件发送数据。上述格式中的"从器件地址"为7位，紧接其后的"1"和"0"表示主器件的读/写方向，"1"为读，"0"为写。A表示应答，$\overline{A}$ 表示非应答（高电平）。S表示起始信号，P表示终止信号。

　　（2）主器件读出来自从器件的 n 字节。第一个寻址字节由主器件发出，n 字节都由从器件发送，主器件接收。主器件接收从器件发送的数据帧格式如图5-16所示。

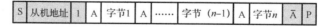

图 5-16　主器件接收从器件发送的数据帧格式

　　图5-16中，字节1~字节 n 为从器件被读出的 n 字节数据。主器件发送终止信号前应发送非应答信号，向从器件表明读操作要结束。

　　（3）主器件的读/写操作。在一次数据传送中，主器件先发送1字节数据，再接收1字节数据，起始信号和从器件地址都被重新产生一次，但两次读/写的方向位正好相反。传送过程中改变传送方向的数据帧格式如图5-17所示。

| S | 从机地址 | 0 | A | 数据 | A/$\overline{A}$ | Sr | 从机地址r | 1 | A | 数据 | $\overline{A}$ | P |

图 5-17　传送过程中改变传送方向的数据帧格式

图 5-17 中，"Sr"表示重新产生的起始信号，"从机地址 r"表示重新产生的从器件地址。

由上可见，无论哪种方式，起始信号、终止信号和从器件地址均由主器件发送，数据字节的传送方向则由主器件发出的寻址字节中的方向位规定，每字节的传送都必须有应答位（A 或 $\overline{A}$）相随。

数据帧格式中，均有 7 位从器件地址和紧跟其后的 1 位读/写方向位，这 8 个数据位构成寻址字节。I²C 总线寻址采用软件寻址，主器件在发送完起始信号后，立即发送寻址字节来寻址被控的从器件，数据帧寻址字节帧格式如图 5-18 所示。

寻址字节	器件地址				引脚地址			方向位
	DA3	DA2	DA1	DA0	A2	A1	A0	R/$\overline{W}$

图 5-18　数据帧寻址字节帧格式

7 位从器件地址为"DA3、DA2、DA1、DA0"和"A2、A1、A0"。其中"DA3、DA2、DA1、DA0"为器件固有的地址编码，出厂时就已给定。"A2、A1、A0"为引脚地址，由器件引脚 A2、A1、A0 在电路中接高电平或接地决定。

数据方向位（R/$\overline{W}$）规定了总线上的单片机（主器件）与从器件的数据传送方向。为 1 表示主器件接收（读），为 0 表示主器件发送（写）。

3. 51 单片机的 I²C 总线扩展系统

许多公司都推出带有 I²C 总线接口的单片机及各种外围扩展器件，常见的有 Atmel 公司的 AT24C×× 系列存储器、飞利浦公司的 PCF8553（时钟/日历且带有 256×8 RAM）和 PCF8570（256×8 RAM）、MAXIM 公司的 MAX127/128（A/D 转换器）和 MAX517/518/519（D/A 转换器）等。I²C 系统中的主器件为单片机，可以有 I²C 接口，也可以没有。从器件必须带有 I²C 总线接口。51 单片机没有 I²C 接口，可用 I/O 引脚输出控制时序的方式来模拟 I²C 总线的时序。

为了保证数据传送的可靠性，I²C 总线的数据传送有严格的时序要求。I²C 总线典型信号的时序如图 5-19 所示。

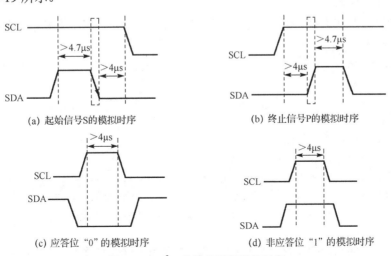

(a) 起始信号 S 的模拟时序　　　　　　(b) 终止信号 P 的模拟时序

(c) 应答位 "0" 的模拟时序　　　　　　(d) 非应答位 "1" 的模拟时序

图 5-19　I²C 总线典型信号的时序

51 单片机在模拟 I²C 总线通信时，需要编写以下 6 个函数：起始信号 S 函数、终止信号 P 函数、应答"0"函数、非应答"1"函数、发送 1 字节数据函数和接收 1 字节数据函数。

1）起始信号 S 函数

起始信号 S 的模拟时序如图 5-19（a）所示，要求在一个新的起始前总线的空闲时间大于 4.7μs，在 SCL 高电平期间 SDA 发生负跳变。起始信号到第 1 个时钟脉冲负跳沿的时间间隔应大于 4μs。起始信号 S 函数如下所示。

```
void  Start(void)
{
        SDA=1;
        SCL=1;
        _nop_( ); _nop_( ); _nop_( ); _nop_( ); _nop_( );        //延时 5μs
        SDA=0;
        _nop_( ); _nop_( ); _nop_( ); _nop_( ); _nop_( );
        CL=0;
}
```

2）终止信号 P 函数

终止信号 P 为在 SCL 高电平期间 SDA 的一个上升沿产生终止信号。终止信号 P 函数如下所示。

```
void  Stop(void)
{
        SDA=0;
        SCL=1;
        _nop_( ); _nop_( ); _nop_( ); _nop_( ); _nop_( );
        SDA=1;
        _nop_( ); _nop_( ); _nop_( ); _nop_( ); _nop_( );
        SDA=0;
}
```

3）应答"0"函数

发送应答位与发送数据"0"相同，即在 SDA 低电平期间 SCL 发生一个正脉冲。应答位"0"函数如下所示。

```
void  Ack(void)
{
        uchar i;
        SDA=0;
        SCL=1;
        _nop_( ); _nop_( ); _nop_( ); _nop_( ); _nop_( );
        while((SDA==1)&&(i<255)) i++;
        SCL=0;
        _nop_( ); _nop_( ); _nop_( ); _nop_( ); _nop_( );
}
```

SCL 在高电平期间，SDA 被从器件拉为低电平表示应答。命令行中的(SDA= =1)和(i<255)

相与，表示若在这段时间内没有收到从器件的应答，则主器件默认从器件已经收到数据而不再等待应答信号，要是不加这个延时退出，一旦从器件没有发应答信号，程序就将永远停在这里，实际上是不允许这种情况发生的。

4）非应答"1"函数

发送非应答位与发送数据"1"相同，即在 SDA 高电平期间 SCL 发生一个正脉冲。非应答"1"的函数如下所示。

```c
void  NoAck(void )
{
        SDA=1;
        SCL=1;
        _nop_( );  _nop_( );  _nop_( );  _nop_( );  _nop_( );
        SCL=0;
        SDA=0;
}
```

5）发送 1 字节数据函数

以下函数是模拟 I²C 总线的数据线发送 1 字节的数据（可以是地址，也可以是数据），发送完后等待应答，并对状态位 ack 进行操作，即应答或非应答都使 ack=0。发送数据正常，ack=1，从器件无应答或损坏，则 ack=0。参考程序如下所示。

```c
void  SendByte(uchar  dat)
{
uchar i,temp;
temp=dat;
for(i=0; i <8; i++)
{
        temp= temp<<1;        //左移一位
        SCL=0;
        _nop_( );  _nop_( );  _nop_( );  _nop_( );  _nop_( );
        SDA=CY;
        _nop_( );  _nop_( );  _nop_( );  _nop_( );  _nop_( );
        SCL=1;
        _nop_( );  _nop_( );  _nop_( );  _nop_( );  _nop_( );
        }
        SCL=0;
        _nop_( );  _nop_( );  _nop_( );  _nop_( );  _nop_( );
        SDA=1;
        _nop_( );  _nop_( );  _nop_( );  _nop_( );  _nop_( );
}
```

串行发送 1 字节时，需要把该字节中的 8 位一位一位地发出去，"temp=temp<<1;"就是将 temp 中的内容左移一位，最高位将移入 CY 位，然后将 CY 赋值 SDA，进而在 SCL 的控制下发送出去。

6）接收 1 字节数据函数

下面是模拟从 I²C 总线的数据线 SDA 接收从器件传来的 1 字节数据的函数。

```
void  RcvByte( void )
{
        uchar i,temp;
        SCL=0;
        _nop_( ); _nop_( ); _nop_( ); _nop_( ); _nop_( );
        SDA=1;
        for(i=0; i <8; i++)
        {
            SCL=1;
            _nop_( ); _nop_( ); _nop_( ); _nop_( ); _nop_( );
            temp=(temp<<1)| SDA;
            SCL=0;
            _nop_( ); _nop_( ); _nop_( ); _nop_( ); _nop_( );
        }
        _nop_( ); _nop_( ); _nop_( ); _nop_( ); _nop_( );
        return  temp;
}
```

同理，串行接收 1 字节时，需要将 8 位一位一位地接收，然后组合成 1 字节。"temp=(temp<<1) | SDA" 是将变量 temp 左移一位后与 SDA 进行逻辑 "或" 运算，依次把 8 位数据组合成 1 字节来完成接收。

5.4.2　基于 I^2C 总线的 E^2PROM 存储器 AT24C02 芯片简介

在一些控制类应用场合，需要将数据存储并且不希望掉电后数据丢失，电擦除电写只读存储器 E^2PROM 可以实现此类功能。Atmel 公司的 I^2C 接口的 AT24C×× 系列芯片是目前常用的 E^2PROM。该系列具有 AT24C01/02/04/08/16 等型号，它们的封装形式、引脚功能及内部结构类似，只是容量不同，分别为 128B/256B/512B/1KB/2KB。下面以 AT24C02 芯片为例，介绍 I^2C 总线的 E^2PROM 的具体应用。

1. AT24C02 的引脚功能

AT24C02 的引脚图如图 5-20 所示。

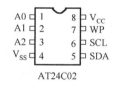

图 5-20　AT24C02 的引脚图

（1）A0、A1、A2：器件地址输入端，这些输入引脚用于多个器件级联时设置器件地址，当这些引脚悬空时默认值为 "0"。当使用 AT24C02 时最大可级联 8 个器件。若只有一个 AT24C02 被总线寻址，则这 3 个地址输入脚（A0、A1、A2）可悬空或连接到 V_{SS}。

（2）V_{SS}：接地端。

（3）SDA：串行数据输入/输出端，AT24C02 双向串行数据/地址引脚用于器件所有数据的发送或接收。

（4）SCL：串行时钟端，AT24C02 串行时钟输入引脚用于产生器件所有数据发送或接收的时钟，这是一个输入引脚。

（5）WP：写保护端，若 WP 引脚连接到 V_{CC}，则所有的内容都被写保护只能读。当 WP

引脚连接到 V$_{SS}$ 引脚或悬空时，允许器件进行正常的读/写操作。

（6）V$_{CC}$：电源端，1.8～6.0V 工作电压。

2. AT24C02 的寻址方式

AT24C02 的存储容量为 256B，分为 32 页，每页 8B。有两种寻址方式：芯片寻址和片内子地址寻址。

1）芯片寻址

AT24C02 芯片地址由器件地址、引脚地址和方向位组成，AT24C02 芯片地址格式如图 5-21 所示，器件地址固定为 1010，这是 I^{2}C 总线器件的特征编码，引脚地址由 I^{2}C 总线器件的地址引脚（A2、A1、A0）决定，3 位引脚地址，在 I^{2}C 总线控制系统中最多可以接 8 个 AT24C02 器件。A2、A1、A0 引脚的值由其外接的电平确定，与 1010 形成 7 位编码，即该器件的地址码。方向位 R/$\overline{W}$ 为芯片的读/写控制位，"0" 为写，"1" 为读。

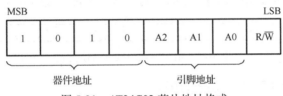

图 5-21　AT24C02 芯片地址格式

2）片内子地址寻址

在确定了 AT24C02 芯片的 7 位地址码后，片内的存储空间可用 1 字节作为地址码进行寻址，寻址范围为 00H～FFH，即可对内部的 256 个单元进行读/写操作。

3. 单片机对 AT24C02 的读写操作

单片机对 AT24C02 有两种写入方式和两种读取方式，分别是字节写入方式、页写入方式、指定地址读取方式、指定地址连续读取方式。

1）字节写入方式

单片机（主器件）先发送起始信号和 1 字节的控制字，从器件发出应答信号后，单片机再发送 1 字节的存储单元子地址（AT24C02 芯片内部单元的地址码），单片机收到 AT24C02 应答信号后，再发送 8 位数据和 1 位终止信号。字节写入帧格式如图 5-22 所示。

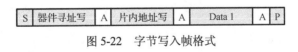

图 5-22　字节写入帧格式

2）页写入方式

单片机先发送起始信号和 1 字节的控制字，再发送 1 字节的存储器起始单元地址，上述几字节都得到 AT24C02 的应答后，就可以发送最多一页的数据，并顺序存放在已指定的起始地址开始的相继的单元中，最后以终止信号结束。页写入帧格式如图 5-23 所示。

图 5-23　页写入帧格式

3）指定地址读取方式

单片机发送起始信号后，先发送含有芯片地址的写操作的控制字，AT24C02 应答后，再发送 1 字节的指定单元的地址，AT24C02 应答后再发送一个含有芯片地址的读操作控制字，如果此时 AT24C02 做出应答，那么被访问单元的数据就会按 SCL 信号同步出现在 SDA 上，供单片机读取。指定地址读取帧格式如图 5-24 所示。

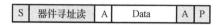

图 5-24　指定地址读取帧格式

4）指定地址连续读取方式

指定地址连续读取方式与读取地址控制相同。单片机收到每字节数据后都要做出应答，只有 AT24C02 检测到应答信号后，其内部的地址寄存器就自动加 1 指向下一单元，并顺序将指向单元的数据送到 SDA 上。当需要结束读操作时，单片机接收到数据后，在需要应答的时刻发送一个非应答信号，接着再发送一个终止信号即可。指定地址连续读取帧格式如图 5-25 所示。

图 5-25　指定地址连续读取帧格式

4. 单片机对 AT24C02 的读/写操作函数

AT24C02 与 AT89S51 单片机的接口电路如图 5-26 所示。P3.5 引脚与 AT24C02 的引脚 5（SDA）相连，P3.4 引脚与 AT24C02 的引脚 6（SCL）相连，AT24C02 的芯片地址引脚 A2、A1、A0 均接地。

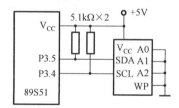

图 5-26　AT24C02 与 AT89S51 单片机的接口电路

向 AT24C02 写入 1 字节数据的函数为：

```
void Write_Byte( uchar add, uchar dat) //向 AT24C02 的任一地址写数据
{
        Start ( );
        SendByte (0xa0);
        Ack ( );
        SendByte (add);
        Ack ( );
        SendByte (dat);
        Ack ( );
        Stop( );
}
```

从 AT24C02 读取 1 字节数据的函数为：

```
uchar Read_Byte( uchar add)        //从 AT24C02 的任意地址读数据
{
        uchar dat;
        Start( );
        SendByte (0xa0);
        Ack ( );
        SendByte (add);
        Ack( );
        Start( );
        SendByte (0xa1);
        Ack( );
        dat= RcvByte ( );
        Stop( );
        return dat;
}
```

5.4.3　基于 I²C 总线的 8 位 A/D 和 D/A 转换器 PCF8591 芯片简介

1. PCF8591 的功能与引脚说明

PCF8591 是具有 I²C 总线接口的 8 位 A/D 及 D/A 转换器，具有 4 路 A/D 输入、1 路 D/A 输出。器件功能包括多路复用模拟输入、片上跟踪和保持功能、8 位模数转换和 8 位数模转换。最大转换速率取决于 I²C 总线的最高速率。PCF8591 芯片有 SOP 封装和 DIP 封装，其 DIP 封装的外形和引脚分布如图 5-27 所示。引脚功能说明如下所示。

- AIN0～AIN3：模拟信号输入端。
- A0～A2：引脚地址端。
- V_{DD}：电源端（2.5～6V）。
- V_{SS}：接地端。
- SDA、SCL：I²C 总线的数据线和时钟线。
- OSC：外部时钟输入端，内部时钟输出端。
- EXT：内部、外部时钟选择线，使用内部时钟时，EXT 接地。
- AGND：模拟信号地。
- AOUT：D/A 转换输出端。
- V_{REF}：基准电源端。

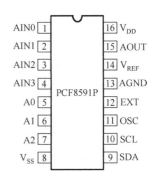

图 5-27　PCF8591 的 DIP 封装的外形和引脚分布

PCF8591 广泛应用于闭环控制系统。例如，用于远程数据采集的低功耗转换器、电池供电设备、汽车音响和 TV 等的模拟数据采集。

2. PCF8591 器件地址

PCF8591 采用典型的 I²C 总线接口器件寻址方法，其器件地址字格式如图 5-28 所示，由芯片地址、引脚地址和方向位组成。连接在 I²C 总线上的器件都必须有唯一的地址，该地址由芯片地址和引脚地址组成，共 7 位。芯片地址是 I²C 器件固有的地址编码，在器件出厂时就已经给定，由 I²C 总线委员会分配，固定为 1001，不可更改；引脚地址由 I²C 器件的地址引脚（A2、A1、A0）决定，共 8 种组合（对应引脚接高电平表示"1"，接低电平表示"0"），在一个 I²C 控制系统中最多可以接 8 个 PCF8591 器件；R/$\overline{\text{W}}$ 是方向位，当 R/$\overline{\text{W}}$ =0 时，表示主器件向从器件发送数据；当 R/$\overline{\text{W}}$ =1 时，表示主器件读取从器件数据。

在总线操作时，由芯片地址、引脚地址和方向位组成的从地址为主器件发送的第一字节。

3. PCF8591 控制寄存器

控制寄存器用于控制 PCF8591 的输入方式、输入通道、D/A 转换等，是通信时主机发送的第二字节数据，其控制字格式如图 5-29 所示。

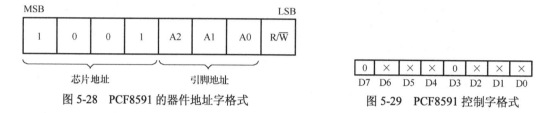

图 5-28　PCF8591 的器件地址字格式　　　　图 5-29　PCF8591 控制字格式

D1、D0：用于选择模拟输入通道，00 通道 0，01 通道 1，10 通道 2，11 通道 3。

D2：自动增量选择（有效位为 1）。

D3：固定为 0。

D4、D5：模拟输入方式选择，00 为四路单端输入，01 为三路差分输入，10 为单端与差分配合输入，11 为两路差分输入。

D6：模拟量输出允许，为 1 时允许模拟输出，为 0 时禁止模拟输出。D/A 转换时设置为 1，A/D 转换时设置为 0 或 1 均可。

D7：固定为 0。

4. A/D 转换函数

A/D 转换是将 AIN 端口输入的模拟电压转换为数字量并发送到总线上，可以知道该函数需要指定输入的通道，还要将转换后的数字量返回，所以该函数有返回值，有一个形参。根据如图 5-17 所示的 I²C 传送的帧格式编写的 A/D 转换函数如下所示。

```
uchar  PCF8591_ADC(uchar  ch)      //形参为待转换的通道
{
    uchar dat;
    Start();
    SendByte (0x90);               //器件地址(写)10010000
    Ack ();
    SendByte (0x40|ch);            //控制字, ch 为通道号,取值为 0~3, 代表 AIN0~AIN3
    Ack();
    Start();
    SendByte (0x91);               //器件地址(读)10010001
    Ack();
    dat= RcvByte ();
    NoAck();
    Stop();
```

```
    return  dat;                        //返回 A/D 转换值
}
```

5. D/A 转换函数

D/A 转换是将从总线上接收到的数字量通过 AOUT 输出,该函数无返回值,有一个形参,根据如图 5-15 所示的 I²C 传送的帧格式编写程序。

```
void  PCF8591_DAC (uchar  dat)          //形参为要转换成模拟量的数据
{
    Start();
    SendByte (0x90);                    //器件地址(写)10010000
    Ack();
    SendByte (0x40);            //设置控制字,01000000 允许模拟输出,不使用自动增益,单端
    Ack();
    SendByte (dat);                     //将要转换的数字量写入
    NoAck();
    Stop();
}
```

5.5　51 单片机基于 SPI 和 I²C 总线的接口扩展应用设计

5.5.1　基于 SPI 总线 TLC549 的模拟信号采集电路设计

【例 5-1】运用 51 单片机控制 TLC549 实现一路模拟电压采集,并将采集到的电压数据显示在液晶屏的第一行中间位置。

1. 电路设计

打开 Proteus ISIS 软件,在 Proteus ISIS 编辑器中单击元件列表 **P L** DEVICES 中的"P"按钮,添加如表 5-1 所示的元器件,绘制如图 5-30 所示的基于 SPI 总线 TLC549 的模拟信号采集电路原理图,该电路是一个典型的 SPI 总线接口电路。基于 SPI 总线 TLC549 的模拟信号采集系统由 AT89C51 的最小系统、LCD1602 的显示控制模块、基于 SPI 总线的 8 位 TLC549 A/D 转换芯片和一个可调的电位器组成。电位器和 TLC549 组成系统的数据输入通道,TLC549 的时钟信号 SCLK 与单片机的 P2.3 引脚连接,TLC549 的片选信号 $\overline{CS}$ 与单片机的 P2.4 引脚连接,TLC549 的转换结果数据串行输出端 SDO 与单片机的 P2.5 引脚连接,这样单片机与TLC549 就可以实现基于 SPI 总线的串行通信;单片机的 P2.0、P2.1 和 P2.2 引脚分别连接LCD1602 显示控制模块的控制信号 RS、RW 和 E,单片机将 P2.5 引脚接收到的串行数据转换为并行数据通过 P0.0~P0.7 引脚传送给 LCD1602 显示控制模块的 D0~D7 引脚,完成系统显示功能。

表 5-1　基于 SPI 总线 TLC549 的模拟信号采集电路原理图元器件清单

元器件编号	Proteus 软件中的元器件名称	元器件标称值	说明
U1	AT89C51	AT89C51	单片机
R1	RES	10kΩ	电阻

（续表）

元器件编号	Proteus 软件中的元器件名称	元器件标称值	说明
RV1	POT-HG	10kΩ	可变电阻
RV2	POT-HG	1kΩ	可变电阻
RP1	RESPEAK-8	4.7kΩ	排阻
C1、C2	CAP	30pF	无极性电容
C3	CAP-ELEC	10μF	电解电容
X1	CRYSTAL	12MHz	石英晶体
U2	TLC549	无	A/D 转换器
LCD1	LM016L	无	LCM1602
K1	BUTTON	无	按钮

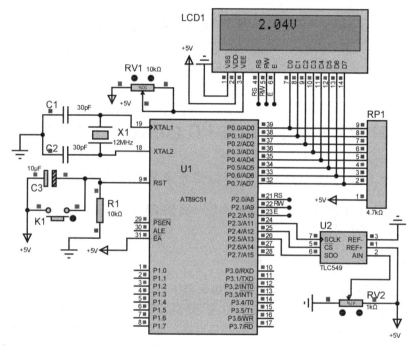

图 5-30　基于 SPI 总线 TLC549 的模拟信号采集电路原理图

2. C 语言程序设计

根据如图 5-30 所示的硬件电路完成该系统的 C51 语言程序设计，在 Keil μVision 5 软件中保存为 5-1.c，建立 5-1 工程文件，并编译生成 5-1.hex 文件。程序如下所示。

```c
#include<reg52.h>
#define uchar unsigned char
#define uint unsigned int
sbit RS=P2^0;
sbit RW=P2^1;
sbit E =P2^2;
sbit TLC549_CLK=P2^3;
sbit TLC549_CS=P2^4;
```

```
sbit TLC549_DO=P2^5;
void delayms(uchar ms)              //毫秒级延时函数
{
        uchar i;
        while(ms--)
            for(i=0;i<123;i++);
}
void  delayus(uchar us)             //微秒级延时函数
{while(us--);}
void  w_com(uchar com)              //LCD1602 的写指令寄存器函数
{RS=0;RW=0;E=1;P0=com;E=0;delayms(1);}
void  w_dat(uchar dat)              //LCD1602 的写数据寄存器函数
{RS=1;RW=0;E=1;P0=dat;E=0;delayms(1);}
void  lcd_ini(void)                 //LCD1602 的初始化函数
{
        delayms(10);
        w_com(0x38);
        delayms(10);
        w_com(0x0c);
        delayms(10);
        w_com(0x06);
        delayms(10);
        w_com(0x01);
        delayms(10);
        w_com(0x38);
        delayms(10);
}
uchar  TLC549_ADC(void)             //TLC549 数据读出函数
{
        uchar i, temp;
        TLC549_CLK = 0;
        TLC549_CS = 0;
        for(i = 0; i < 8; i++)
        {
            temp<<=1;
            temp|= TLC549_DO;
            TLC549_CLK = 1;
            TLC549_CLK = 0;
        }
        TLC549_CS = 1;
        delayus(20);
        return  temp;
```

```
    }
void  main(void)
{
        uint temp;
        lcd_ini();
        while(1)
        {
            temp=TLC549_ADC();                          //读取 A/D 转换数据
            w_com(0x84);                                //液晶屏第 1 行第 5 列
            w_dat(temp*195/10000+0x30);                 //显示电压值的个位
            w_dat('.');                                 //显示小数点
            w_dat(temp*195%10000/1000+0x30);            //电压值小数点后一位
            w_dat(temp*195%1000/100+0x30);              //电压值小数点后两位
            w_dat('V');
        }
}
```

3. 程序点评

一般情况下，控制系统的程序设计是在完成硬件系统的设计基础后编写的，该程序中"sbit RS=P2^0; sbit RW=P2^1; sbit E =P2^2; sbit TLC549_CLK=P2^3; sbit TLC549_CS=P2^4; sbit TLC549_DO=P2^5"等语句就是根据图 5-30 的硬件电路进行端口分配的。程序设计采用模块化设计，充分利用了第 4 章 LCD1602 模块的函数，保持了本书知识的连贯性。LCD1602 的显示数据是 3 位数，程序中单片机输出的 3 位数的显示方式也值得大家学习，在以后的程序中也是可以用上的。

4. Proteus 的硬件仿真测试

在 Proteus ISIS 软件中绘制如图 5-30 所示的原理图后，将 Keil 软件中编译正确后生成的 5-1.hex 添加到 AT89C51 单片机的属性中，单击 Proteus ISIS 界面的运行按钮 ▶ 进行仿真，单击 RV1 的活动按钮改变 RV1 电阻的值，观察图 5-30 中的 LCD1602 上的数据变化。

5.5.2　基于 SPI 总线 TLC5615 的正弦函数发生器设计

【例 5-2】用 51 单片机控制 TLC5615 输出一个 4kHz 左右的正弦函数信号。

1. 电路设计

打开 Proteus ISIS 软件，在 Proteus ISIS 编辑器中单击元件列表 DEVICES 中的"P"按钮，添加如表 5-2 所示的元器件，绘制如图 5-31 所示的原理图。该电路也是一个典型的 SPI 总线接口电路，电路比较简单，只需要将 51 单片机的 P2.0、P2.1 和 P2.2 引脚分别与 D/A 转换器 TLC5615 的时钟信号 SCLK、片选信号 CS 和串行数据输入信号 DIN 相连，这样单片机与 TLC5615 就可实现基于 SPI 总线的串行通信。

表 5-2　基于 SPI 总线 TLC549 的模拟信号采集电路原理图元器件清单

元器件编号	Proteus 软件中的元器件名称	元器件标称值	说明
U1	AT89C51	AT89C51	单片机
C1、C2	CAP	30pF	无极性电容
C3	CAP-ELEC	10μF	电解电容
X1	CRYSTAL	12MHz	石英晶体
R1	RES	10kΩ	电阻
RV2	POT-HG	1kΩ	可变电阻
U2	TLC5615	无	D/A 转换器
K1	BUTTON	无	按钮

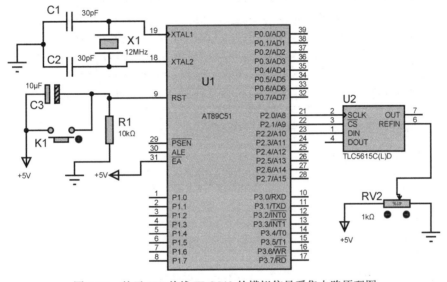

图 5-31　基于 SPI 总线 TLC549 的模拟信号采集电路原理图

2. 程序设计

根据设计要求完成 C51 语言程序设计，在 Keil μVision 5 软件中保存为 5-2.c，建立 5-2 工程文件，并编译生成 5-2.hex 文件。程序如下所示。

```
#include <reg51.h>
#define uchar unsigned char
#define uint unsigned int
uchar code sin[256]=            //正弦波表
{
        0x80,0x83,0x86,0x89,0x8d,0x90,0x93,0x96,0x99,0x9c,
        0x9f,0xa2,0xa5,0xa8,0xab,0xae,0xb1,0xb4,0xb7,0xba,
        0xbc,0xbf,0xc2,0xc5,0xc7,0xca,0xcc,0xcf,0xd1,0xd4,
        0xd6,0xd8,0xda,0xdd,0xdf,0xe1,0xe3,0xe5,0xe7,0xe9,
        0xea,0xec,0xee,0xef,0xf1,0xf2,0xf4,0xf5,0xf6,0xf7,
        0xf8,0xf9,0xfa,0xfb,0xfc,0xfd,0xfd,0xfe,0xff,0xff,
        0xff,0xff,0xff,0xff,0xff,0xff,0xff,0xff,0xff,0xff,
```

```
        0xfe,0xfd,0xfd,0xfc,0xfb,0xfa,0xf9,0xf8,0xf7,0xf6,
        0xf5,0xf4,0xf2,0xf1,0xef,0xee,0xec,0xea,0xe9,0xe7,
        0xe5,0xe3,0xe1,0xde,0xdd,0xda,0xd8,0xd6,0xd4,0xd1,
        0xcf,0xcc,0xca,0xc7,0xc5,0xc2,0xbf,0xbc,0xba,0xb7,
        0xb4,0xb1,0xae,0xab,0xa8,0xa5,0xa2,0x9f,0x9c,0x99,
        0x96,0x93,0x90,0x8d,0x89,0x86,0x83,0x80,0x80,0x7c,
        0x79,0x76,0x72,0x6f,0x6c,0x69,0x66,0x63,0x60,0x5d,
        0x5a,0x57,0x55,0x51,0x4e,0x4c,0x48,0x45,0x43,0x40,
        0x3d,0x3a,0x38,0x35,0x33,0x30,0x2e,0x2b,0x29,0x27,
        0x25,0x22,0x20,0x1e,0x1c,0x1a,0x18,0x16,0x15,0x13,
        0x11,0x10,0x0e,0x0d,0x0b,0x0a,0x09,0x08,0x07,0x06,
        0x05,0x04,0x03,0x02,0x02,0x01,0x00,0x00,0x00,0x00,
        0x00,0x00,0x00,0x00,0x00,0x00,0x00,0x00,0x01,0x02,
        0x02,0x03,0x04,0x05,0x06,0x07,0x08,0x09,0x0a,0x0b,
        0x0d,0x0e,0x10,0x11,0x13,0x15,0x16,0x18,0x1a,0x1c,
        0x1e,0x20,0x22,0x25,0x27,0x29,0x2b,0x2e,0x30,0x33,
        0x35,0x38,0x3a,0x3d,0x40,0x43,0x45,0x48,0x4c,0x4e,
        0x51,0x55,0x57,0x5a,0x5d,0x60,0x63,0x66,0x69,0x6c,
        0x6f,0x72,0x76,0x79,0x7c,0x80
};

uint count=0;                    //全局变量，正弦波表数组下标
sbit TLC5615_CLK=P2^0;
sbit TLC5615_CS=P2^1;
sbit TLC5615_DI=P2^2;

void delayus(uchar us)           //微秒级延时函数
{while(us--);}
void TLC5615_DAC(uint dat)       //TLC5615 D/A 转换函数
{
        uchar i;
    dat<<= 6;                    //左移 6 位，补 6 位 0
    TLC5615_CLK = 0;
    TLC5615_CS  = 0;
    for (i=0;i<12;i++)
    {   TLC5615_DI  = (bit)(dat & 0x8000);
        TLC5615_CLK = 0;
        dat <<= 1;
        TLC5615_CLK = 1;
    }
    TLC5615_CS  = 1;
    TLC5615_CLK = 0;
    delayus(20);
```

```
}

void main(void)
{
    TMOD=0x01;
    TH0=(65536-1000)/256;          //1ms 初值
    TL0=(65536-1000)%256;
    EA=1;
    ET0=1;
    TR0=1;
    while(1)
    {

    }
}
void intt0(void) interrupt 1    //定时 1ms 中断函数，每次中断输出一个 D/A 数据
{
        TH0=(65536-1000)/256;
        TL0=(65536-1000)%256;
        TLC5615_DAC(sin[count]);
        if(++count==256)count=0;//完成正弦信号 256 个点的取样
}
```

3. 程序点评

（1）根据图 5-31 的硬件电路，在程序的端口配置初始化为"sbit TLC5615_CLK=P2^0; sbit TLC5615_CS=P2^1; sbit TLC5615_DI=P2^2;"。

（2）正弦信号的离散点数据以数组的形式存放在程序存储器空间，供 TLC5615_DAC(uint dat)函数调用。

（3）该程序涉及单片机的定时/计数器 T0 和中断的相关知识点，大家可以回到第 2 章查看单片机的定时/计数器及中断的相关内容，在这里对其应用稍做分析。

① 定时时间的计算：该程序使用定时/计数器 T0 的工作方式 1，采用中断方式定时 1ms，由于图 5-31 的系统时钟是 12MHz，因此系统的机器周期是 1μs，使用定时/计数器 T0 的工作方式 1 时，每加一次就相当于定时"1μs"。由于要定时 1ms，因此需要定时/计数器 T0 计数"1000"个机器周期。

② 定时/计数器初值的计算：由于定时/计数器 T0 的工作方式 1 的最大计数范围为 0～65 535，因此当定时/计数器 T0 计数到 65 535 时，再加"1"就产生溢出，"TF0"标志变为"1"，然后又从"0"开始计数循环。为了准确地检测每计数"1000"次，"TF0"就产生溢出，所以每次就需要对定时/计数器 T0 赋初值，让定时/计数器 T0 从初值开始计数，每加"1000"就产生溢出，这里的初值=(65 536-1000)，在程序设计中就将初值（65 536-1000）分别赋值给 TH0=(65 536-1000)/256，TL0=(65 536-1000)%256。

③ 程序初始化：为了使定时/计数器 T0 工作在方式 1，以及能产生中断，必须要在主函数初始化，即设定定时/计数器 T0 的工作方式为方式 1，TMOD=0x01；启动定时/计数器 T0

计数，TR0=1；开定时/计数器 T0 的中断控制，EA=1，ET0=1。

④ 设计定时/计数器 T0 的中断函数：定时/计数器 T0 的中断标号为"1"。在中断函数中每隔 1ms 输出一个正弦函数值。

⑤ 整个程序一个循环共输出 256 个点，一个循环的时间就是 256ms，即正弦函数的周期就是 256ms，频率约为 4kHz。

4. Proteus 的硬件仿真测试

在图 5-31 的原理图上再添加一个虚拟示波器，方法是：单击 Proteus ISIS 工具栏上的图标 ，在预览窗口选择 OSCILLOSCOPE 示波器，单击将 OSCILLOSCOPE 放到图 5-31 的空白位置，将 OSCILLOSCOPE 示波器的 A 测试端与图 5-31 中的 U2 元件的引脚 7 连接起来。然后将 Keil 软件中编译正确后生成的 5-2.hex 添加到 AT89C51 单片机的属性中，单击 Proteus ISIS 界面的运行按钮 ，调整虚拟示波器的 A 通道的 旋钮至 0.1，调整虚拟示波器的 A 通道的

 旋钮至 0.5，就可以看到如图 5-32 所示的仿真结果。仿真结果与理论值相差不远。

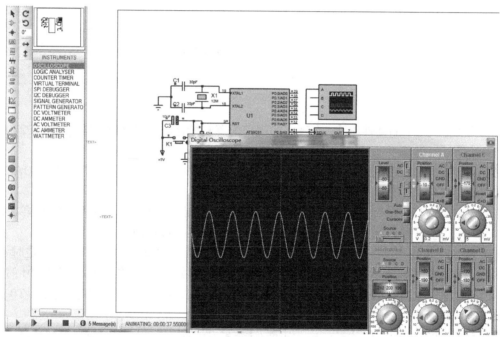

图 5-32　仿真结果

5.5.3　基于 I²C 总线 PCF8591 的路灯控制系统设计

【例 5-3】设计一个模拟路灯亮度的自动控制系统，环境光越弱，路灯越亮。

1. 电路设计

打开 Proteus ISIS 软件，在 Proteus ISIS 编辑器中单击元件列表 DEVICE3 中的"P"按钮，

添加如表 5-3 所示的元器件，绘制如图 5-33 所示的原理图。电路比较简单，是一个典型的 I^2C 总线接口电路，只需要将单片机的 P1.1 引脚接 PCF8591 转换器的 I^2C 总线的 SDA 引脚，单片机的 P1.2 引脚接 PCF8591 转换器的 I^2C 总线的 SCL 引脚，注意 I^2C 总线上需要接上拉电阻，这样单片机与 PCF8591 就可实现基于 I^2C 总线的串行通信。该系统只有一个 PCF8591 转换器，所以 A0～A2 对应的引脚全部接地，PCF8591 转换器的 AIN0 作为模拟量信号的输入端，用光敏电阻模拟环境光的变化，PCF8591 转换器的输出接一个发光二极管，通过发光二极管的工作状态变化模拟路灯的变化。

表 5-3　基于 I^2C 总线 PCF8591 的路灯控制系统电路原理图元器件清单

元器件编号	Proteus 软件中的元器件名称	元器件标称值	说明
U1	AT89C51	AT89C51	单片机
C1、C2	CAP	30pF	无极性电容
C3	CAP-ELEC	10μF	电解电容
X1	CRYSTAL	12MHz	石英晶体
R1、R2、R3、R4	RES	10kΩ	电阻
R5		300Ω	
LDR1	TORCH_LDR	无	光敏电阻
U2	PCF8591	无	D/A 转换器和 A/D 转换器
K1	BUTTON	无	按钮

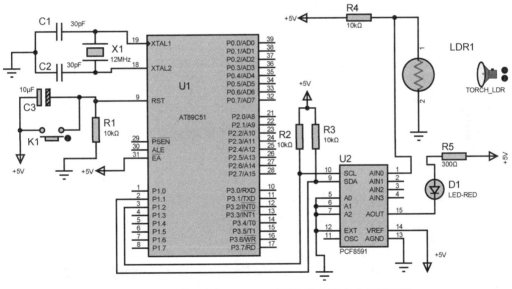

图 5-33　基于 I^2C 总线 PCF8591 的路灯控制系统电路原理图

2. 程序设计

根据图 5-33，编写 C51 语言程序，在 Keil μVision 5 软件中保存为 5-3.c，建立 5-3 工程文件，并编译生成 5-3.hex 文件。程序如下所示。

```
#include<reg51.h>
#include<intrins.h>
#define uchar unsigned char
```

```c
#define uint unsigned int
sbit SDA=P1^1;
sbit SCL=P1^2;
void  Start(void)              //I²C 总线启动子函数
{
        SDA=1;
        SCL=1;
        _nop_();_nop_();_nop_();_nop_();_nop_();
        SDA=0;
        _nop_();_nop_();_nop_();_nop_();_nop_();
        SCL=0;
}
void  Stop(void)               //I²C 总线停止数据传送子函数
{
        SDA=0;
        SCL=1;
        _nop_();_nop_();_nop_();_nop_();_nop_();
        SDA=1;
        _nop_();_nop_();_nop_();_nop_();_nop_();
        SCL=0;
}
void  Ack(void)                //I²C 总线应答位检查子函数
{
        SDA=0;
        SCL=1;
        _nop_();_nop_();_nop_();_nop_();_nop_();
        SCL=0;
        SDA=1;
}
void  NoAck(void)              //I²C 总线非应答位检查子函数
{
        SDA=1;
        SCL=1;
        _nop_();_nop_();_nop_();_nop_();_nop_();
        SCL=0;
        SDA=0;
}
void  SendByte(uchar dat)      //I²C 总线向 SDA 发送一个数据字节子函数
{
    uchar i;
    for(i=0;i<8;i++)
    {
        SDA=(bit)(dat&0x80);
        SCL=1;
        _nop_();_nop_();_nop_();_nop_();_nop_();
        SCL=0;
        dat<<=1;
```

```
    }
}
uchar RcvByte(void)                        //I²C 总线从 SDA 读取一个数据字节子函数
{
    uchar i,dat=0;
    SDA=1;
    for(i=0;i<8;i++)
    {
        SCL=1;
        dat<<=1;
        if(SDA==1)dat|=0x01;
        SCL=0;
    }
    return dat;
}
void  PCF8591_DAC(uchar dat)
{
        Start();
        SendByte(0x90);                    //写入芯片地址
        Ack();
        SendByte(0x40);                    //写入控制位，使能 DAC 输出
        Ack();
        SendByte(dat);                     //写数据
        Ack();
        Stop();
}
uchar  PCF8591_ADC(uchar ch)
{
    uchar dat;
        Start();                           //写入芯片地址
        SendByte(0x90);
        Ack();
        SendByte(0x40|ch);                 //写入选择的通道
        Ack();
        Start();
        SendByte(0x91);                    //读入地址
        Ack();
        dat=RcvByte();                     //读数据
        NoAck();
        Stop();
        return dat;                        //返回值
}

void  main(void)
{
        uint temp;
        while(1)
```

```
        {
            temp=PCF8591_ADC(0);            //读取 PCF8591 的值
            PCF8591_DAC(255-temp);          //向 PCF8591 写数据
        }
    }
```

3. 程序点评

（1）根据图 5-33 的硬件电路在程序的端口配置初始化为 "sbit SDA=P1^1; sbit SCL= P1^2;"。

（2）程序采用模块化设计，其中 I^2C 总线的起始函数 void start(void)、终止函数 void stop(void)、应答 "0" 函数 void Ack(void)等函数都可以作为标准函数在 I^2C 控制系统中加以调用。

（3）注意主函数中的 PCF8591_DAC(255-temp)语句中 "255–temp" 的值进行了取反，使 PCF8591 采样的电压与输出的模拟电压刚好相反。

4. Proteus 的硬件仿真测试

在图 5-33 的原理图上再添加一个虚拟的数字万用表，方法是：单击 Proteus ISIS 工具栏中的图标 ，在预览窗口选择 DC VOLTMETER 数字电压表，单击将 DC VOLTMETER 在图 5-33 中放置两个数字电压表并连线，如图 5-34 所示。然后将 Keil 软件中编译正确后生成的 5-3.hex 添加到 AT89C51 单片机的属性中，单击 Proteus ISIS 界面的运行按钮 ，仿真结果与理论值相差不远，如图 5-34 所示。

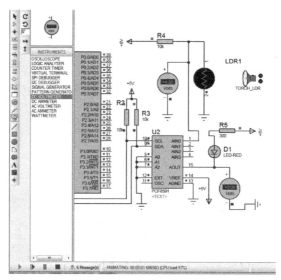

图 5-34　基于 I^2C 总线 PCF8591 的路灯控制系统电路仿真电路图

5.5.4　基于 I^2C 总线 AT24C02 的开机次数记录器系统设计

【例 5-4】设计一个记录开机次数的系统，每次系统开机，在 LCD 上显示开机次数。

1. 电路设计

打开 Proteus ISIS 软件，在 Proteus ISIS 编辑器中单击元件列表 中的 "P" 按钮，添加如表 5-4 所示的元器件,绘制出如图 5-35 所示的基于 I^2C 总线 AT24C02 的开机次数记录器电路原理图。该电路也是一个典型的 I^2C 总线接口电路,由 AT89C51 最小系统、LCD1602 显示控制模块和基于 I^2C 总线 AT24C02 芯片电路组成。电路中将单片机的 P2.5 引脚接 AT24C02 的 SCL 引脚,单片机的 P2.6 引脚接 AT24C02 的 SDA 引脚,构成单片机与 AT24C02 之间的串行通信,注意 I^2C 总线上需要接上拉电阻。单片机的 P2.0、P2.1 和 P2.2 引脚分别接 LCD1602 显示控制模块的控制信号 RS、RW 和 E,单片机 P0.0~P0.7 引脚分别与 LCD1602 显示控制模块的数据端 D0~D7 引脚相连,构成系统的显示模块。

表 5-4　基于 I^2C 总线 AT24C02 的开机次数记录器电路原理图元器件清单

元器件编号	Proteus 软件中的元器件名称	元器件标称值	说明
U1	AT89C51	AT89C51	单片机
C1、C2	CAP	30pF	无极性电容
X1	CRYSTAL	12MHz	石英晶体
C3	CAP-ELEC	10μF	电解电容
R1、R2、R3	RES	10kΩ	电阻
RP1	RESPEAK-8	4.7kΩ	排阻
LCD1	LM016L	无	LCM1602
RV1	POT-HG	10kΩ	可变电阻
U2	24C02C	无	AT24C02
K1	BUTTON	无	按钮

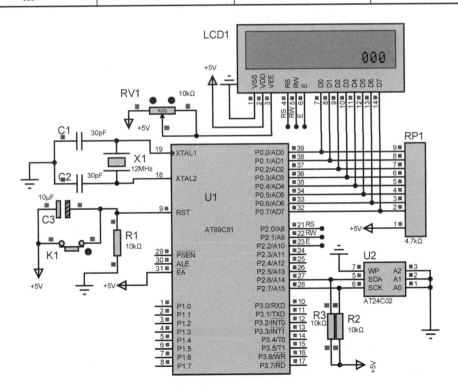

图 5-35　基于 I^2C 总线 AT24C02 的开机次数记录器电路原理图

2. 程序设计

根据如图 5-35 所示的硬件电路，编写 C51 语言程序，在 Keil µVision 5 软件中保存为 5-4.c，建立 5-4 工程文件，并编译生成 5-4.hex 文件。程序如下所示。

```c
#include<reg51.h>
#include<intrins.h>
#define uchar unsigned char
#define uint unsigned int
sbit RS=P2^0;
sbit RW=P2^1;
sbit E =P2^2;
sbit SCL=P2^6;
sbit SDA=P2^7;
uchar num=0;                        //全局变量,记录开机次数
void delayms(uchar ms)              //毫秒级延时函数
{
      uchar i;
      while(ms--)
      for(i=0;i<123;i++);
}
void  w_com(uchar com)              //LCD1602 的写指令寄存器函数
{RS=0;RW=0;E=1;P0=com;E=0;delayms(1);}
void  w_dat(uchar dat)              //LCD1602 的写数据寄存器函数
{RS=1;RW=0;E=1;P0=dat;E=0;delayms(1);}
void  lcd_ini(void)                 //LCD1602 的初始化函数
{
      delayms(10);
      w_com(0x38);
      delayms(10);
      w_com(0x0c);
      delayms(10);
      w_com(0x06);
      delayms(10);
      w_com(0x01);
      delayms(10);
      w_com(0x38);
      delayms(10);
}
void  Start(void)                   //I²C 总线启动子函数
{
      SDA=1;
      SCL=1;
      _nop_();_nop_();_nop_();_nop_();_nop_();
      SDA=0;
```

```
        _nop_();_nop_();_nop_();_nop_();_nop_();
        SCL=0;
}
void  Stop(void)                    //I²C 总线停止数据传送子函数
{
        SDA=0;
        SCL=1;
        _nop_();_nop_();_nop_();_nop_();_nop_();
        SDA=1;
        _nop_();_nop_();_nop_();_nop_();_nop_();
        SCL=0;
}
void  Ack(void)                     //I²C 总线应答位检查子函数
{
        SDA=0;
        SCL=1;
        _nop_();_nop_();_nop_();_nop_();_nop_();
        SCL=0;
        SDA=1;
}


void  SendByte(uchar dat)           //I²C 总线向 SDA 发送一个数据字节子函数
{
    uchar i;
    for(i=0;i<8;i++)
    {
        SDA=(bit)(dat&0x80);
        SCL=1;
        _nop_();_nop_();_nop_();_nop_();_nop_();
        SCL=0;
        dat<<=1;
    }
}
uchar  RcvByte(void)                //I²C 总线从 SDA 读取一个数据字节子函数
{
    uchar i,dat=0;
    SDA=1;
    for(i=0;i<8;i++)
    {
        SCL=1;
        dat<<=1;
        if(SDA==1)dat|=0x01;
        SCL=0;
```

```
    }
    return dat;
}
uchar  Read_Byte(uchar add)              //从 AT24C02 读数据
{
    uchar dat;
    Start();
    SendByte(0xa0);                      //由于A0、A1、A2接地,因此器件地址(写)为10100000
    Ack();
    SendByte(add);
    Ack();
    Start();
    SendByte(0xa1);                      //由于A0、A1、A2接地,因此器件地址(读)为10100000
    Ack();
    dat=RcvByte();
    Stop();
    return  dat;
}
void  Write_Byte(uchar add,uchar dat)    //向 AT24C02 写数据
{
    Start();
    SendByte(0xa0);                      //由于A0、A1、A2接地,因此器件地址(写)为10100000
    Ack();
    SendByte(add);
    Ack();
    SendByte(dat);
    Ack();
    Stop();
}
void  main(void)
{

    WP=0;
    num=Read_Byte(1);
    num++;
    Write_Byte(1,num);
    delayms(10);
    lcd_ini();
    w_com(0xcd);                         //液晶屏的第 2 行倒数第 3 列
    w_dat(num/100+0x30);                 //显示开机次数的个位
    w_dat(num%100/10+0x30);              //显示开机次数的十位
    w_dat(num%10+0x30);                  //显示开机次数的百位
```

```
    while(1)                                      //单片机等待
        {
        }
}
```

3. Proteus 的硬件仿真测试

将 Keil 软件中编译正确后生成的 5-4.hex 添加到图 5-35 中的 AT89C51 单片机属性中，为了可以监视 AT24C02 中的内容，在图 5-35 的原理图上再添加一个 I²C 调试器，方法是：单击 Proteus ISIS 工具栏上的图标 ，在预览窗口选择 I2C DEBUGGER I²C 调试器，单击将 I²C 调试器放在图 5-35 中，将 I²C 调试器的 SDA 引脚与 AT24C02 的 SDA 引脚相连，I²C 调试器的 SCL 引脚与 AT24C02 的 SCK 引脚相连，I²C 调试器的 TRIG 引脚接地。然后单击 ▶ 按钮，运行调试结果，可以看到 LCD1 显示开机次数。单击 ■ 按钮，再单击 ▶ 按钮，LCD1 显示的次数为上次次数加 1。从图 5-36 中可以看出，在 I²C 调试器工作界面中显示的数字与 LCD1 显示的数据相同。

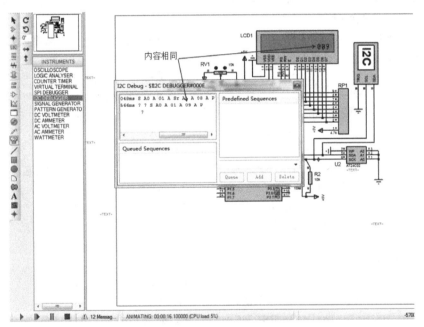

图 5-36　I²C 调试仿真工作界面

本 章 小 结

从 51 单片机的并行总线接口的结构特点进行分析，讨论常用数据存储器、程序存储器的扩展方式，介绍地址总线、数据总线、控制总线的基本知识。

A/D 转换器和 D/A 转换器是单片机与外界联系的重要途径，由于单片机只能处理数字信号，因此当单片机系统中需要控制和处理温度、速度、压力、电流与电压等模拟量时，需要采用 A/D 转换器和 D/A 转换器。

SPI 是一种可以实现高速、全双工和同步通信的串行总线，广泛用于 E²PROM、实时时钟、A/D 转换器、D/A 转换器等器件。标准型的 51 单片机没有配置 SPI 总线，但是可以利用其并行接口线模拟 SPI 串行总线时序，这样就可以广泛地利用 SPI 串行接口芯片资源。

I²C 总线是集成电路芯片之间的一种串行总线。I²C 总线是两线连接，一根是 SDA 数据线，一根是 SCL 时钟线。所以连接到 I²C 总线上的器件的串行数据都接到总线的 SDA 上，而各器件的时钟均接到总线的 SCL 上。I²C 总线数据传输的模拟扩展了 I²C 总线器件的适用范围，使这些器件的使用不受系统中单片机必须带有 I²C 总线接口的限制。

习　题　5

一、选择题

1. A/D 转换器的精度由（　）决定。
    A．A/D 转换位数　　　B．转换时间　　　C．转换方式　　　D．转换的参考电平
2. D/A 转换器的波纹消除方法是（　）。
    A．比较放大　　　B．电平抑制　　　C．低通滤波　　　D．高通滤波
3. PCF8591 芯片是（　）A/D 和 D/A 芯片。
    A．串行　　　B．并行　　　C．通用　　　D．专用
4. 51 单片机具有外部并行总线，分为地址总线、数据总线和控制总线，51 单片机的 P0 口是通过（　）信号来实现低 8 位地址总线和数据总线复用的。
    A．RD　　　B．ALE　　　C．$\overline{EA}$　　　D．$\overline{PSEN}$
5. SPI 与单片机之间的通信方式是（　）。
    A．并行通信　　　B．点对点通信　　　C．单工通信　　　D．串行通信
6. TLC549 是（　）位 A/D 转换器。
    A．16　　　B．10　　　C．8　　　D．4
7. TLC5615 是（　）位 D/A 转换器。
    A．16　　　B．10　　　C．8　　　D．4
8. I²C 总线是一种（　）总线。
    A．串行　　　B．并行　　　C．串并行　　　D．网状
9. AT24C02 与单片机之间是以（　）总线接口进行通信的。
    A．并行　　　B．RS-232C　　　C．SPI　　　D．I²C

二、填空题

1. A/D 转换器的作用是将＿＿＿量转换为＿＿＿量；D/A 转换器的作用是将＿＿＿量转换为＿＿＿量。
2. 描述 D/A 转换器性能的主要指标有＿＿＿、＿＿＿。
3. 51 单片机在进行外部存储器扩展时可采用的地址编码方式有＿＿＿和＿＿＿。
4. SPI 是 Motorola 公司推出的一种＿＿＿接口标准，SPI 总线属于高速、全双工通信总线。
5. I²C 总线采用 2 条线连接，一条是＿＿＿，另一条是＿＿＿。

三、简答题

1. 试述 51 单片机系统并行扩展的总线结构。

2．通过总线并行扩展的各种芯片的数据线一般都是并联的，为什么不会发生数据冲突？对连接到总线上的存储器和 I/O 接口芯片的数据线一般有什么要求？

3．当单片机系统中的程序存储器和数据存储器的地址重叠时，是否会发生数据冲突？为什么？

4．画出用 RAM6116、EPROM2764 扩展 4KB 数据存储器、8KB 程序存储器的电路原理图，要求数据存储器的地址范围为 0000H～0FFFH，程序存储器的地址范围为 0000H～1FFFH。

5．简述 I^2C 总线的结构，挂在 I^2C 总线上的芯片之间是如何进行通信的？

6．简述 SPI 总线的结构，SPI 接口线有哪几根？作用如何？

第 6 章　51 单片机与电动机控制

内容概要

本章简单地介绍直流电动机（Direct Current Machine）、步进电动机和舵机（Servo）的基本原理，然后通过案例分析 51 单片机对直流电动机、步进电动机和舵机的控制过程。本章结合 51 单片机对直流电动机、步进电动机和舵机的控制案例，进一步将 51 单片机的定时/计数器、中断、键盘接口、液晶显示，以及数码管的动态显示等知识进行综合，通过实际应用巩固 51 单片机的定时/计数器和中断基础知识。本章内容对自动控制类和机械设计及自动化类学生的专业学习是很有帮助的。

本章内容特色

（1）介绍了基于单片机的 PWM（Pulse Width Modulation，脉冲宽度调制）调速的二线直流电动机控制系统的硬件电路设计、程序设计，以及 Proteus 的仿真分析方法。

（2）介绍了基于单片机的 1-2 相励磁方式的步进电动机控制系统的硬件电路设计、程序设计，以及 Proteus 的仿真分析方法。

（3）介绍了基于单片机的 PWM 方式的舵机控制系统的硬件电路设计、程序设计，以及 Proteus 的仿真分析方法。

（4）对案例的 C51 语言程序涉及的知识点进行了较为详细的点评。

电动机（Electric Machinery）广泛用于打印机、电动玩具、数控机床、工业机器人、医疗器械等机电产品，并在国民经济的很多领域都有应用。研究电动机的控制系统，对于提高控制精度和响应速度、节约能源等具有重要意义。电动机的数字控制是电动机控制的发展趋势，用单片机对电动机进行控制是实现电动机数字控制最常用的手段。

电动机是指依据电磁感应定律实现电能转换或传递的一种电磁装置。电动机在电路中用字母 M（旧标准用 D）表示，它的主要作用是产生驱动转矩，作为家用电器或各种机械的动力源；发电机在电路中用字母 G 表示，它的主要作用是将机械能转化为电能。

根据不同的分类标准，电动机有不同的分类。

（1）按电动机的工作电源种类划分，电动机可分为直流电动机和交流电动机。

① 直流电动机按结构及工作原理又划分为无刷直流电动机和有刷直流电动机。

② 交流电动机还可划分为单相电动机和三相电动机。

（2）按电动机的结构和工作原理划分，可分为直流电动机、异步电动机和同步电动机。

① 同步电动机又可划分为永磁同步电动机、磁阻同步电动机和磁滞同步电动机。

② 异步电动机又可划分为感应电动机和交流换向器电动机。

（3）按电动机的起动与运行方式划分，可分为电容起动式单相异步电动机、电容运转式单相异步电动机和分相式单相异步电动机。

（4）按电动机的用途划分，可分为驱动用电动机和控制用电动机。

① 驱动用电动机可划分为电动工具（包括钻孔、抛光、磨光、开槽、切割、扩孔等工具）用电动机、家电（包括洗衣机、电风扇、电冰箱、空调、录音机、录像机、影碟机、吸尘器、照相机、电吹风、电动剃须刀等）用电动机及其他通用小型机械设备（包括各种小型机床、小型机械、医疗器械、电子仪器等）用电动机。

② 控制用电动机又划分为步进电动机和伺服电动机等。

（5）按电动机的转子结构划分，可分为笼型感应电动机（旧标准称为鼠笼型异步电动机）和绕线转子感应电动机（旧标准称为绕线型异步电动机）。

（6）按电动机的运转速度划分，又可分为高速电动机、低速电动机、恒速电动机、调速电动机。低速电动机又分为齿轮减速电动机、电磁减速电动机、力矩电动机和爪极同步电动机等。

调速电动机除了可分为有级恒速电动机、无级恒速电动机、有级变速电动机和无级变速电动机，还可分为电磁调速电动机、直流调速电动机、PWM 变频调速电动机和开关磁阻调速电动机。

电动机的种类有很多，本章我们主要讨论单片机对直流电动机、步进电动机和舵机的控制。

6.1 51 单片机对直流电动机的控制

6.1.1 直流电动机控制的基本概念

直流电动机是指能将直流电能转换成机械能的旋转电动机。直流电动机具有调速范围广、调速易平滑、制动力矩大和可靠性高等优点，所以直流电动机在调速要求高的场所，如轧钢机、轮船推进器、电车、电气铁道牵引和吊车等领域中已经得到了广泛的应用。

1. 直流电动机的基本工作原理

直流电动机的构造分为定子与转子两部分。定子包括机座、主磁极、换向极、电刷装置等；转子包括电枢铁芯、电枢绕组、换向器、轴和风扇等。直流电动机工作原理结构示意图如图 6-1 所示，磁极 N、S 之间装着一个可以转动的铁磁圆柱体，圆柱体的表面上固定着一个线圈。当线圈中流过电流时，线圈受到电磁力的作用，从而产生旋转。当然在实际的直流电动机中，不止一个线圈，而是有许多线圈牢固地嵌在转子铁芯槽中，当导体中通过电流在磁场中受力而转动时，就带动整个转子旋转，然后通过齿轮或皮带机构的传动，带动其他机械工作。

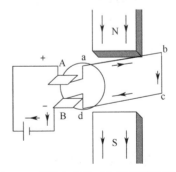

图 6-1 直流电动机工作原理结构示意图

2. 直流电动机调速的原理

直流电动机调速是指电动机在一定负载的条件下，根据需要，人为地改变电动机的转速。直流电动机的转速 n 和直流电动机其他参量的关系可用式（6-1）表示。

$$n = \frac{U_a - I_a R_a}{C_E \Phi} \qquad (6\text{-}1)$$

式中，U_a 表示电枢供电电压（V）；I_a 表示电枢电流（A）；Φ 表示主磁通（Wb）；R_a 表示电枢回路电阻（Ω）；C_E 表示电势系数，$C_E = \dfrac{pN}{60a}$，p 为电磁对数，a 为电枢并联支路数，N 为导体数。

由式（6-1）可知直流电动机的调速方法有以下几种。

（1）调节电枢供电电压 U_a。改变电枢供电电压主要是从额定电压往下降低电枢电压，能实现电动机从额定转速向下变速，对于属恒转矩系统来说，由于这种变化遇到的时间常数较小，因此能快速响应，但是需要大容量可调直流电源。

（2）改变电动机主磁通 Φ。改变主磁通可以实现无级平滑调速，但只能通过减弱磁通进行调速（简称弱磁调速），电动机的时间常数同变化遇到的相比要大得多，响应速度较慢，但所需电源容量小。

（3）改变电枢回路电阻 R_a。在电动机电枢回路外串联电阻进行调速的方法，设备简单，操作方便。但只能进行有级调速，还会在调速电阻上消耗大量电能。改变电枢回路电阻调速有很多缺点，目前很少采用，仅在有些起重机、卷扬机及电车等对调速性能要求不高或低速运转时间不长的传动中使用，在额定转速以上进行小范围的升速。

因此，自动控制的直流调速系统往往以调压调速为主。常用的一种调压调速是通过脉冲宽度调制（PWM）控制电动机的电枢供电电压，实现调速。

3. 直流电动机的 PWM 调压调速原理

PWM 是一种对模拟信号电平进行数字编码的方法，PWM 控制为脉冲宽度调制，保持开关周期不变，调制导通时间。脉宽调速系统历史久远，但缺乏高速大功率开关器件，未能及时在生产实际中得到推广和应用。后来，大功率晶体管（GTR），特别是 IGBT 功率器件的出现才使直流电动机脉宽调速系统获得迅猛发展。

电动机的 PWM 控制就是通过控制 PWM 的占空比来控制电动机的速度。所谓的 PWM 的占空比，是指高电平保持的时间与该 PWM 的时钟周期的时间之比，如图 6-2 所示。

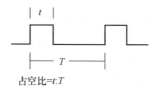

占空比=t:T

图 6-2　PWM 的占空比

在电动机的 PWM 控制中，设电动机电枢绕组两端电压的平均值为 U_a，此时 U_a 与占空比之间的关系为

$$U_a = \frac{t \times U_s}{T} = q U_s \qquad (6\text{-}2)$$

式中，U_s 为电源电压；T 为一个脉冲周期；t 为在一个周期 T 内开关导通的时间；q 为占空比，表示一个周期 T 内开关导通的时间与时钟周期的比值，变化范围为 $0 \leqslant q \leqslant 1$。当电源电压 U_s 不变时，改变 q 即可改变 U_a，q 越大，电动机的转速越快，若 $q=1$，则占空比为 100%，电动

机转速达到最快，从而达到调速的目的。

单片机 I/O 口输出 PWM 信号有以下 3 种方法。

（1）利用软件延时。当 I/O 引脚输出高电平维持一段延时后，就对该引脚电平取反变成低电平，然后延时一段时间；当该引脚输出低电平，延时一段时间后，再将该引脚电平取反变成高电平，如此循环就可以得到 PWM 信号。

（2）应用定时/计数器。控制方法同上，只是在这里利用单片机的定时/计数器来定时，实现引脚输出信号的高电平、低电平的翻转，而不是软件延时。利用这种方法产生的延时要比利用软件延时准确。

（3）利用单片机自带的 PWM 控制器。例如，STC12 系列单片机自身带有 PWM 控制器，STC89 系列和 8051 等单片机无此功能。其他型号，如 PIC 单片机、AVR 单片机等很多单片机也带有 PWM 控制器。

4. 直流电动机的驱动

用单片机控制直流电动机时，由于单片机的驱动能力有限，因此需要加驱动电路，为直流电动机提供足够大的驱动电流。不同的直流电动机，其驱动电流也不同，使用时需要根据实际需求选择合适的驱动电路。在直流电动机驱动电路的设计中，主要考虑以下几点。

（1）功能：电动机是单向转动还是双向转动？需不需要调速？对于单向转动的电动机驱动，只要用一个大功率三极管或场效应管或继电器直接带动电动机即可。当电动机需要双向转动时，可以使用由 4 个功率元件组成的 H 桥电路或者使用一个双刀双掷的继电器。如果不需要调速，那么只要使用继电器即可，但电器的响应时间长、机械结构容易损坏、可靠性不高；如果需要调速，那么可以使用三极管电流放大驱动电路、电动机专用驱动模块（如 L298）和达林顿驱动等驱动电路实现 PWM 调速，这种电路工作在三极管的饱和和截止状态下，效率很高。

（2）性能：对于 PWM 调速的电动机驱动电路，主要有以下性能指标。

① 输出电流和电压范围。如果是驱动单个电动机，并且电动机的驱动电流不大，那么可直接选用三极管搭建驱动电路；如果电动机所需的驱动电流较大，那么可直接选用市场上现成的电动机专用驱动模块，这种模块接口简单，操作方便，并可以为电动机提供较大的驱动电流，不过它的价格要贵一些。

② 效率。高的效率不仅意味着节省电源，也会减少驱动电路的发热情况。要提高电路的效率，可以从保证功率器件的开关工作状态和防止共态导通（H 桥或推挽电路可能出现的一个问题，即两个功率器件同时导通使电源短路）入手。

③ 对控制输入端的影响。功率电路对其输入端应有良好的信号隔离，防止有高电压大电流进入主控电路，可以用高的输入阻抗或光电耦合器实现隔离。

④ 对电源的影响。共态导通可能引起电源电压的瞬间下降而造成高频电源污染；大的电流可能导致地线电位浮动。

⑤ 可靠性。电动机驱动电路应该尽可能做到，无论加上何种控制信号、何种无源负载，电路都是安全的。

6.1.2　51 单片机对直流电动机控制的案例分析

单片机对直流电动机控制的本质，就是让单片机输出一个 PWM 信号控制直流电动机。

【例 6-1】利用 51 单片机设计一个直流电动机的控制电路，系统设置两个按键，一个按键控制直流电动机的正/反转的状态，另一个按键控制对直流电动机的速度变化，单片机对电动机调速采用 PWM 方式实现，系统通过 LCD1602 显示 PWM 的占空比。

1. 电路设计

根据设计要求，在 Proteus ISIS 中绘制如图 6-3 所示电路原理图，元器件清单如表 6-1 所示。

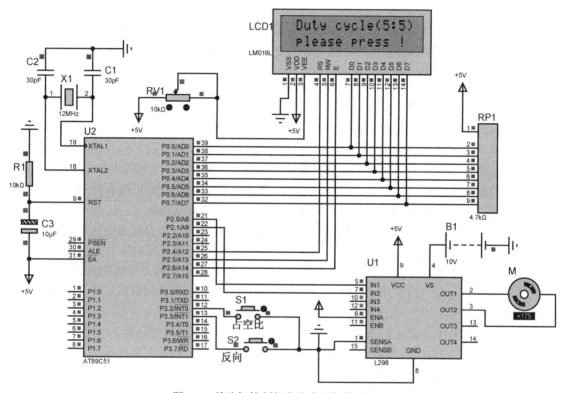

图 6-3　单片机控制的直流电动机的原理图

表 6-1　单片机控制的直流电动机的原理图清单

元器件编号	Proteus 软件中的元器件名称	元器件标称值	说明
U2	AT89C51	AT89C51	单片机
R1	RES	10kΩ	电阻
RV1	POT-HG	10kΩ	可变电阻
RP1	RESPEAK-8	4.7kΩ	排阻
C1、C2	CAP	30pF	无极性电容
C3	CAP-ELEC	10μF	电解电容
X1	CRYSTAL	12MHz	石英晶体
U1	L298	无	直流电动机驱动芯片
LCD1	LM016L	无	LCM1602
S1、S2	BUTTON	无	按钮

直流电动机控制系统主要由单片机最小系统、LCD1602 显示控制模块、电动机控制芯片和直流电动机组成，其中单片机最小系统和 LCD1602 显示控制模块在前面的章节中已经分析过，这里主要对电动机芯片 L298 进行介绍。

L298 是由意法半导体公司研发的一款双全桥大电流（2A×2）电动机驱动芯片，输出端 OUT1 和 OUT2 控制 A 路电动机，输出端 OUT3 和 OUT4 控制 B 路电动机。ENA 和 ENB 两个引脚分别为 A 路电动机使能端和 B 路电动机使能端，接高电平有效，其中 A 路电动机的控制方式由 IN1 和 IN2 的输入方式控制，B 路电动机的控制方式由 IN3 和 IN4 的输入方式控制，A 路直流电动机的状态与输入信号之间的逻辑关系表如表 6-2 所示，B 路直流电动机的状态与输入信号之间的逻辑关系与 A 路是一样的。

表 6-2　A 路直流电动机的状态与输入信号之间的逻辑关系表

ENA	IN1	IN2	直流电动机状态
0	×	×	停止
1	0	0	制动
1	1	0	正转
1	0	1	反转
1	1	1	制动

对 A 路直流电动机进行 PWM 调速的方法是：当使能端为高电平时，输入端 IN1 为 PWM 信号，IN2 为低电平信号时，电动机正转；输入端 IN1 为低电平信号，IN2 为 PWM 信号时，电动机反转；IN1 与 IN2 相同时，电动机快速制动。

2. C 语言程序设计

根据如图 6-3 所示的电路，在 Keil μVision 5 中分别编写以下几个程序模块。这几个模块保存在同一个文件夹中。

（1）显示函数，在 Keil μVision 5 中编写，保存为 lcd.h 文件。

```c
#ifndef LCD_1602
#define LCD_1602
#define uchar unsigned char
#define uit unsigned int
sbit RS=P2^4;
sbit RW=P2^5;
sbit E=P2^6;
void delayms(uit ms)
{
    uchar i;
    while(ms--)
    for(i=0;i<123;i++);
}
void w_com(uchar com)          //LCD1602 写命令子函数
{
    RS=0;
```

```
    RW=0;
    E=1;
    P0=com;
    E=0;
    delayms(1);
}
void w_dat(uchar dat)        //LCD1602写数据子函数
{
    RS=1;
    RW=0;
    E=1;
    P0=dat;
    E=0;
    delayms(1);
}
void lcd_ini(void)           //LCD1602初始化子函数
{
    delayms(10);
    w_com(0x38);
    delayms(10);
    w_com(0x0c);
    delayms(10);
    w_com(0x06);
    delayms(10);
    w_com(0x01);
    delayms(10);
    w_com(0x38);
    delayms(10);
}
#endif
```

（2）方向改变函数，在 Keil μVision 5 中编写，保存为 reverse.c 文件。

```
#include"reg51.h"
#include"intrins.h"
#define uchar unsigned char
#define uint  unsigned int
sbit P20=P2^0;
sbit P21=P2^1;
extern uchar flag;/***高、低电平标志***/
extern bit direction;/***方向标志***/
/*****改变转向*****/
void reverse(void)
{
    if(direction==0)    /**顺时针转**/
```

```
            {   P21=0;
                if(flag==1) {    flag=0; P20=0;  }
                if(flag==2) {    flag=0; P20=1;  }
        }
        if(direction==1)      /**逆时针转**/
    {   P20=0;
                if(flag==1) {    flag=0; P21=0;}
                if(flag==2) {    flag=0; P21=1;  }
    }
}
```

（3）主函数。在 Keil μVision 5 中编写，保存为 6-1.c 文件。

```c
#include"reg51.h"
#include"intrins.h"
#include"lcd.h"
#define uchar unsigned char
#define uint  unsigned int
uchar code str1[]="Duty cycle(5:5)!";
uchar code str2[]="Duty cycle!";
uchar code str3[]="please press !";
sbit P20=P2^0;
sbit P21=P2^1;
uchar flag=0;/***高、低电平标志***/
bit direction=0;/***方向标志***/
static uchar constant=5;//可以改变占空比
/****函数声明****/
void reverse(void);
/***定时器 t0***/
void time0(void)  interrupt  1 using 1    //频率为 1kHz 左右，只是占空比发生变化
{
    static uchar i=0;
        i++;
    if(i<=constant)  flag=1;
if(i<=10&&i>constant)    flag=2;
if(i= =10)  i=0;
TH0=0xff;    TL0=0xe7;
}
/****改变转向标志*****/
void int1_srv (void)  interrupt  2  using 2
{
    if(INT1==0)
        {   while(!INT1);
            direction=!direction;
```

```
        }
    }
/*******中断，调节占空比********/
void change(void) interrupt 0 using 0
{   int i;
if(INT0==0)
{    while(!INT0);
    constant++;
    w_com(0x01);//清屏
    w_com(0x80);
    for(i=0;str2[i]!='\0';i++)
    w_dat(str2[i]);
    if(constant==10)          { w_com(0xc7);  w_dat(0+0x30);    }
     else
     { w_com(0xc7);w_dat(constant+0x30); w_com(0xc8); w_dat(':'); }
    if(constant!=10)     {w_com(0xc9); w_dat(10-constant+0x30); }
      else
      {w_com(0xc9);w_dat(1+0x30); w_com(0xc7); w_dat(0+0x30);   }
    if(constant==10)        constant=0;
     }
}
void main()
{   int i;
    IE=0x8f;                  //EA=1;EX1=1;ET0=1;EX0=1;开放对应中断
    TMOD=0x01;                //设置为工作方式1
    TR0=1;                    //启动定时/计数器T0计数
    IT0=1;  IT1=1;           //外部中断1和外部中断2均为边缘触发方式
    TH0=0xff;   TL0=0xe7;    //定时/计数器T0赋初值
    lcd_ini();
    w_com(0x80);
    for(i=0;str1[i]!='\0';i++)   w_dat(str1[i]);
w_com(0xc0);
    for(i=0;str3[i]!='\0';i++)    w_dat(str3[i]);
    while(1)
    { reverse();   }
}
```

3. 程序调试、运行与点评

1）程序调试、运行

在 Keil μVision 5 的编辑界面，执行"Project"→"New μVision Project"命令，创建

"6-1"项目，并选择（Ateml 公司）单片机的型号为 AT89C51；在"Project"窗格

中右击 Source Group 1 选项，在弹出的对话框中选择 Add Existing Files to Group 'Source Group 1'... ，将源程序"6-1.c"和"reverse.c"文件添加到项目中，展开 ⊞ 🖿 Source Group 1 ，可以看到"6-1.c"和"reverse.c"两个文件被添加到该项目中 。在 Keil μVision 5 的编辑界面的工具栏单击 按钮，即可对上述程序进行编译链接，编译成功后生成 6-1.hex 文件。

2）程序点评

（1）程序采用模块化设计，程序设计中设计了"6-1.c"主函数、"lcd.h"显示库函数和"reverse.c"方向改变子函数 3 个模块，简化了程序设计，方便阅读和检查。

（2）掌握如何编写用户库函数的格式如下所示。

例如，lcd.h 这个文件的内容，其内容如下所示。

```
#ifndef  LCD_1602        //#ifndef 为关键字；LCD_1602 用户给定的
#define  LCD_1602        //#define 为关键字；
……                      //具体内容
#endif                   //#endif 为关键字；
```

在调用主函数的时候，还需要在主函数的前面添加一条语句"#include"lcd.h""，见程序6-1.c。

（3）应用单片机的定时/计数器 T0 定时输出 PWM 信号。

根据图 6-3 中的电路采用的时钟频率是 12MHz，T0 计数 18 个机器周期（定时器初值为 ffe7），循环 10 次，考虑程序的延时，程序的定时时间约为 1ms，所以输出 PWM 的频率为 1kHz 左右。

（4）通过单片机的外部中断 0 改变电动机的速度，通过单片机的外部中断 1 改变电动机的运动方向。因此在程序设计中需要设计与定时/计数器 T0 及外部中断有关的 TMOD、TCON 和 IE 3 个特殊功能寄存器的内容，大家可以回到第 2 章查看对应的内容。

4. Proteus 的硬件仿真测试

在 Proteus ISIS 软件中绘制如图 6-3 所示的原理图，再添加一个虚拟示波器，方法是：单击 Proteus ISIS 工具栏上的图标 ，在预览窗口选择 OSCILLOSCOPE 示波器，单击将 OSCILLOSCOPE 放到图 6-3 的空白位置，将 OSCILLOSCOPE 示波器的 A 测试端与图 6-3 中的单片机的引脚 21 连接起来，OSCILLOSCOPE 示波器的 B 测试端与图 6-3 中的单片机的引脚 22 连接起来。然后将 Keil 软件中编译正确后生成的 6-1.hex 添加到单片机的属性中，单击 Proteus ISIS 界面的运行按钮 ▶ ，调整虚拟示波器的 A 通道的 旋钮至 0.1，调整虚拟示波器的 A 通道的 旋钮至 5，就可以看到如图 6-4 所示的仿真结果。改变图 6-4 中的 S1 和 S2，可以从虚拟示波器和 LCD1 的显示中观察直流电动机的运行状态。

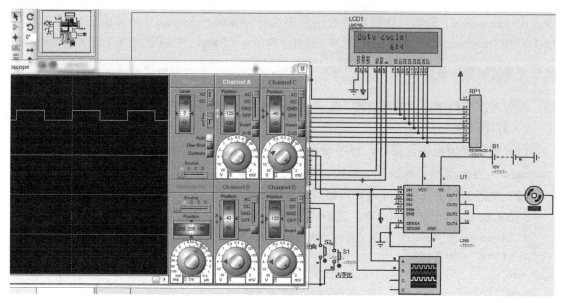

图 6-4　直流电动机的原理仿真图

6.2　单片机对步进电动机的控制

6.2.1　步进电动机的基本概念

1. 步进电动机介绍

步进电动机又称为脉冲电动机，利用电磁铁原理，将脉冲信号转换成线位移或角位移的开环控制电动机，通过控制施加在电动机线圈上的电脉冲顺序、频率和数量，可以实现对步进电动机的转向、速度和旋转角度的控制。配合以直线运动执行机构或齿轮箱装置，可以实现更加复杂、精密的线性运动控制要求。步进电动机是现代数字程序控制系统中的主要执行元件，应用极为广泛。

2. 步进电动机的基本结构

步进电动机一般由前端盖、后端盖、轴承、中心轴、转子铁芯、定子铁芯、定子组件、波纹垫圈、螺钉等部分组成，图 6-5 为其结构解剖图。

步进电动机从其结构形式上可分为反应式步进电动机（Variable Reluctance，VR）、永磁式步进电动机（Permanent Magnet，PM）、混合式步进电动机（Hybrid Stepping，HS）等多种类型。在我国采用的步进电动机中以反应式步进电动机为主。

反应式步进电动机的定子上有绕组，转子由软磁材料组成。反应式步进电动机结构简单、成本低、步距角小，可达 1.2°，但动态性能差、效率低、发热大、可靠性难以保证。

永磁式步进电动机的转子用永磁材料制成，转子的极数与定子的极数相同。其特点是动态性能好、输出力矩大，但这种电动机的精度差，步矩角大（一般为 7.5° 或 15°）。

混合式步进电动机综合了反应式步进电动机和永磁式步进电动机的优点，其定子上有多相绕组、转子上采用永磁材料，转子和定了上均有多个小齿以提高步矩精度。其特点是输出力矩大、动态性能好、步距角小，但是结构复杂、成本相对较高。

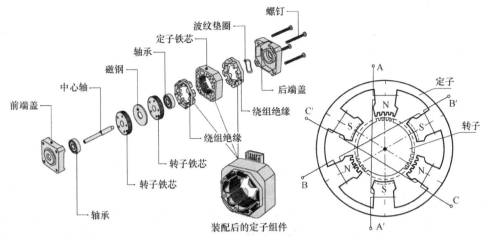

图 6-5 步进电动机的结构解剖图

3. 步进电动机的技术指标

1）步进电动机的静态指标

（1）相数：产生不同对 N、S 磁场的激磁线圈对数，常用 m 表示。目前常用的有二相、三相、四相和五相步进电动机。电动机的相数不同，其步距角也不同。

（2）步距角：控制每发一个脉冲信号，电动机转子转过的角位移，用 θ 表示。$\theta=360$ 度/（转子齿数×运行拍数），以常规二相、四相，转子齿为 50 齿的电动机为例。四拍运行时步距角为 $\theta=360°/（50×4）=1.8°$（俗称整步），八拍运行时步距角为 $\theta=360°/（50×8）=0.9°$（俗称半步）。

（3）拍数：完成一个磁场周期性变化所需脉冲数或导电状态，或指电动机转过一个齿距角所需脉冲数，用 n 表示。以四相电动机为例，有四相四拍运行方式，即 AB→BC→CD→DA→AB；四相八拍运行方式，即 A→AB→B→BC→C→CD→D→DA→A。

（4）定位转矩：电动机在不通电状态下电动机转子自身的锁定力矩（磁场齿形的谐波及机械误差造成）。

（5）静转矩：电动机在额定静态电压作用下，电动机不进行旋转运动时电动机转轴的锁定力矩。此力矩是衡量电动机体积的标准，与驱动电压及驱动电源等无关。虽然静转矩与电磁激磁匝数成正比，与定齿转子之间的气隙有关，但过分采用减小气隙，增加激磁匝数提高静力矩是不可取的，这样会造成电动机的发热及机械噪声。

2）步进电动机的动态指标

（1）步距角精度：步进电动机每转过一个步距角的实际值与理论值的误差。用百分比表示：误差/步距角×100%。不同运行拍数其值不同，四拍运行时应在 5%以内，八拍运行时应在 15%以内。

（2）电动机运转时运转的步数，不等于理论上的步数，称为失步。

（3）失调角：转子齿轴线偏移定子齿轴线的角度，电动机运转必存在失调角，失调角产生的误差，采用细分驱动是不能解决的。

（4）最大空载起动频率：电动机在某种驱动形式、电压及额定电流下，在不加负载的情况下，能够直接起动的最大频率。

（5）最大空载的运行频率：电动机在某种驱动形式，电压及额定电流下，电动机不带负载的最高转速频率。

（6）运行矩频特性：电动机在某种测试条件下测得运行中输出力矩与频率关系的曲线称为运行矩频特性，这是电动机诸多动态曲线中最重要的，也是电动机选择的根本依据。其他特性还有惯频特性、起动频率特性等。

（7）电动机正反转控制：当电动机绕组通电时序为 AB→BC→CD→DA 时为正转，通电时序为 DA→CD→BC→AB 时为反转。

4. 步进电动机的基本原理

步进电动机驱动器根据外来的控制脉冲和方向信号，通过其内部的逻辑电路，控制步进电动机的绕组以一定的时序正向或反向通电，使得电动机正向/反向旋转，或者锁定。步进电动机的控制等效电路如图 6-6 所示。它有 A、$\overline{A}$、B 和 $\overline{B}$ 四条励磁信号引线，通过这四条引线上所接脉冲信号即可控制步进电动机的转动。每出现一个脉冲信号，步进电动机走一步。因此，只要依序不断送出脉冲信号，步进电动机就能实现连续转动。

步进电动机的励磁有二线、三线、四线和五线等几种方式，但其控制方式均相同，都要用脉冲电流驱动。步进电动机的转动角度与外接励磁信号线上的脉冲电流脉冲数的关系如式（6-3）所示。假设每旋转一圈以 200 个脉冲信号来励磁，可以计算出每个励磁信号能使电动机旋转前进 1.8°，其旋转角度与脉冲数成正比，如图 6-7 所示。正转、反转可以由脉冲的顺序控制。

$$\theta = \theta_s \times A \qquad (6\text{-}3)$$

式中，θ 为电动机出力轴的转动角度（°）；θ_s 为步距角（°/步）；A 为脉冲数。

| 图 6-6　步进电动机的控制等效电路 | 图 6-7　电动机的旋转角度与脉冲数之间的关系 |

步进电动机的转速（r/min）与外接励磁信号线上的脉冲电流信号频率（Hz）的关系如式（6-4）所示。图 6-8 为电动机转速与脉冲电流信号的频率之间的关系。

$$N = \frac{\theta_s}{360} \times f \times 60 \qquad (6\text{-}4)$$

式中，N 为电动机出力轴转速（r/min）；θ_s 为步距角（°/步）；f 为脉冲频率（Hz）（每秒输入脉冲数）。

步进电动机的励磁方式可分为全部励磁及半步励磁，其中，全部励磁可分为 1 相励磁和 2 相励磁，半步励磁又称 1-2 相励磁。假设每旋转一圈以 200 个脉冲信号来励磁，可以计算出每个励磁信号能使电动机旋转前进 1.8°，下面对这几种励磁方式进行说明。

（1）1 相励磁：在每个瞬间，步进电动机只有一个线圈导通。每发送一个励磁信号，步进电动机旋转 1.8°。这是 3 种励磁方式中最简单的一种。其特点是精确度好、消耗电能少，但输出转矩最小、振动较大。如果以该方式控制步进电动机正转，那么对应的励磁顺序如

表 6-3 所示，励磁顺序为 A→B→C→D→A。若励磁信号反向传送，则步进电动机反转。

　　（2）2 相励磁：在每个瞬间，步进电动机有 2 个线圈同时导通。每发送一个励磁信号，步进电动机旋转 1.8°。其特点是输出转矩大、振动小。因此已成为目前使用最多的励磁方式。如果以该方式控制步进电动机正转，那么对应的励磁顺序如表 6-4 所示，励磁顺序为 AB→BC→ CD→DA→AB。若励磁信号反向传送，则步进电动机反转。

图 6-8　电动机转速与脉冲电流信号的频率之间的关系

表 6-3　正转励磁顺序 A→B→C→D→A

STEP	A	B	C	D
1	1	0	0	0
2	0	1	0	0
3	0	0	1	0
4	0	0	0	1

表 6-4　正转励磁顺序 AB→BC→CD→DA→AB

STEP	A	B	C	D
1	1	1	0	0
2	0	1	1	0
3	0	0	1	1
4	1	0	0	1

　　（3）1-2 相励磁：为 1 相励磁与 2 相励磁交替导通的方式。每发送一个励磁信号，步进电动机旋转 0.9°。其特点是分辨率高、运转平滑，故应用也很广泛。如果以该方式控制步进电动机正转，那么对应的励磁顺序如表 6-5 所示，励磁顺序为 A→AB→B→BC→C→ CD→D→DA→A。若励磁信号反向传送，则步进电动机反转，励磁顺序为 A→DA→D→CD→C→BC→B→ AB→A。

表 6-5　正转励磁顺序 A→AB→B→BC→ C→CD→D→DA→A

STEP	A	B	C	D
1	1	0	0	0
2	1	1	0	0
3	0	1	0	0
4	0	1	1	0
5	0	0	1	0
6	0	0	1	1
7	0	0	0	1
8	1	0	0	1

5. 步进电动机的驱动

　　步进电动机不能直接接到工频交流电源或直流电源上工作，必须使用专用的步进电动机驱动模块，由驱动模块与步进电动机直接耦合。常用的驱动模块有 L298 和 FT5754，这类驱动模块接口简单，操作方便，它们既可以驱动步进电动机也可以驱动直流电动机。除以之外，还可以利用晶体管自己搭建驱动电路，不过这样比较麻烦，而且可靠性也会降低。另外，还有一种方法就是使用达林顿驱动器 ULN2803，该芯片单片最多可以一次驱动八线制步进电动机，当然只有四线制或六线制步进电动机也是没有问题的。

6.2.2　51 单片机对步进电动机控制的案例分析

　　单片机对步进电动机控制的本质，就是通过单片机的多个引脚产生控制步进电动机的励磁信号，按照步进电动机的励磁顺序输出控制信号。

　　【例 6-2】运用 51 单片机实现对半步励磁式步进电动机的控制，该系统能实现对步进电动机的正转、反转、加速和减速的控制，其控制状态通过液晶显示器显示。

1. 电路设计

　　打开 Proteus ISIS 软件，在 Proteus ISIS 编辑器中单击元件列表 **P L** DEVICES 中的"P"按钮，

添加如表 6-6 所示的元器件，绘制如图 6-9 所示的原理图，电路元器件相对较多。该电路也是一个典型的步进电动机接口电路，主要由单片机最小系统、步进电动机控制模块、LCD 显示控制模块和按键模块 4 部分组成。单片机的 P2.0、P2.1、P2.2 和 P2.3 4 个引脚输出的控制信号通过 7404 和 ULN2003A 控制步进电动机的 4 个励磁信号引脚；单片机的 P0 口的引脚分别与 LCD12864 液晶显示器的数据引脚相连，单片机的 P3.0、P3.1、P3.2、P3.4 和 P3.5 引脚分别与 LCD12864 液晶显示器的控制引脚相连，实现单片机与液晶显示器的连接；单片机的 P1.0、P1.1、P1.2、P1.4 引脚分别接 4 个独立按键，通过中断方式扫描按键的工作状态。

表6-6　单片机控制步进电动机的电路原理图元器件清单

元器件编号	Proteus 软件中的元器件名称	元器件标称值	说明
U1	AT89C51	AT89C51	单片机
C1、C2	CAP	30pF	无极性电容
C3	CAP-ELEC	10μF	电解电容
X1	CRYSTAL	12MHz	石英晶体
R1	RES	10kΩ	电阻
RV1	POT-HG	1kΩ	可变电阻
RP2、RP3	RESPACK-8	4.7kΩ	9 脚排阻
U2	7404	无	反相器
U3	ULN2003A	无	达林顿管
U4	AND_5	无	5 输入与门
LCD12864	AMPIRE128×64	无	液晶显示器
M	MOTOR-STEPPER	无	步进电动机

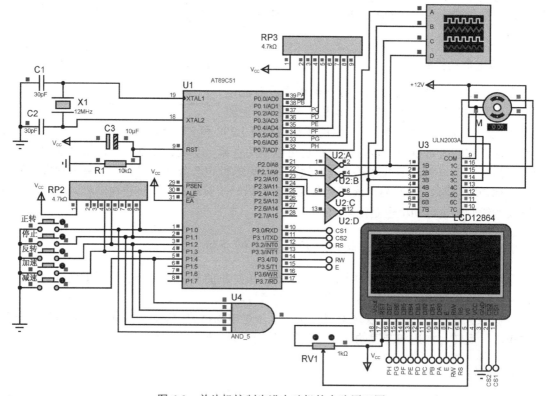

图 6-9　单片机控制步进电动机的电路原理图

2. 程序设计

根据设计要求完成 C51 程序设计，在 Keil μVision 5 软件中保存为 6-2.c，建立 6-2 工程文件，并编译生成 6-2.hex 文件。程序如下所示。

```c
#include <reg51.h>
#include <stdio.h>
#include <math.h>
#define uc unsigned char
#define ui unsigned int
#define LCDPAGE 0xB8        //设置页指令
#define LCDLINE 0x40        //设置列指令
sbit    P2_0=P2^0;
sbit P2_1=P2^1;
sbit P2_2=P2^2;
sbit P2_3=P2^3;
sbit P3_3=P3^3;
sbit E=P3^5;
sbit RW=P3^4;
sbit RS=P3^2;
Sbit L=P3^1;               //左半平面
sbit R=P3^0;               //右半平面
sbit Busy=P0^7;            //忙判断位
uc scan_key1,scan_key2;    //按键功能选择，00 停止，01 正转，10 反转
uc  step1;step2;
static step_index;
ui count1,count2;          //定时
uc butter;                 //按键
static speed;              //速度参数
                           //16×16 点阵中文字库文件
uc code gui[ ]=            //桂
{ 0x10,0x10,0xD0,0xFF,0x90,0x10,0x40,0x44,0x44,0x44,0x7F,0x44,0x44,0x44,0x40,0x00,
0x04,0x03,0x00,0xFF,0x00,0x03,0x40,0x44,0x44,0x44,0x7F,0x44,0x44,0x44,0x40,0x00 };
uc code lin[ ]=            //林
{ 0x10,0x10,0xD0,0xFF,0x90,0x10,0x00,0x10,0x10,0xD0,0xFF,0xD0,0x10,0x10,0x10,0x00,
0x04,0x03,0x00,0xFF,0x00,0x11,0x08,0x04,0x03,0x00,0xFF,0x00,0x03,0x04,0x08,0x00 };
uc code hang[ ]=          //航
{0x80,0xFC,0x96,0xE5,0x84,0xFC,0x00,0x08,0xC8,0x49,0x4A,0xC8,0x08,0x08,0x00,0x00,
0x80,0x7F,0x02,0x4C,0x80,0x7F,0x80,0x60,0x1F,0x00,0x00,0x3F,0x40,0x40,0x78
```

```
,0x00};
    uc code tian[ ]=              //天
    {0x40,0x40,0x42,0x42,0x42,0x42,0x42,0xFE,0x42,0x42,0x42,0x42,0x42,0x40,0x4
0,0x00,
    0x80,0x80,0x40,0x20,0x10,0x0C,0x03,0x00,0x03,0x0C,0x10,0x20,0x40,0x80,0x80
,0x00};
    uc code xue[ ]=              //学
    {0x40,0x30,0x11,0x96,0x90,0x90,0x91,0x96,0x90,0x90,0x98,0x14,0x13,0x50,0x3
0,0x00,
    0x04,0x04,0x04,0x04,0x04,0x44,0x84,0x7E,0x06,0x05,0x04,0x04,0x04,0x04,0x04
,0x00};
    uc code yuan[ ]=             //院
    {0x00,0xFE,0x22,0x5A,0x86,0x10,0x0C,0x24,0x24,0x25,0x26,0x24,0x24,0x14,0x0
C,0x00,
    0x00,0xFF,0x04,0x08,0x07,0x80,0x41,0x31,0x0F,0x01,0x01,0x3F,0x41,0x41,0x71
,0x00};
    uc code CHANG[ ]=            //常
    {0x20,0x18,0x08,0x09,0xEE,0xAA,0xA8,0xAF,0xA8,0xA8,0xEC,0x0B,0x2A,0x18,0x0
8,0x00,
    0x00,0x00,0x3E,0x02,0x02,0x02,0x02,0xFF,0x02,0x02,0x12,0x22,0x1E,0x00,0x00
,0x00};
    uc code YUN[ ]=             //运
    {0x40,0x41,0xCE,0x04,0x00,0x20,0x22,0xA2,0x62,0x22,0xA2,0x22,0x22,0x22,0x2
0,0x00,
    0x40,0x20,0x1F,0x20,0x28,0x4C,0x4A,0x49,0x48,0x4C,0x44,0x45,0x5E,0x4C,0x40
,0x00};
    uc code XING[ ]=            //行
    {0x10,0x08,0x84,0xC6,0x73,0x22,0x40,0x44,0x44,0x44,0xC4,0x44,0x44,0x44,0x4
0,0x00,
    0x02,0x01,0x00,0xFF,0x00,0x00,0x00,0x00,0x40,0x80,0x7F,0x00,0x00,0x00,0x00
,0x00};
    uc code ZHENG[ ] =          //正
    {0x00,0x02,0x02,0xC2,0x02,0x02,0x02,0x02,0xFE,0x82,0x82,0x82,0x82,0x82,0x0
2,0x00,
    0x20,0x20,0x20,0x3F,0x20,0x20,0x20,0x20,0x3F,0x20,0x20,0x20,0x20,0x20,0x20
,0x00};
    uc code ZHUAN[ ] =          //转

{0xC8,0xA8,0x9C,0xEB,0x88,0x88,0x88,0x40,0x48,0xF8,0x4F,0x48,0x48,0x48,0x40,0x
00,
    0x08,0x08,0x04,0xFF,0x04,0x04,0x00,0x02,0x0B,0x12,0x22,0xD2,0x0E,0x02,0x00
,0x00};
    uc code FAN[ ] =            //反
```

```
    {0x00,0x00,0xFE,0x12,0x72,0x92,0x12,0x12,0x12,0x11,0x91,0x71,0x01,0x00,0x00,0x00,
     0x40,0x30,0x4F,0x40,0x20,0x21,0x12,0x0C,0x0C,0x12,0x11,0x20,0x60,0x20,0x00,0x00};
    uc code TING[ ] =            //停
    {0x80,0x40,0x20,0xF8,0x07,0x02,0x04,0x74,0x54,0x55,0x56,0x54,0x74,0x04,0x04,0x00,
     0x00,0x00,0x00,0xFF,0x00,0x03,0x01,0x05,0x45,0x85,0x7D,0x05,0x05,0x05,0x03,0x00};
    uc code ZHI[ ] =             //止
    {0x00,0x00,0x00,0x00,0xF0,0x00,0x00,0x00,0xFF,0x40,0x40,0x40,0x40,0x40,0x00,0x00,
     0x40,0x40,0x40,0x40,0x7F,0x40,0x40,0x40,0x7F,0x40,0x40,0x40,0x40,0x40,0x40};
    uc code JIA[ ]=              //加
    { 0x00,0x08,0x08,0x08,0xFF,0x08,0x08,0xF8,0x00,0xF8,0x08,0x08,0x08,0xF8,0x00,0x00,
     0x40,0x20,0x18,0x07,0x00,0x20,0x40,0x3F,0x00,0x7F,0x10,0x10,0x10,0x3F,0x00,0x00};
    uc code SU[ ]=               //速
    {0x40,0x42,0xCC,0x00,0x04,0xE4,0x24,0x24,0xFF,0x24,0x24,0x24,0xE4,0x04,0x00,0x00,
     0x40,0x20,0x1F,0x20,0x48,0x49,0x45,0x43,0x7F,0x41,0x43,0x45,0x4D,0x40,0x40,0x00};
    uc code JIAN[ ]=             //减
    {0x00,0x02,0xEC,0x00,0xF8,0x28,0x28,0x28,0x28,0x28,0xFF,0x08,0x8A,0xEC,0x48,0x00,
     0x02,0x5F,0x20,0x18,0x07,0x00,0x1F,0x49,0x5F,0x20,0x13,0x0C,0x13,0x20,0x78,0x00};
    uc code BAI[ ]=             //输出空白区域
    {0x00,0x00,0x00,0x00,0x00,0x00,0x00,0x00,0x00,0x00,0x00,0x00,0x00,0x00,0x00,0x00,0x00,
     0x00,0x00,0x00,0x00,0x00,0x00,0x00,0x00,0x00,0x00,0x00,0x00,0x00,0x00,0x00};
    uc code DI[ ]=               //低
    {0x40,0x20,0xF0,0x0C,0x07,0x02,0xFC,0x44,0x44,0x42,0xFE,0x43,0x43,0x42,0x40,0x00,
     0x00,0x00,0x7F,0x00,0x00,0x00,0x7F,0x20,0x10,0x28,0x43,0x0C,0x10,0x20,0x78,0x00};
    /函数声明 **************/
    void iniLCD(void);
    void chkbusy(void);
    void wcode(uc cd) ;
```

```
void wdata(uc dat);
void disrow(uc page,uc col,uc *temp);
void display( uc page,uc col,uc *temp);
void ground(step);          //转步
void run1();                //正转
void run2();
void stop();
void delay(ui time);
/***************LCD初始化子函数 ***************/
void iniLCD(void)           //初始化
{  L=1;R=1;
  wcode(0x38);
  wcode(0x0f);              //开显示设置
  wcode(0xc0);              //设置显示启动为第1行
  wcode(0x01);              //清屏
  wcode(0x06);              //画面不动，光标右移
}
/****************LCD判断忙的子函数*********/
 void chkbusy(void)         //测 LCD 忙状态
{   E=1;                    //使能 LCD
  RS=0;                     //读写指令
  RW=1;                     //读
  P0=0xff;                  //读操作前先进行一次空读操作，接下来才能读到数据
  while(!Busy);             //等待，不忙退出
 }
/***************写指令代码子函数****************/
void wcode(uc cd)          //写指令代码
{  chkbusy();              //写等待
   P0=0xff;                //使能 LCD
   RW=0;                   //读禁止
   RS=0;                   //输出设置
   P0=cd;                  //写数据代码
   E=1;                    //以下两句产生下降沿
   E=0;
}
/*****************将显示数据写到内存单元中的子函数 ***************/
void wdata(uc dat)         //写显示数据
{  chkbusy();              //写等待
   P0=0xff;                //使能 LCD
   RW=0;                   //读禁止
   RS=1;                   //输出设置
   P0=dat;                 //写数据代码
   E=1;                    //以下两句产生下降沿
```

```
    E=0;
}
 /***************显示 LCD 子函数*****************/
void  disrow(uc page,uc col,uc *temp)
{  uc i;
  if(col<64)                      //左半平面
    { L=1;R=0;
     wcode(LCDPAGE+page);         //写指令页
     wcode(LCDLINE+col);          //写指令行
        if((col+16)<64)           //若字在左半平面显示不了，则转到右半平面
        { for(i=0;i<16;i++)       wdata(*(temp+i));      //写字
         }
        else                      //右半平面
        { for(i=0;i<64-col;i++)   //减去左边数，从右半平面第一位开始显示
          wdata(*(temp+i));       //写字显示
          L=0;R=1;                //右半平面
          wcode(LCDPAGE+page);    //写指令页
          wcode(LCDLINE);         //写指令行
         for(i=64-col;i<16;i++)   wdata(*(temp+i));      //写字，右半平面
       }
     }
  else
  { L=0;R=1;
    wcode(LCDPAGE+page);          //写指令页
    wcode(LCDLINE+col-64);        //写指令行
    for(i=0;i<16;i++)             //写字
    wdata(*(temp+i));
    }
}
/*******************延时用子程序 ************/
void  display( uc page,uc col,uc *temp)
{
        disrow( page, col, temp);             //显示上半字
        disrow( page+1, col, temp+16);        //显示下半字
}
/*******************主函数****************/
void main(void)
{
  P0=0xff;
  iniLCD();                       //初始化 LCD
  display(0,0x00,&gui);           // 桂
  display(0,0x10,&lin);           // 林
  display(0,0x20,&hang);          // 航
```

```
    display(0,0x30,&tian);            //天
    display(0,0x40,&xue);             //学
    display(0,0x50,&yuan);            //院
    step2=0;    step1=0;
    P1=0xff;    P2=0;
    EA=1;    EX1=1;                    //开中断
    speed=2010;
    while(1)
{   if((scan_key1==1)&(scan_key2==0))  //正转
    { display(6,0x00,&ZHENG);          //LCD 显示
      display(6,0x10,&ZHUAN);
      ground(step_index);
      delay(speed);
      step_index++;                    //大于 7，从头再来
      if(step_index>7)
      step_index=0;
     }
    if((scan_key1= =0)&(scan_key2= =1))  //反转
    { ground(step_index);
      display(6,0x00,&FAN);            //LCD 显示
      display(6,0x10,&ZHUAN);
      delay(speed);
      step_index- -;
      if(step_index<0) step_index=7;  //小于 0，从头再来
     }
    if(scan_key1= =0&scan_key2= =0)
     { display(6,0x00,&TING);          //停止
      display(6,0x10,&ZHI);
      display(6,0x20,&BAI);
      display(6,0x30,&BAI);
      P0=0xff;
     }
    if(step1= =1&step2= =0)
     { speed=speed-100;
      if(speed<200|speed= =200)        //小于 200，说明电动机的速度不能再提高了
       { speed=200;                    //speed 参数自己设定，以下遇到也是一样的
        display(6,0x20,&ZHENG);        //正常运行
        display(6,0x30,&CHANG);
        display(6,0x40,&YUN);
        display(6,0x50,&XING);
       }
      else                             //加速
       {
```

```
            display(6,0x20,&JIA);
            display(6,0x30,&SU);
          }
      }
    if(step1= =0&step2= =1)
    { speed=speed+100;                    //这里面的参数，根据实际情况更改
      if(speed>2500|speed= =2500)         //如果到了低速，那么可以用停止键停止
      { speed=2500;                       //低速运行
        display(6,0x20,&DI);
        display(6,0x30,&SU);
        display(6,0x40,&YUN);
        display(6,0x50,&XING);
      }
      else
      { display(6,0x20,&JIAN);            //减速
        display(6,0x30,&SU);
      }
    }
  }
}
/*********************** 延时子函数**************/
void delay(ui time)                       //延时程序
{ for (count1=0;count1<time;count1++ )    //此处可以用中断进行准确定时
  for(count2=0;count2<3;count2++);
}
/*****************按键处理子函数*************************/
void key(void) interrupt 2
{
  uc i;
  for(i=0;i<200;i++);                     //延时防抖
  if(P3_3= =0)
  { butter=~P1;
   switch(butter)
    { case 0x01:  scan_key1=1;scan_key2=0; break;//正常运行，用两个数字进行选择
            case 0x02:    scan_key1=0;scan_key2=0;break;      //停止
      case 0x04:    scan_key1=0 ;scan_key2=1; break;  //加速
      case 0x08:    step1=1;step2=0;break;            //减速
      case 0x10:    step1=0;step2=1;break;            //正转
      default :           ;                           //其他值返回
    }
  }
  P1=0XFF;
}
/******************转步子函数*****************
```

```
void ground(step_index)  //转步
{
 switch(step_index)
   { case 0://0
        P2_0 = 1;
        P2_1 = 0;
        P2_2= 0;
        P2_3 = 0;
        break;
     case 1:        //0, 1
        P2_0= 1;      P2_1 = 1;      P2_2 = 0;      P2_3 = 0;      break;
     case 2:        //1
        P2_0 = 0;     P2_1 = 1;      P2_2= 0;       P2_3 = 0;      break;
     case 3:        //1, 2
        P2_0 = 0;     P2_1 = 1;      P2_2 = 1;      P2_3 = 0;      break;
     case 4:        //2
        P2_0 = 0;     P2_1 = 0;      P2_2 = 1;      P2_3 = 0;      break;
     case 5:        //2, 3
        P2_0 = 0;     P2_1 = 0;      P2_2 = 1;      P2_3 = 1;      break;
     case 6:        //3
        P2_0 = 0;     P2_1 = 0;      P2_2 = 0;      P2_3 = 1;      break;
     case 7:        //3, 0
        P2_0 = 0;     P2_1 = 0;      P2_2 = 0;      P2_3 = 1;
   }
}
```

3. 程序点评

（1）该程序比较长，相对较难。该程序的设计中涉及的知识点较多，既有按键检测，又有带字库的 LCD 液晶显示程序设计，还包括直流电动机的控制程序设计。

（2）根据图 6-9 的电路原理图，在程序的端口配置时，定义"sbit P2_0=P2^0; sbit P2_1=P2^1; sbit P2_2=P2^2; sbit P2_3=P2^3;"为单片机输出信号与步进电动机的输入控制信号接口。定义"sbit E=P3^5; sbit RW=P3^4; sbit RS=P3^2; sbit L=P3^1; sbit R=P3^0;"为单片机输出信号与 LCD 的输入控制信号接口。定义"sbit P3_3=P3^3;"为外部中断 1 的信号接口。

（3）程序中带字符库的 LCD 液晶显示的格式是 16×16 点阵的，LCD 显示的字需要用取字模软件提取。点阵液晶取字模软件在电子设计行业也是常用的软件，特别对于用到点阵 LCD 的电子产品，它能很好地生成各种不同字体的文字代码、图片代码或者自行设计不同的代码，下面以字模提取 V2.2 CopyLeft By Horse 2000 软件为例稍做说明。

① 打开 V2.2 CopyLeft By Horse 2000 软件，单击"参数设置"选项，如图 6-10（a）所示，再单击"文字输入区字体选择"图标，弹出如图 6-10（b）所示的对话框，在此可设置不同的字体、字形，以及字的大小和效果。一般地，字体的大小选小四，生成字的大小则为 16×16 的点阵，选好后单击"确定"按钮。

（a）参数设置界面　　　　　　　　　　　　　（b）文字输入区字体选择界面

图 6-10　字模提取 V2.2 CopyLeft By Horse 2000 软件中字体的大小设置界面

② 在图 6-10（a）中，单击"其他选项"图标，弹出如图 6-11 所示的界面，这里可以设置取模方式、字节的顺序等，一般采用默认即可。单击"确定"按钮返回。

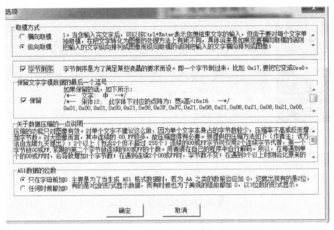

图 6-11　字模提取 V2.2 CopyLeft By Horse 2000 软件中"其他选项"设置界面

③ 在图 6-10（a）中，单击 文字输入区 ，在"文字输入区"输入所需的文字，如输入程序中需要的"航"字，按 Ctrl+Enter 组合键，文字字模就显示在界面上，如图 6-12 所示。

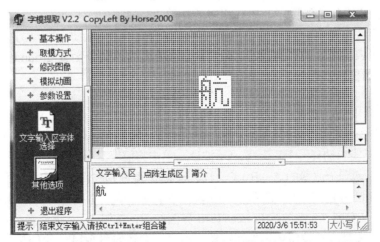

图 6-12　在 V2.2 CopyLeft By Horse 2000 软件中输入"航"字界面

④ 在图 6-12 中，切换到"取模方式"，这里有两种取模方式：如果用 C 语言编程，那么就选用 C51 格式；如果用汇编语言编程，那么就选 A51 格式。这里以 C51 格式为例，可在点阵生成区生成所需字模，如图 6-13 所示。在图 6-13 的界面中单击 点阵生成区 ，就可以看到"航"字所对应的 16×16 的点阵，然后将该界面中 C51 格式的 32 字节的十六进制数字复制到 6-2.c 中对应的数组中，见 6-2.c 程序。

```
uc code hang [ ]=          //航
{0x80,0xFC,0x96,0xE5,0x84,0xFC,0x00,0x08,0xC8,0x49,0x4A,0xC8,0x08,0x08,0x00,
0x00,
    0x80,0x7F,0x02,0x4C,0x80,0x7F,0x80,0x60,0x1F,0x00,0x00,0x3F,0x40,0x40,0x78,
0x00};
```

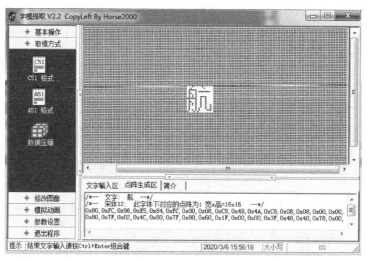

图 6-13　点阵生成界面

（4）程序中的按键子函数 key(void)采用中断方式编写，这与硬件电路的连接是一致的。在图 6-9 所示硬件电路中只要有按键按下（从高电平变为低电平），就会通过 U4（AND_5）5 输入与门输出，接单片机的 P3.3（外部中断 1）引脚产生中断请求信号（从高电平变为低电平），单片机的 CPU 只要接到中断请求信号，就会进入按键的中断程序，判断是哪个按键按下，然后跳转到相应的功能程序，执行相应的功能。

（5）由于硬件电路中的步进电动机采用半步励磁（1-2 相励磁）驱动方式，电动机的正转和反转是按照表 6-5 的顺序执行的，因此步进电动机的控制子函数 ground(step_index)是根据表 6-5 的顺序编写的。

4. Proteus 的硬件仿真测试

在图 6-9 的电路原理图中再添加一个虚拟示波器，方法是：单击 Proteus ISIS 工具栏上的图标 ，在预览窗口选择 OSCILLOSCOPE 示波器，单击将 OSCILLOSCOPE 放到图 6-9 中的空白位置，将 OSCILLOSCOPE 示波器的 A、B、C、D 四个测试端分别与图 6-9 中的元件 U3 的引脚 1、引脚 2、引脚 3、引脚 4 连接起来。然后将 Keil 软件中编译正确后生成的 6-2.hex 添加到 AT89C51 单片机的属性中，在图 6-9 中单击 Proteus ISIS 界面的运行按钮 ▶ ，调整虚拟示波器的水平扫描旋钮至 20ms，先按正转按钮再按加速按钮，就可以看到如图 6-14 所示的仿真结果。

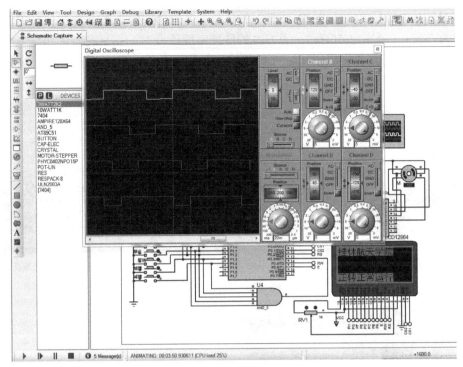

图 6-14　步进电动机仿真结果

6.3　51 单片机对舵机的控制

6.3.1　舵机的基本概念

1. 舵机简介

舵机俗称伺服电动机，是一种位置（角度）伺服的驱动器，适用于需要角度不断变化并可以保持的控制系统。舵机最早出现在航模运动中。在航空模型中，飞行机的飞行姿态是通过调节发动机和各控制舵面实现的。舵机目前在高档遥控玩具，如航模，包括飞机模型、潜艇模型、遥控机器人中已经使用得比较普遍了。

2. 舵机的基本结构

舵机是由直流电动机、减速齿轮组、传感器和控制电路组成的一套自动控制系统，具有结构紧凑、易安装调试、控制简单、大扭力和成本低等特点。舵机的形状和大小多得让人眼花缭乱，大致可以分为标准舵机、微型舵机和大扭力舵机，常用舵机如图 6-15 所示。普通模拟舵机的结构分解图如图 6-16 所示，其组成部分主要有齿轮组、电动机、电位器、电动机控制板、壳体这几大部分。

3. 舵机的工作原理

标准舵机有 3 条引线，分别是电源线、地线、控制线，标准舵机引线示意图如图 6-17 所示。以日本 FUTABA-S3003 型舵机为例，电压通常为 4～6V，一般取 5V，给舵机供电电源应能提供足够的功率，控制线的输入是一个宽度可调的周期性方波脉冲信号，方波脉冲信号的周期为 20ms（频率为 50Hz）。当方波的脉冲宽度改变时，舵机转轴的角度发生变化，角度变化与脉冲宽度的变化成正比。舵机的输出轴转角与输入信号的脉冲宽度之间的关系如图 6-18 所示。

（a）标准舵机　　　　　　　　（b）微型舵机　　　　　　　　（c）大扭力舵机

图 6-15　常用舵机

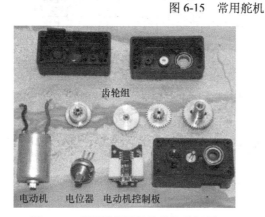

图 6-16　普通模拟舵机的结构分解图

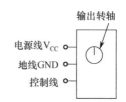

图 6-17　标准舵机引线示意图

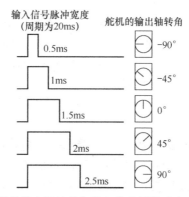

图 6-18　舵机的输出轴转角与输入信号的脉冲宽度之间的关系

舵机最大的特点是可以实现精准位置控制，其原理是根据如图 6-19 所示的闭环控制机制实现的，即舵机转动的位置变化会跟随位置检测器的电阻值变化，然后通过控制电路读取该电阻值的大小，再适当调整电动机的速度和方向，使电动机向指定角度旋转，从而实现对舵机的精确转动的控制。工作流程如图 6-20 所示。

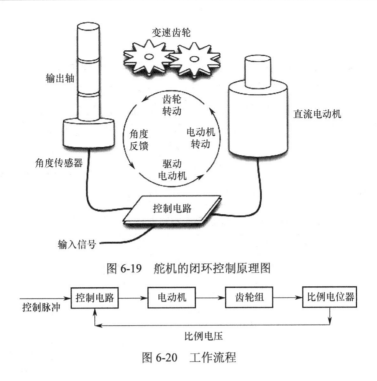

图 6-19　舵机的闭环控制原理图

图 6-20　工作流程

6.3.2　51 单片机对舵机控制的案例分析

单片机实现对舵机的控制，必须先完成两个任务：首先产生基本的 PWM 周期信号，以 FUTABA-S3003 型舵机为例，需要产生 20ms 的周期信号；其次是脉冲宽度的调整，即单片机模拟 PWM 信号的输出，并且调整占空比。单片机作为舵机的控制部分，能使 PWM 信号的脉冲宽度实现微秒级的变化，从而提高舵机的转角精度。

当单片机系统中只需要控制一个舵机时，利用一个定时器，改变单片机的一个定时器中断的初值，将 20ms 分为两次中断执行，一次短定时中断和一次长定时中断。这样既节省了硬件电路，也减少了软件开销，控制系统的工作效率和控制精度都很高。具体的设计过程：若想让舵机转向左极限的角度，它的正脉冲为 2ms，则负脉冲为 20−2=18ms，所以开始时在控制口发送高电平，然后设置定时器在 2ms 后发生中断，中断发生后，在中断程序里将控制口改为低电平，并将中断时间改为 18ms，再过 18ms 进入下一次定时中断，再将控制口改为高电平，并将定时器初值改为 2ms，等待下次中断到来，如此往复实现 PWM 信号输出到舵机。用修改定时器中断初值的方法巧妙形成了脉冲信号，调整时间段的宽度便可使舵机灵活运动。

当单片机系统中需要控制多个舵机时，假设控制 5 个舵机，也是可以通过一个定时器实现的，通过定时一个标准时间 0.5ms，再定义一个角度标识，数值可以是 1、2、3、4、5，实现 0.5ms、1ms、1.5ms、2ms 和 2.5ms 高电平的输出；再定义一个变量，数值最大为 40，实现周期为 20ms。每次进入定时中断，判断此时的角度标识，进行相应的操作。例如，此时是 5，则进入前 5 次中断时间，信号输出为高电平，即 2.5ms 的高电平，剩下的 35 次中断时间，信号输出为低电平，即 17.5ms。这样总的时间是 20ms 为一个周期。

【例 6-3】设计一个基于单片机的舵机控制系统，系统开机时显示舵机的角度为−90°，通过加键、减键调节舵机的角度转动。本次仅演示 5 个角度的控制，若想实现任意角度的控制，则请大家自行编程实现。

1. 电路设计

打开 Proteus ISIS 软件，在 Proteus ISIS 编辑器中单击元件列表 P L DEVICES 中的 "P" 按钮，添加如表 6-7 所示的元器件，绘制如图 6-21 所示的 51 单片机对舵机角度控制电路原理图，该电路由单片机最小系统、舵机和角度显示 3 个模块组成，电路结构简单。其中，角度显示模块采用带锁存的数码管动态显示连接方式；U2 锁存器的作用是对单片机 P0 口输出的角度数据进行短暂的锁存，防止数码管的闪烁；U3 锁存器的作用是对单片机 P1 口输出数码管位选信号进行锁存，该锁存器也可以不要，锁存器 U1 和 U2 的引脚与数码管的 G1、G2 和 G3 引脚的连接采用网络标号连接，该方式使电路变得简单明了。

表 6-7　51 单片机对舵机角度控制电路原理图元器件清单

元器件编号	Proteus 软件中的元器件名称	元器件标称值	说明
U1	AT89C51	AT89C51	单片机
C1、C2	CAP	30pF	无极性电容
C3	CAP-ELEC	10μF	电解电容
X1	CRYSTAL	12MHz	石英晶体
R1	RES	10kΩ	电阻
R2、R3	RES	4.7kΩ	电阻
RP1	RESPACK-8	4.7kΩ	排阻
U2、U3	74HC573	无	锁存器
K1、K2	BUTTON	无	按钮
M	MOTOR-PWMSERVO	无	PWM 控制舵机

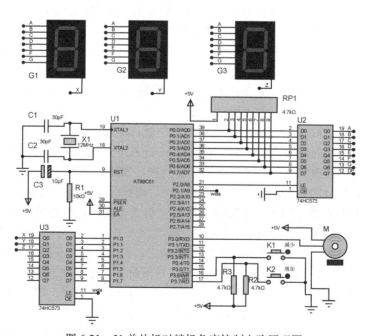

图 6-21　51 单片机对舵机角度控制电路原理图

2. 程序设计

根据图 6-18 舵机的工作原理、图 6-21 硬件连接关系和设计要求完成该系统的 C51 语言程序设计，在 Keil μVision 5 软件中保存为 6-3.c，建立 6-3 工程文件，并编译生成 6-3.hex 文件。程序如下所示。

```c
#include "reg51.h"
unsigned char count;        //0.5ms 次数标识
sbit pwm =P3^0 ;            //PWM 信号输出
sbit jia =P3^7;            //角度增加按键检测 I/O 口
sbit jan =P3^6;            //角度减少按键检测 I/O 口
unsigned char jd;          //角度标识
sbit dula=P2^0 ;
sbit wela=P2^1;
unsigned char code  table[]=
{0x3f,0x06,0x5b,0x4f,0x66,0x6d,0x7d,0x07,0x7f,0x6f,0x77,0x7c,0x39,0x5e,0x79,0x71,0x40};
                           //"0~9~F~-"共阴极数码管的 17 个段码
void delay(unsigned char i) //延时子函数
{
  unsigned char j,k;
  for(j=i;j>0;j--)
    for(k=125;k>0;k--);
}
void Time0_Init()          //定时/计数器 T0 初始化子函数
{
TMOD = 0x01;               //定时/计数器 T0 工作在方式 1
IE= 0x82;                  //定时/计数器 T0 的中断
TH0  = 0xfe; TL0  = 0x0c;  //方式 1 的初值, 0.5ms
TR0=1;                     //启动定时/计数器 T0 开始计数
}
void Time0_Int() interrupt 1  //定时/计数器 T0 中断函数
{ TH0 = 0xfe;   TL0 = 0x0c;  //重新对定时/计数器 T0 赋初值
    if(count< jd)          //判断 0.5ms 次数是否小于角度标识
    pwm=1;                 //输出 PWM 信号的高电平
    else
    pwm=0;                 //输出 PWM 信号的低电平
    count=(count+1);      //0.5ms 次数加 1
    count=count%40;       //次数始终保持为 40，即保持周期为 20ms
}

void keyscan()             //按键扫描子函数
{
  if(jia==0)               //角度增加按键是否按下
  {
```

```
        delay(10);                          //按下延时，消抖
        if(jia==0)                          //确实按下
         {
          jd++;                             //角度标识加1
          count=0;                          //若按键按下，则20ms周期重新开始
          if(jd==6)    jd=5;                //若已经是180°，则保持
          while(jia==0);                    //等待按键放开
         }
       }
      if(jan==0)                            //角度减小按键是否按下
      {
        delay(10);
        if(jan==0)
         {
          jd--;                             //角度标识减1
          count=0;
          if(jd==0) jd=1;                   //若已经是0°，则保持
          while(jan==0);
         }
      }
    }
    void display()                          //显示子函数
    { unsigned char bai,shi,ge;
        switch(jd)
        {
            case 1:  bai=16;shi=9;ge=0;break;        //显示-90°
            case 2:  bai=16;shi=4;ge=5;break;        //显示-45°
            case 3:  bai=0;shi=0;ge=0;break;         //显示 000°
            case 4:  bai=0;shi=4;ge=5;break;         //显示 045°
            case 5:  bai=0;shi=9;ge=0;break;         //显示 090°
        }
        P0=table[bai]; dula=1;dula=0;wela=0;P1=0xfe;wela=1;wela=0;delay(5);
        P0=table[shi]; dula=1;dula=0;wela=0;P1=0xfd;wela=1;wela=0;delay(5);
        P0=table[ge];  dula=1;dula=0;wela=0;P1=0xfb;wela=1;wela=0;delay(5);
    }
    void main()
    {
        jd=1;  count=0;
        Time0_Init();
        while(1)
        {
            keyscan();                      //按键扫描
            display();
```

```
    }
}
```

3. 程序点评

（1）根据图 6-21 的硬件电路，在程序的端口配置初始化。

"sbit pwm =P3^0;" 定义单片机 P3.0 引脚，从该引脚输出舵机所需的 PWM 信号；"sbit jia =P3^7;" 定义单片机 P3.7 引脚，该引脚接角度增加按键；"sbit jan =P3^6;" 定义单片机 P3.7 引脚，该引脚接角度减少按键；"sbit dula=P2^0;" 定义单片机 P2.0 引脚，该引脚接 U2 锁存器的工作方式控制引脚；"sbit dula=P2^1;" 定义单片机 P2.1 引脚，该引脚接 U3 锁存器的工作方式控制引脚。

（2）该程序涉及单片机的定时/计数器 T0 和中断的相关知识点，大家可以回到第 2 章查看单片机的定时/计数器及中断的相关内容，在这里对其应用稍做分析。

① 定时时间的计算：该程序使用定时/计数器 T0 的工作方式 1，采用中断方式定时 0.5ms，由于图 6-21 的硬件时钟是 12MHz，因此系统的机器周期是 1μs，使用定时/计数器 T0 的工作方式 1 时，每加一次就相当于定时 "1μs"。由于要定时 0.5ms，因此需要定时/计数器 T0 计数 "500" 个机器周期。

② 定时/计数器初值的计算：由于定时/计数器 T0 的工作方式 1 的最大计数范围为 0～65 535，因此当定时/计数器 T0 计数到 65 535 再加 "1" 就产生溢出，"TF0" 标志变为 "1"，然后又从 "0" 开始循环计数。为了准确地检测每计数 "500" 次，"TF0" 就产生溢出，每次就需要对定时/计数器 T0 赋初值，让定时/计数器 T0 从初值开始计数，每加 "500" 就产生溢出，这里的初值=(65 536−500)，在程序设计中就将(65 536−500)初值分别赋值给 TH0=(65 536−500)/256=0xfe，TH0=(65 536−500)%256=0x0c。

③ 程序初始化：为了使定时/计数器 T0 工作在方式 1，以及能产生中断，必须要在主函数初始化，即设定定时/计数器 T0 的工作方式为方式 1，TMOD=0x01；启动定时/计数器 T0 计数，TR0=1；开定时/计数器 T0 的中断控制，EA=1，ET0=1。

④ 设计定时/计数器 T0 的中断函数：定时/计数器 T0 的中断标号为 "1"。

4. Proteus 的硬件仿真测试

在图 6-21 的原理图上再添加一个虚拟示波器，方法是：单击 Proteus ISIS 工具栏上的图标 📷，在预览窗口选择 OSCILLOSCOPE 示波器，单击将 OSCILLOSCOPE 放到图 6-21 中适当位置，将 OSCILLOSCOPE 示波器的 A 测试端与图 6-21 中的 U1 元件的 P3.0 引脚连接起来。然后将 Keil 软件中编译正确后生成的 6-3.hex 添加到 AT89C51 单片机的属性中，在图 6-21 中单击 Proteus ISIS 界面的运行按钮 ▶，调整虚拟示波器 A 通道的旋钮至 5，调整虚拟示波器 A 通道的旋钮至 5，就可以看到如图 6-22 所示的仿真结果。注意该图中数码管只看到各位的 "5"，这是抓图的瞬间只抓到个位的显示的原因，这也表明了数码管是动态显示的。另外在仿真的时候舵机 可以很好地显示"−90°"和"+90°"，其他几个状态不稳定。

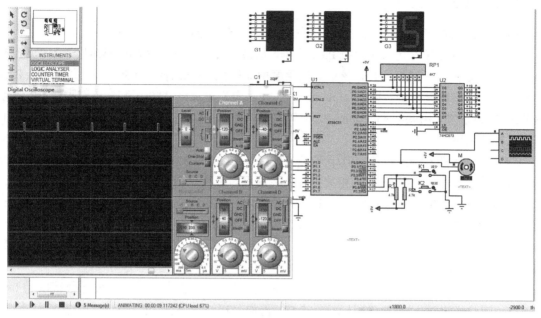

图 6-22　单片机控制舵机角度显示仿真图

习　题　6

一、选择题

1. 51 单片机可以通过（　　）驱动直流电动机、步进电动机和舵机。
   A. I/O 引脚　　　　　B. L298　　　　　　C. ULN2803　　　　　　D. 74LS00

2. 51 单片机采用（　　）控制直流电动机或者舵机。
   A. AM　　　　　　　B. FM　　　　　　　C. PWM　　　　　　　D. PM

3. 51 单片机采用 PWM 方式实现对直流电动机控制时，PWM 的占空比 q 与电动机转速的关系为（　　）。
   A. q 越大，电动机的转速越快　　　　B. q 越大，电动机的转速越慢
   C. 无关　　　　　　　　　　　　　　D. 保持不变

4. 51 单片机引脚产生 PWM 信号的方式为（　　）。
   A. 利用软件延时　　　　　　　　　　B. 定时/计数器实现定时
   C. 利用软件延时或定时/计数器定时　　D. 无法实现

5. 设 51 单片机系统时钟是 12MHz，现要求 51 单片机的引脚 1 产生周期是 20ms 的 PWM 信号驱动直流电动机，其中，PWM 的高电平是 0.5ms。在程序设计中用定时/计数器 T1 的工作方式 1 定时方式产生 0.5ms，定时/计数器 T1 的初值为（　　）。
   A. 9162−500　　　　B. 65536−500　　　　C. 65535−500　　　　D. 500

6. 能实现将脉冲信号转化为角位移或线位移的开环控制元件是（　　）。
   A. 直流电动机　　　B. 舵机　　　　　　C. 发电机　　　　　　D. 步进电动机

7. 步进电动机是能实现将（　　）转化为角位移或线位移的开环控制元件。

A. 脉冲信号   B. 直流信号   C. 交流信号   D. 电能

8. 步进电动机每旋转一圈需要 200 个脉冲信号励磁，可以计算出每个励磁信号能使步进电动机前进（ ）。

A. 1.8°   B. 3.6°   C. 0.9°   D. 3.6°

9. 51 单片机控制舵机采用定时/计数器 T1 的定时方式输出 PWM，在编程中使用中断方式编程，在程序的初始化需要启动定时/计数器 T1 计数的指令是（ ）。

A. TR0=0   B. TR0=1   C. TR1=0   D. TR1=1

二、简答题

1. 51 单片机控制直流电动机或者舵机系统时，应用定时/计数器 T0 的定时方式输出 PWM 控制信号，设 51 单片机的系统时钟为 12MHz，说明产生周期为 20ms、高电平为 0.5ms 的 PWM 信号的程序设计过程。

2. 在步进电动机的控制系统中采用 1 相励磁方式，在每个瞬间，步进电动机只有一个线圈导通。如果以该方式控制步进电动机正转，那么对应的励磁顺序如表 6-3 所示，励磁顺序 1→2→3→4→1。若要控制步进电动机反转，则请写出对应的励磁顺序表。

3. 简述 51 单片机控制多个舵机的程序算法。

4. 简述 51 单片机输出的 PWM 的脉冲宽度与控制舵机转角之间的关系。

第7章 51单片机控制系统实验设计

内容概要

通过对前面各章的学习，读者基本掌握了51单片机的硬件结构、工作原理和程序设计方法、人机接口等基础知识，已经具备了单片机基本模块的硬件电路设计和程序设计的能力。为了巩固前面的知识，在本章设计了一些经典的单片机实验，给出了实验的电路和参考程序清单，读者可以按图索骥完成基本的实验，当然也可以在给定的基础电路和程序的基础上，自行进行功能扩展。

本章内容特色

（1）介绍了51单片机控制系统的电源设计。

（2）介绍了51单片机控制系统与PC的通信设计。

（3）设置了跑马灯实验、数码管动态显示实验、矩阵键盘实验、简易交通灯系统设计实验、简易秒表实验、A/D及D/A转换实验和51单片机双机通信共7个实验，可以为上课教师提供实验指导。

（4）每个实验都留有思考题。

51单片机的实验系统，现在市面上非常多，有各种各样的实验板、实验箱和单元模块，但各部分的功能都是基于51单片机的I/O口开发的，不同的实验板（实验箱）在实现相同功能时可能用的引脚名称不一样，这都没关系，实验板（实验箱）硬件买好了，不能改，但我们只要在程序设计中将端口定义修改一下即可。例如，甲实验板上是用P1.0引脚接独立按键的，其程序的端口定义为sbit key=P1^0；如果手头中的实验板是P3.0引脚接独立按键的，又想做同样的实验，那么只要将原来程序中的"sbit key=P1^0"语句改成"sbit key=P3^0"即可。本章的实验都是基于如图7-1所示的原理图实验板来完成的。下面将在各实验中对所用的单元电路进行较为详细的说明。

7.1 51单片机控制系统的电源模块

单片机系统的电源模块的设计是单片机应用系统设计中的一项重要工作，电源的精度和可靠性等各项指标，直接影响系统的整体性能。

单片机系统的数字和模拟两部分电路对电源的要求有所不同。

数字部分：以脉冲方式工作，电源功率的脉冲性较为突出，如显示器的动态扫描会引起电源脉动。因此，为数字部分供电要考虑有足够的余量，大系统按实际功率消耗的1.5～2倍设计，小系统按2～3倍设计。此外，有时还需要多路电源或供电。

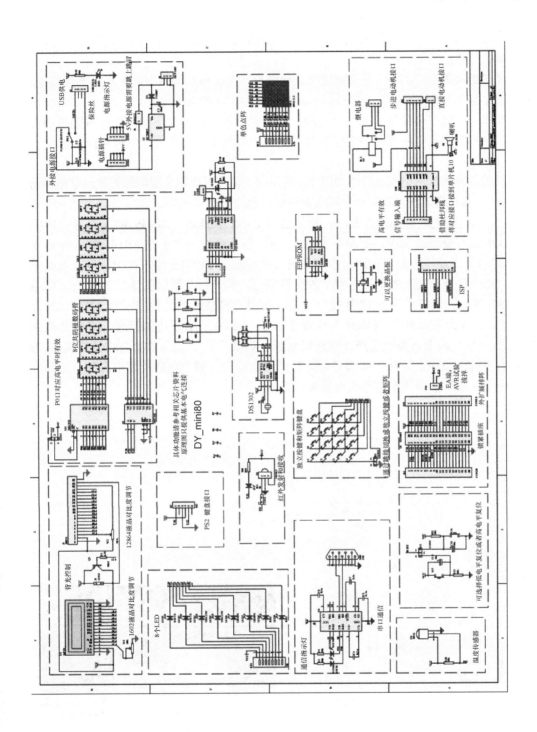

图 7-1　本章所用实验板的电路原理图

　　模拟部分：模拟部分对电源的要求不同于数字部分，模拟放大电路和电路对电源电压的精度、稳定性和纹波系数的要求很高，如果供电电压的纹波较大，回路中存在脉冲干扰，那么将直接影响放大后信号的质量和转换精度。一些模拟电路的偏置电压和基准电压也需要有很高的精度和稳定性。

　　有些场合需要隔离电源，将信号传输通路完全隔离，以提高系统的安全性和抗干扰性能。例如，光电耦合器 I/O 电路的供电，模拟信号隔离放大器 I/O 电路的电源。

　　如果模拟部分和数字部分使用同一个电源，那么会使数字部分产生的高频有害噪声耦合到模拟部分。因此在模拟电路和数字电路混合的单片机系统中，需要考虑两种电路采取独立供电。

　　51 单片机控制系统常用电源原理图如图 7-2 所示，51 单片机控制系统电源的单元电路实物图如图 7-3 所示，该电源模块可以为单片机实验板提供稳定的+5V 电压。

　　图 7-2 所示的电源电路有两种方案：一种是通过图 7-2 中的 J9（DC PORT）外接直流电源（注意直流电压不要超过 25V，电流不要超过 3A，插头极性为内正外负的电源），然后通过 U2（MC7805T）三端稳压集成电路为控制系统提供稳定的 5V 电压输出，D1 和 C3 组成半波整流电路，滤除从外部接入的直流电源中的交流成分；另一种是通过图 7-2 中的 J5（USB JACK）的 USB 接口与计算机上的 USB 接口连接，给单片机系统提供 5V 电源，C1 和 C2 为电源滤波电容。R18 为限流电阻；LED1 为电源指示灯，LED1 亮表示电源接通。SW1 为电源类型选择开关，SW1 向上，系统选择外接直流电源；SW2 向下，系统选择外接计算机 USB 电源。J3 为备用的电源输出插针，J4 为备用的接地输出插针。整个电路所需电源都由该部分提供，通过网络标号 V_{CC} 与其他电路的电源端口连接。

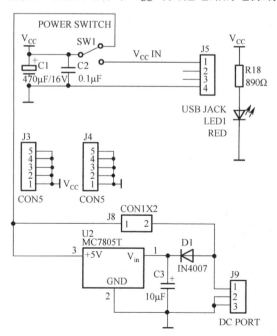

图 7-2　51 单片机控制系统常用电源原理图　　　　图 7-3　51 单片机控制系统电源的单元电路实物图

　　在电路板的装配过程中，需要注意有极性的电解电容的正负极不要接反，引脚长的为正极；三端稳压器 7805 不要装反，可以参照图 7-3 上的位置；发光二极管的极性不要接反，引脚长的为正极；最后用万用表测量电源的+5V 输出是否正常。

7.2　51 单片机最小系统模块

51 单片机的最小系统是指使 51 单片机能够正常运行时，由尽量少的元件组成的电路系统。51 单片机最小系统主要由 51 单片机芯片、时钟电路和复位电路组成，下面分别介绍 51 单片机最小系统的各部分。

1. 51 单片机最小系统的 CPU 单元电路

51 单片机最小系统的 CPU 单元电路原理图如图 7-4 所示，51 单片机芯片及电路实物图如图 7-5 所示，该部分图的功能就是放置一块 51 单片机芯片。U9 是引脚 40 零拔插力 ZIF 插座，其作用是安放 51 单片机芯片。本章的单片机控制系统均采用 STC89 系列单片机，可以通过单片机实验系统的串行通信口实现在线编程，对应非 STC 单片机用户，需要通过单片机编程器对单片机进行编程，然后将编程后的单片机插入 ZIF 插座，放置单片机芯片时，一定要注意芯片的放置方向。J14 和 J15 为单排插针，为 51 单片机控制系统提供扩展接口。J16 为单片机的引脚 31（EA）跳线，该引脚接电源，51 单片机 CPU 从单片机内部的程序存储器开始执行程序。

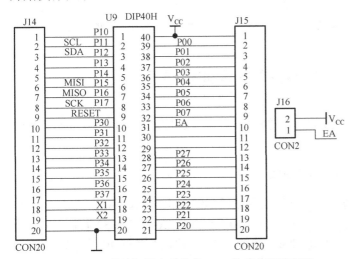

图 7-4　51 单片机最小系统的 CPU 单元电路原理图

图 7-5　51 单片机芯片及电路实物图

2. 51 单片机时钟电路

51 单片机的晶振电路原理图如图 7-6（a）所示，Y2 为单片机外接石英晶振，可以是 0～24MHz；Y2 通过实验板上的 SIP2 插座接入，可以根据实验要求更换不同频率的晶振，常用 6MHz、12MHz 和 11.0592MHz，由于是插接而不是直接焊接，因此容易产生接触不良现象，使用时务必插紧；图 7-6（a）中网络标号 X1 接图 7-4 中 U9（51 单片机）的引脚 18，X2 接图 7-4 中 U9（51 单片机）的引脚 19，C8、C9 起滤波作用。判断单片机芯片及时钟电路是否正常工作有一个简单的办法，就是用万用表测量单片机的晶振引脚（引脚 18、引脚 19）的对地电压。以正常工作的单片机用数字万用表测量为例，引脚 18 对地约 2.24V，引脚 19 对地约

2.09V，否则可能是晶振损坏，需要更换晶振测试。

3. 51 单片机复位电路

51 单片机的复位电路原理图如图 7-7 所示，该电路采用手动复位方式，当 J13 的引脚 2 和引脚 3 接通（用跳线连接）时，S18 按下接地，此时为低电平复位方式；当 J13 的引脚 1 和引脚 2 接通（用跳线连接）时，S17 按下接电源，此时为高电平复位方式。网络标号 RESET 与图 7-4 中 U9（51 单片机）的引脚 9 连接，51 单片机系统采用高电平复位方式。

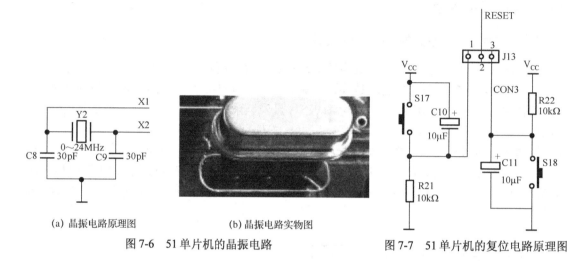

(a) 晶振电路原理图　　　　(b) 晶振电路实物图

图 7-6　51 单片机的晶振电路　　　　图 7-7　51 单片机的复位电路原理图

7.3　51 单片机控制系统与 PC 通信单元电路

为了实现 51 单片机控制系统的在线编程，需要与 PC 建立通信，实现 PC 对 51 单片机控制系统的程序下载。

1. 51 单片机控制系统与 PC 通信的硬件电路

51 单片机控制系统与 PC 通信的硬件电路原理图如图 7-8 所示，其作用是实现 51 单片机与 PC 之间通信，完成对 51 单片机的下载程序功能。图 7-8 中的 U6 是 TC232 芯片，其作用是实现电平转换，完成计算机 COM 口的 RS-232C 电平与 51 单片机的 TTL 电平互换。TC232 的引脚 10 和引脚 9 分别与图 7-4 中的 U9（51 单片机）的 P31 引脚和 P32 引脚连接，TC232 的引脚 7 和引脚 8 分别与 J10（DB9）的引脚 2 和引脚 3 连接，J10 与计算机的 COM 口连接。

DB9 实物外形如图 7-9 所示，DB9 用于连接计算机的 COM 口。计算机的 COM 口一般是针型的，51 单片机控制系统板上的 DB9 是孔型的。使用时串口线要注意匹配，图 7-8 中的 DB9 只使用了发送线 TXD、接收线 RXD 和地线 GND。该种连接方式适用于有串口资源的计算机，如台式计算机和老款笔记本计算机，直接和计算机主板上的 COM1 或者 COM2 连接；但现在的笔记本计算机和 PC 很多基本没有 COM 口，往往是通过计算机上的 USB 实现转换的，这时将 USB 视为虚拟出串口资源，所以需要在计算机上安装 USB 转串口驱动，对于安装了 USB 转串口驱动的计算机，在计算机的设备管理中可以看到虚拟的串口号。

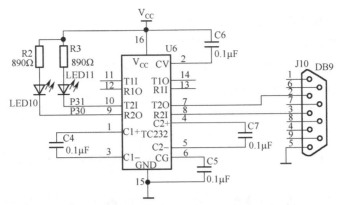

图 7-8　51 单片机控制系统与 PC 通信的硬件电路原理图

　　　　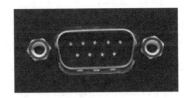

（a）母口（孔型）　　　　　　　　　　（b）公口（针型）

图 7-9　DB9 实物外形

2. 51 单片机控制系统的程序下载

本章的 51 单片机控制系统的单片机芯片选用 STC89 系列芯片。STC89 系列芯片可以通过其串口实现在线编程，实验实训时使用非常方便。串口编程软件以 STC-ISP 最为流行，其程序下载界面如图 7-10 所示。

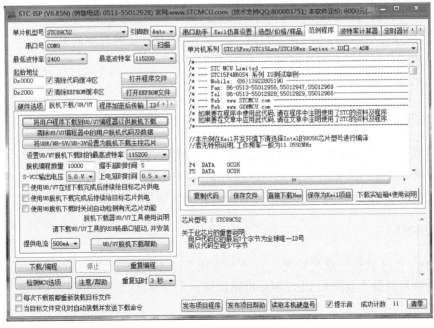

图 7-10　串口程序下载界面

STC-ISP 程序下载使用时需要注意以下几点。

（1）确定实验用单片机型号：根据实验板上单片机的型号，在图 7-10 中选择对应的单片机，两种一定要一致，方法在图 7-10 中，单击单片机型号 STC89C52 ▼选项中的 ▼|，从其下拉列表中选择实验单片机型号。

（2）确定实验板串口与电脑上连接的串口号：方法是在图 7-10 中，单击串口号 COM9 ▼选项中的 ▼|，从其下拉列表中选择单片机控制系统与 PC 连接的串口号，也可以单击 扫描 按钮，该软件会自动搜索单片机控制系统与 PC 连接的串口号。

（3）打开下载文件：方法是在图 7-10 中，单击 打开程序文件 按钮，在其弹出的窗口中找到用户要下载的"*.hex"文件。

（4）下载操作：方法是在图 7-10 中，单击 下载/编程 按钮，串口编程软件将用户在上位机编写生成的"*.hex"文件通过 PC 的 COM 口（或者 USB）上的数据线传送给 STC 单片机的串口存储到单片机的程序存储器中，完成程序下载。下载时，注意要先关闭实验板的电源开关，再打开单片机控制系统的电源开关，等几秒钟就会完成。

7.4　51 单片机控制的 8 个 LED 跑马灯实验

1. 实验目的

（1）熟悉单片机的外部引脚功能。
（2）掌握单片机与单个数码管的硬件电路设计。
（3）熟悉 51 单片机的 C51 程序设计，掌握 C51 的软件延时程序的编写。
（4）熟悉单片机系统仿真工具软件 Proteus 的使用。
（5）熟悉 Keil 的编程环境。

2. 实验内容

利用单片机的 P1 口驱动 8 个 LED，构成一个多种方案的跑马灯，要求 LED 的点亮方式首先是由左向右 1 个灯点亮，其次是由左向右 2 个灯点亮，然后是由左向右 3 个灯点亮……再到 8 个灯全部点亮，8 个灯全部灭，然后次重复上述动作。

3. 电路设计

在 Proteus ISIS 软件中绘制如图 7-11 所示的电路，电路中的元器件清单如表 7-1 所示。该电路主要由单片机最小系统和 LED 驱动电路组成。

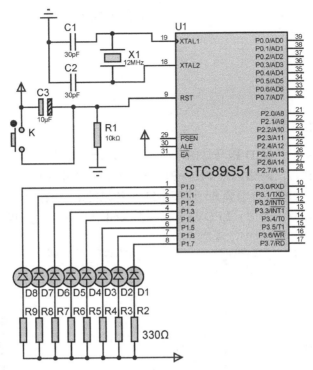

图 7-11　51 单片机控制的 8 个 LED 跑马灯电路原理图

表 7-1　51 单片机控制的 8 个 LED 跑马灯电路原理图元器件清单

元器件编号	Proteus 软件中的元器件名称	元器件标称值	说明
U1	80C51	无	STC89C52 单片机
R1	RES	10kΩ	电阻
R2~R9	RES	330kΩ	电阻
C1、C2	CAP	30pF	无极性电容
C3	CAP-ELEC	10μF	电解电容
X1	CRYSTAL	12MHz	石英晶体
S1	BUTTON	无	按键
D1~D8	LED-RED	无	红色发光二极管

4. 8 个 LED 测试参考程序（实验要求的程序可以在此基础上修改）

例如，循环点亮图 7-11 中的 8 个 LED 当中的一个，形成循环流水点亮的效果，程序如下。

```
#include<reg52.h>
void delay(unsigned int cnt)        //延时子程序
{while(--cnt);
}
main( )
{   P1=0xfe;                        //给 P1 口赋值 11111110，一个灯亮
    while(1)
    {    delay(30000);              //延时程序
        P1<<=1;                     //左移一位
        P1|=0x01;                   //最后一位补 1
```

```
    if(P1==0x7f)                    //检测是否移到最左端
    {  delay(30000);
          P1=0xfe;                  //重新赋值
    }
  }
}
```

5. 跑马灯的实验演示

51 单片机控制的 8 个 LED 跑马灯的电路原理图及硬件电路实物图如图 7-12 所示，RP1（330Ω）排阻起限流作用，网络标号 P10～P17 分别与图 7-4 中 U9（51 单片机）的 P1 口的 P10 引脚～P17 引脚（引脚 1～引脚 8）连接，51 单片机的 P1 口输出低电平时，LED 点亮；51 单片机的 P1 口输出高电平时，LED 熄灭。将在 Keil 软件中编写的程序编译、链接后生成的"*.hex"文件下载到单片机中，观察实验现象。

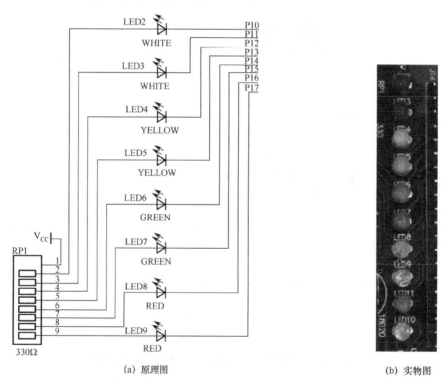

(a) 原理图　　　　　　　　　　　(b) 实物图

图 7-12　51 单片机控制的 8 个 LED 跑马灯的电路原理图及硬件电路实物图

6. 实验思考题

（1）在图 7-12 和图 7-11 中，电阻 R2～R9 和 RP1 的阻值是如何确定的？

（2）如果要跑马灯"跑"的速度快一些，那么应如何修改程序？

（3）如何采用 C51 设计一个 1ms 的延时程序？

7. 实验总结

完成实验后，写一份 200 字左右的实验总结，主要包括对电路设计和程序设计中遇到的问题的分析和实验心得体会。

7.5　51 单片机控制的数码管动态显示实验

1. 实验目的

（1）熟悉单片机的外部引脚功能。
（2）掌握单片机与多个数码管的硬件电路设计方法。
（3）掌握单片机控制数码管的动态扫描的工作原理及编程方法。
（4）熟悉单片机系统仿真工具软件 Proteus 的使用。
（5）熟悉 Keil 软件的编程环境和程序调试方法。

2. 实验内容

运用 51 单片机实现 8 个数码管的动态数字显示，数码管的段选数据由 51 单片机的 P0 口控制，数码管的位控制信号由 51 单片机的 P2 口的低 3 位控制，使 8 个数码管分别显示 0、1、2、3、4、5、6、7。

3. 电路设计

根据要求设计如图 7-13 所示的电路，该电路由 51 单片机、复位电路、时钟电路、8 个数码管及驱动电路组成，51 单片机的 P0 口通过 74HC573 与数码管的段码相连，8 个数码管的位控制信号与 74LS138 的输出相连，74LS138 的输入信号与单片机的 P2 口的 P2.0 引脚、P2.1 引脚和 P2.2 引脚相连，P2 口输出的低 3 位数据经过 74LS138 译码后控制 8 个数码管的位控制信号。51 单片机控制的数码管动态显示电路的元器件清单如表 7-2 所示。

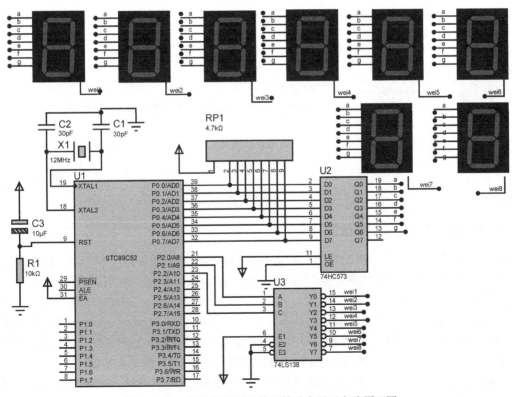

图 7-13　51 单片机控制的数码管动态显示电路原理图

表 7-2　51 单片机控制的数码管动态显示电路的元器件清单

元器件编号	Proteus 软件中的元器件名称	元器件标称值	说明
U1	80C51	无	STC89C52 单片机
R1	RES	10kΩ	电阻
C1、C2	CAP	30pF	无极性电容
C3	CAP-ELEC	10μF	电解电容
X1	CRYSTAL	12MHz	石英晶体
74HC573	74HC573	无	锁存器
74LS138	74LS138	无	译码器
RP1	RESPACK-8	4.7kΩ	排阻
SEG1~SEG8	7SEG-COM-CATHODE	无	七段共阴极数码管

4. 数码管动态显示参考程序

```
#include<reg51.h>
unsigned char const ceshi[]=
{0x3f,0x06,0x5b,0x4f,0x66,0x6d,0x7d,0x07,0x7f,0x6f};      //显示段码值 01234567
unsigned char code  seg[]={0,1,2,3,4,5,6,7};              //相应的数码管点亮
void delay (unsigned int  x )
{   while (--x );
}
main()
{   unsigned char i;
      while(1)
    {
      P0=ceshi[i];           //取显示数据，段码
        P2=seg[i];           //取位码
        delay(20000);        //扫描间隙延时，时间太长会闪烁，太短会造成重影
      i++;
        if(8==i)             //测试 8 位数码管扫描一周
        i=0;
    }
}
```

5. 数码管动态显示的实验演示

　　51 单片机控制系统电路板的数码管动态显示接口电路原理图如图 7-14 所示，DS1 和 DS2（LG3641）是 4 位共阴极数码管，数码管的 a、b、c、d、e、f、g、dp 引脚通过 74HC573 与图 7-4 中 U9（51 单片机）的 P2 口连接。74HC573 为数据锁存器，74HC573 的引脚 1 片选信号 $\overline{OC}$ 接地，74HC573 一直处于被选中状态，74HC573 的引脚 11 通过 J6 跳线有两种连接方式，当 J6 的引脚 1 与引脚 2 连接时，74HC573 的引脚 11 接电源，这时 74HC573 处于直通工作状态；当 J6 的引脚 3 与引脚 2 连接时，74HC573 的引脚 11 与图 7-4 中 U9（51 单片机）的 P37 引脚连接，当图 7-4 中 U9（51 单片机）的 P37 引脚输出高电平时，74HC573 处于直通工作状态；当图 7-4 中 U9（51 单片机）的 P37 引脚输出低电平时，74HC573 处于锁存工作状

态。74HC138 译码器的输入地址信号 A、B 和 C 引脚与图 7-4 中 U9（51 单片机）的 P20、P21 和 P22 引脚连接，74HC138 译码器输出信号 Y0～Y7 分别与 DS1 和 DS2 数码管的位控制端相连。当 74HC138 译码器输出信号 Y0～Y7 为低电平时，与之相连的数码管被选中，可以显示数字；当 74HC138 译码器输出信号 Y0～Y7 为高电平时，与之相连的数码管不能显示数字。将在 Keil 中编写的程序编译、链接后生成的 "*.hex" 文件下载到单片机中，观察实验现象。

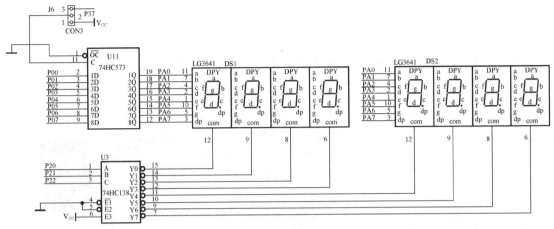

图 7-14 51 单片机控制系统电路板的数码管动态显示接口电路原理图

6. 实验思考题

（1）图 7-13 中元件 RP1 的作用是什么？

（2）共阴极数码管的段码的编码规则是什么？单片机输出的数值是通过什么方式转换为数码管的段码的？

（3）编写一段在 8 个数码管上显示 65—43—21 的程序。

7. 实验总结

完成实验后，写一份 200 字左右的实验总结，主要包括对电路设计和程序设计中遇到的问题的分析和实验心得体会。

7.6 51 单片机控制系统的矩阵键盘设计实验

1. 实验目的

（1）掌握单片机控制系统的按键设计方法。

（2）掌握单片机控制系统的矩阵键盘的硬件电路设计。

（3）熟悉单片机控制系统的矩阵键盘的工作原理及编程方法。

（4）熟悉单片机控制系统仿真工具软件 Proteus 的使用。

（5）熟悉 Keil 的编程环境和程序调试方法。

2. 实验内容

利用 51 单片机的 P3 口接 16 个按键，构成一个 4×4 的矩阵键盘，P3 口的按键值通过单片机的 P0 口所接数码管显示。开始 P0 口不显示，按下 0 号键，松开后，P0 口所接的数码管显示 0；按下 1 号键，松开后，P0 口所接的数码管显示 1；依此类推，按下 F 号键，松开后，P0 口所接的数码管显示 F。

3. 电路设计

根据设计要求，利用 Proteus 软件绘制如图 7-15 所示的矩阵键盘电路原理图，由单片机的 P3 口控制键盘的行线和列线扫描，单片机 P0 口接数码管。51 单片机控制的矩阵键盘电路的元器件清单如表 7-3 所示。

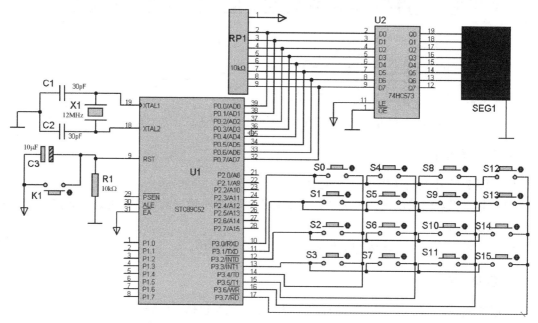

图 7-15　51 单片机控制的矩阵键盘电路原理图

表 7-3　51 单片机控制的矩阵键盘电路的元器件清单

元器件编号	Proteus 软件中的元器件名称	元器件的标称值	说明
U1	80C51	无	STC89C52 单片机
R1	RES	10kΩ	电阻
C1、C2	CAP	30pF	无极性电容
C3	CAP-ELEC	10μF	电解电容
X1	CRYSTAL	12MHz	石英晶体
74HC573	74HC573	无	锁存器
RP1	RESPACK-8	10kΩ	排阻
K1、S0~S15	BUTTON	无	按键开关
SEG1	7SEG-COM-CATHODE	无	七段共阴极数码管

4. 矩阵键盘参考程序

运用反转法循环扫描矩阵键盘，通过 1 位数码管显示按键值。

```
#include<reg52.h>
#define uchar unsigned char
#define uint  unsigned int
unsigned char const
ceshi[] ={0x3f,0x06,0x5b,0x4f,0x66,0x6d,0x7d,0x07,0x7f,0x6f,
          0x77,0x7c,0x39,0x5e,0x79,0x71};      //共阴极数码管显示字符 0～F
uchar keyscan(void);          //键盘扫描子函数
void delay(uint i);           //按键值显示子函数
void main()                   //主函数
{
    uchar key;
    P2=0x00;                  //此条语句在仿真时是没有用的，但下载到实验板时保留
    while(1)
        {
            key=keyscan();  //调用键盘扫描
        switch(key)
        {
            case 0x7e:P0=ceshi[0];break;      //0 按下，送"0"显示码给 P0 显示
            case 0x7d:P0=ceshi[1];break;      //1
            case 0x7b:P0=ceshi[2];break;      //2
            case 0x77:P0=ceshi[3];break;      //3
            case 0xbe:P0=ceshi[4];break;      //4
            case 0xbd:P0=ceshi[5];break;      //5
            case 0xbb:P0=ceshi[6];break;      //6
            case 0xb7:P0=ceshi[7];break;      //7
            case 0xde:P0=ceshi[8];break;      //8
            case 0xdd:P0=ceshi[9];break;      //9
            case 0xdb:P0=ceshi[10];break;     //a
            case 0xd7:P0=ceshi[11];break;     //b
            case 0xee:P0=ceshi[12];break;     //c
            case 0xed:P0=ceshi[13];break;     //d
            case 0xeb:P0=ceshi[14];break;     //e
            case 0xe7:P0=ceshi[15];break;     //f
        }
    }
}
uchar keyscan(void)                   //键盘扫描函数，使用行列反转扫描法
{
        uchar cord_h,cord_l;          //行列值中间变量
    P3=0x0f;                          //行线输出全为 0
    cord_h=P3&0x0f;                   //读入列线值
    if(cord_h!=0x0f)                  //先检测有无按键按下
```

```
    {
        delay(100);              //去按键抖动
        if(cord_h!=0x0f)
        {
        cord_h=P3&0x0f;          //读入列线值
        P3=cord_h|0xf0;          //输出当前列线值
        cord_l=P3&0xf0;          //读入行线值
        return(cord_h+cord_l);   //键盘最后组合码值
        }
    }
        return(0xff);            //返回该值
}
void delay(uint i)               //延时函数
{
        while(i--);
}
```

5. 矩阵键盘的实验演示

51 单片机控制系统电路板的矩阵键盘电路原理图及实物图如图 7-16 所示，图 7-16（a）中 J11 元件的引脚 1 与引脚 2 连接时，S1、S2、S3 和 S4 构成独立按键，当它们按下时，与之相连的 51 单片机引脚接地。图 7-16（a）中 J11 元件的引脚 2 与引脚 3 用跳线连接时，构成 4 行 4 列共 16 个按键，将图 7-16（a）中 J11 元件的引脚 1 与引脚 2 用跳线连接时，即可构成独立按键；通过网络标号 P30～P37 与图 7-4 中 U9（51 单片机）的 P3 口相连。键盘按键值的显示电路利用图 7-14 中的一个数码管显示即可，这里硬件电路不做说明。将在 Keil 软件中编写的程序编译、链接后生成的"*.hex"文件下载到单片机中，观察实验现象。

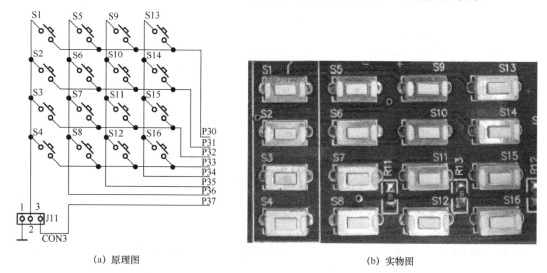

(a) 原理图   (b) 实物图

图 7-16   51 单片机控制系统电路板的矩阵键盘电路原理图及实物图

6. 实验思考题

（1）采取什么方法可以去按键抖动？

（2）试用行扫描的方式和线反转法两种方法说明矩阵键盘的扫描原理，并编写扫描子函数。

（3）结合本实验和数码管的动态显示实验，编写一段简单的计算器程序并进行调试。

7. 实验总结

完成实验后，写一份 200 字左右的实验总结，主要包括对电路设计和程序设计中遇到的问题的分析和实验心得体会。

7.7　51 单片机控制系统的简易交通灯控制系统设计实验

1. 实验目的

（1）掌握 51 单片机与发光二极管的硬件连接。
（2）掌握 51 单片机的外部中断、定时/计数器的基本概念和使用方法。
（3）熟悉 51 单片机的中断编程方法。
（4）熟悉单片机系统仿真工具软件 Proteus 的使用。
（5）熟悉 Keil 的编程环境和程序调试方法。

2. 实验内容

设计并实现单片机交通灯控制系统，要求该交通灯控制系统具有以下功能。
（1）正常情况下双向轮流点亮交通灯，交通灯显示状态如表 7-4 所示。

表 7-4　交通灯显示状态

东西方向			南北方向			状态说明
红灯	黄灯	绿灯	红灯	黄灯	绿灯	
灭	灭	亮	亮	灭	灭	东西方向通行，南北方向禁行
灭	灭	闪烁	亮	灭	灭	东西方向提醒，南北方向禁行
灭	亮	灭	亮	灭	灭	东西方向警告，南北方向禁行
亮	灭	灭	灭	灭	亮	东西方向禁行，南北方向通行
亮	灭	灭	灭	灭	闪烁	东西方向禁行，南北方向提醒
亮	灭	灭	灭	亮	灭	东西方向禁行，南北方向警告

（2）特殊情况时，东西方向放行。
（3）有紧急车辆通行时，东西方向、南北方向均为红灯。紧急情况的优先级高于特殊情况。

3. 电路设计

根据要求设计如图 7-17 所示的电路，该电路由 51 单片机、复位电路、时钟电路、LED 显示及特殊和紧急情况按键电路组成，单片机的 P1 口接 12 个发光二极管模拟东、西、南、北 4 个方向上的 12 盏交通信号灯，且当出现特殊和紧急情况时，能及时调整交通灯的指示状态，电路的元器件清单如表 7-5 所示。

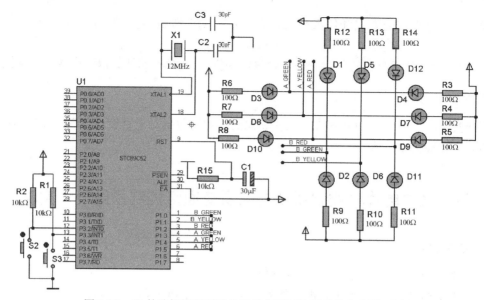

图 7-17　51 单片机控制系统的简易交通灯控制系统电路原理图

表 7-5　51 单片机控制系统的简易交通灯控制系统电路的元器件清单

元器件编号	Proteus 软件中的元器件名称	元器件标称值	说明
U1	80C51	无	STC89C52 单片机
R1、R2、R15	RES	10kΩ	电阻
R3～R14	RES	100Ω	电阻
D1～D12	LED-RED、LED-YELLOW、LED-BLUE	无	红、黄、绿三种颜色的发光二极管
C2、C3	CAP	30pF	无极性电容
C1	CAP-ELEC	30μF	电解电容
X1	CRYSTAL	无	石英晶体
S2、S3	BUTTON	无	按键

　　结合交通灯的控制状态和表 7-4，就会发现东、西两个方向的信号灯的显示状态是一样的，所以对应两个方向上的 6 个发光二极管只用单片机 P1 口的 3 根 I/O 端口线控制即可。同理，南、北方向上的 6 个发光二极管只用单片机 P1 口的 3 根 I/O 端口线控制即可。当 I/O 端口线输出高电平时，对应的交通灯熄灭；反之，当 I/O 端口线输出低电平时，对应的交通灯点亮。交通灯控制端口线的分配及控制状态如表 7-6 所示。

　　按键 S2、S3 模拟紧急情况和特殊情况的发生，当 S2、S3 为高电平时（不按键），表示交通灯正常运行。将 S2 信号接到外部中断 0 引脚（P3.2 引脚，引脚 12），当按键 S2 按下时，表示紧急情况，即可实现外部中断 0 申请；将 S3 信号接到外部中断 1 引脚（P3.3 引脚，引脚 13），当按键 S3 按下时，表示特殊情况，即可实现外部中断 1 申请。

4. 简易交通灯控制系统参考程序

　　在正常情况下，交通灯控制程序如图 7-18（a）所示。在紧急情况下的中断服务程序的流程如图 7-18（b）所示，在特殊情况下的中断服务程序的流程图如图 7-18（c）所示，其中，东西方向简称 A，南北方向简称 B。

表 7-6　交通灯控制端口线的分配及控制状态

东西方向			南北方向			P1 端口数据	状态说明
P1.5	P1.4	P1.3	P1.2	P1.1	P1.0		
红灯	黄灯	绿灯	红灯	黄灯	绿灯		
1	1	0	0	1	1	0XF3	东西方向通行，南北方向禁行
1	1	0、1 变换	0	1	1		东西方向提醒，南北方向禁行
1	0	1	0	1	1	0XEB	东西方向警告，南北方向禁行
0	1	1	1	1	0	0XDE	东西方向禁行，南北方向通行
0	1	1	1	1	0、1 变换	—	东西方向禁行，南北方向提醒
0	1	1	1	0	1	0XDD	东西方向禁行，南北方向警告

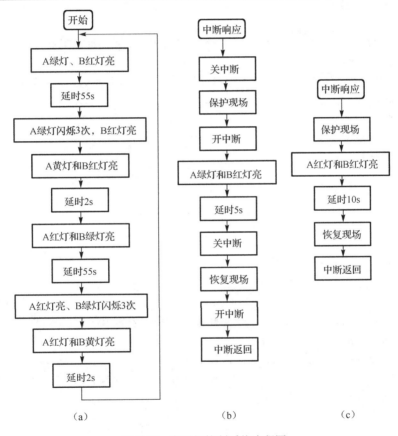

图 7-18　交通灯控制系统流程图

在程序中需要多个不同的延时程序，假定信号闪烁亮灭时间各为 0.5s，那么可以将 0.5s 延时作为基本延时时间。根据流程图编写 51 单片机 C 语言程序，程序如下所示。

```
#include <reg51.h>
unsigned char t0, t1;          //定义全局变量，用于保存延时时间循环次数
/* delay0_5s1 用 T1 的工作方式 1 编制 0.5s 延时程序，假定系统采用 12MHz 晶振，定时器 T1、
工作方式 1 定时 50ms，再循环 10 次即可定时到 0.5s */
void delay0_5s1()
```

```
{    for(t0=0;t0<2;t0++)              //采用全局变量t0作为循环控制变量
    {    TH1=(65536-50000)/256;      //设置定时器初值
         TL1=(65536-50000)%256;
            TR1=1;                    //启动T1
         while(!TF1);                 //查询计数是否溢出，即50ms定时时间到，TF1=1
         TF1=0;                       //50ms定时时间到，将定时器溢出标志位TF1清零

    }
}
void delay_t1(unsigned char t)       //实现0.5～128s延时，延时时间为0.5s×t
{    for(t1=0;t1<t;t1++)             //采用全局变量t1作为循环控制变量
    delay0_5s1();
}
void int_0()  interrupt 0            //外部中断0中断函数，紧急情况中断
{    unsigned char i,j,k,l,m;
        i=P1;                        //保护现场，暂存P1口、t0、t1、TH1、TL1
        j=t0;
        k=t1;
        l=TH1;
        m=TL1;
        P1=0xdb;                     //两个方向都是红灯
        delay_t1(20);                //延时10s
        P1=i;                        //恢复现场，恢复进入中断前P1口、t0、t1、TH1、TL1
        t0=j;
        t1=k;
        TH1=l;
        TL1=m;

}
void int_1() interrupt 2            //特殊情况中断，外部中断1中断函数
{    unsigned char  i,j,k,l,m;
        EA=0;                        //关中断
        i=P1;                        //保护现场，暂存P1口、t0、t1、TH1、TL1
        j=t0;
        k=t1;
        l=TH1;
        m=TL1;
        EA=1;                        //开中断
        P1=0xf3;                     //A道放行
        delay_t1(10);                //延时5s
        EA=0;                        //关中断
        P1=i;                        //恢复现场，恢复进入中断前P1口、t0、t1、TH1、TL1
        t0=j;
        t1=k;
```

```
        TH1=1;
        TL1=m;
        EA=1;                       //开中断
}
void main()                         //主函数
{   unsigned char k;
        TMOD=0x10;                  //T1 设置为工作方式 1
        EA=1;                       //开总中断允许位
        EX0=1;                      //开外部中断 0 中断允许位
        IT0=1;                      //设置外部中断 0 为下降沿触发
        EX1=1;                      //开外部中断 1 中断允许位
        IT1=1;                      //设置外部中断 1 为下降沿触发
        while(1)
        {   P1=0xf3;                //A 绿灯，B 红灯，延时 55s
            delay_t1(110);
            for(k=0;k<3;k++)        //A 绿灯闪烁 3 次

            {   P1=0xf3;
                delay0_5s1();       //延时 0.5s
                P1=0xfb;
                delay0_5s1();       //延时 0.5s
             }
            P1=0xeb;                //A 黄灯，B 红灯，延时 2s
            delay_t1(4);
            P1=0xde;                //A 红灯，B 绿灯，延时 55s
            delay_t1(110);
            for(k=0;k<3;k++)        //B 绿灯闪烁 3 次
        {   P1=0xde;
            delay0_5s1();           //延时 0.5s
            P1=0xdf;
            delay0_5s1();           //延时 0.5s
         }
            P1=0xdd;                //A 红灯，B 黄灯，延时 2s
            delay_t1(4);
    }
}
```

5. 简易交通灯的实验演示

根据如图 7-1 所示的 51 单片机实验电路板的电路原理图结合图 7-4 和图 7-12，读者可以利用图 7-12 中的 8 个发光二极管实现简易交通灯的实验模拟，将图 7-16 中 J11 的引脚 1 和引脚 2 用跳线短接，就可以将图 7-16 变成独立按键。只要按下 S2 和 S3 即可实现相应的中断功能。将在 Keil 中编写的程序编译、链接后生成的"*.hex"文件下载到单片机中，观察实验现象。

6. 实验思考题

（1）试用 STC89S52 单片机的定时/计数器 T0 实现本次实验中程序的功能，修改程序并完成本次实验。

（2）试说明用 STC89S52 单片机定时/计数器 T1 的工作方式 1 产生 50ms 方波，程序采用中断方式编程，程序将涉及哪几个特殊功能寄存器，并对特殊功能寄存器进行赋值。

（3）STC89S52 单片机有几个外部中断，它们的中断号分别是多少？。

（4）在 STC89S52 单片机程序中采用外部中断 0 的查询方式编程，在程序中是否需要开中断？

7. 实验总结

完成实验后，写一份 200 字左右的实验总结，主要包括对电路设计和程序设计中遇到的问题的分析和实验心得体会。

7.8　51 单片机控制系统的简易秒表设计实验

1. 实验目的

（1）掌握 51 单片机的定时/计数器的基本概念。
（2）掌握 51 单片机的定时/计数器的程序设计方法。
（3）熟悉 51 单片机的中断编程方法。
（4）熟悉 51 单片机系统硬件电路设计。
（5）熟悉 Keil 的编程环境和程序调试方法。

2. 实验内容

用 51 单片机控制两个数码管，采用动态链接方式，要求两个数码管显示 00～99 计数，时间间隔为 1s。

3. 电路设计

根据要求设计如图 7-19 所示的电路，该电路由 51 单片机、复位电路、时钟电路、两个数码管及驱动电路组成，单片机的 P0 口通过 74HC573 与两个数码管的段码相连，两个数码管的位控制信号与 74LS138 的输出相连，74LS138 的输入信号与单片机的 P2 口的 P2.0、P2.1 和 P2.2 引脚相连。P2 口输出的低 3 位数据经过 74LS138 译码后控制两位数码管的位选段。51 单片机控制系统的简易秒表电路的元器件清单如表 7-7 所示。

4. 简易秒表参考程序

用 51 单片机的定时/计数器 T0 的工作方式 1 的中断方式产生 1s 的延时程序，由于 51 单片机系统采用 12MHz 晶振，T0 工作方式 1 的定时时间为 10ms，因此再循环 100 次，即可定时 1s。00～99s 秒表的控制程序如下所示。

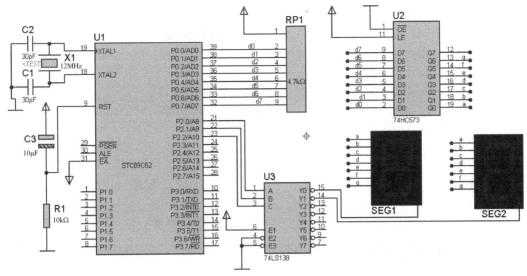

图 7-19　51 单片机控制系统的简易秒表电路原理图

表 7-7　51 单片机控制系统的简易秒表电路的元器件清单

元器件编号	Proteus 软件中的元器件名称	元器件标称值	说明
U1	80C51	无	STC89C52 单片机
R1	RES	10kΩ	电阻
C1、C2	CAP	30pF	无极性电容
C3	CAP-ELEC	10μF	电解电容
X1	CRYSTAL	12MHz	石英晶体
74HC573	74HC573	无	锁存器
74LS138	74LS138	无	译码器
RP1	RESPACK-8	4.5kΩ	排阻
SEG1、SEG2	7SEG-COM-CATHODE	无	共阴极数码管

```c
#include<reg52.h>
code    unsigned    char    tab[]={0x3f,0x06,0x5b,0x4f,0x66,0x6d,0x7d,
0x07,0x7f,0x6f};
                                    //共阴极数码管0~9
unsigned char Dis_Shiwei;           //定义十位
unsigned char Dis_Gewei;            //定义个位
void delay (unsigned int cnt)       //延时函数
{   while(--cnt);
}
void main ( )
{   TMOD =0x01;                     //定时/计数器 T0 工作在方式 1，16 位定时
        TH0=0xd8;                   //设置 T0 计数初值的高 8 位，定时 10ms
        TL0=0xf0;                   //设置 T0 计数初值的低 8 位，
        IE= 0x82;                   //开 T0 溢出中断
        TR0=1;                      //启动 T0 开始计数
```

```
        while(1)
        { P0=Dis_Shiwei;              //送显示十位的段码
          P2=0;                       //送显示十位的位码，74LS138译码，y0为0
          delay(300);                 //短暂延时
          P0=Dis_Gewei;               //显示个位的段码
          P2=1;                       //送显示十位的位码，74LS138译码，y1为0
          delay(300);
        }
}
void timer_0 (void) interrupt 1 using 1   //定时/计数器T0中断函数
{  static unsigned char second, count;
        TH0=0xd8;                     //重新赋值
        TL0=0xf0;
        count++;
        if (count==100)               //100×10ms=1s，大致延时时间
    { count=0;
        second++;                     //秒加1
            if(second==100)
            second=0;
            Dis_Shiwei=tab[second/10];   //十位显示处理
        Dis_Gewei=tab[second%10];        //个位显示处理
    }
}
```

5. 简易秒表的实验演示

利用如图7-14所示动态数码管显示接口电路即可完成简易秒表的计数显示，这里只用到图7-14中的两个数码管，可以用程序修改P2口的赋值确定具体是哪两个数码管。将在Keil软件中编写的程序编译、链接后生成的"*.hex"文件下载到单片机中，观察实验现象。

6. 实验思考题

（1）试用STC89C52单片机的定时/计数器T1实现本次实验中程序的功能，修改程序并完成本次实验。

（2）试用STC89C52单片机的定时/计数器T0的工作方式2实现本次实验中程序的功能，修改程序并完成本次实验。

（3）如何在Keil中模拟调试定时/计数器T0的中断调试？

（4）在STC89C52单片机程序中采用定时/计数器T0的查询方式编程，在程序中是否需要开中断？

7. 实验总结

完成实验后，写一份200字左右的实验总结，主要包括对电路设计和程序设计中遇到的问题的分析和实验心得体会。

7.9　51 单片机控制系统的 A/D 和 D/A 转换实验

1. 实验目的

（1）熟悉 51 单片机外部接口扩展的方法。
（2）熟悉 I^2C 总线的时序。
（3）熟悉 PCF8591 芯片的使用。
（4）熟悉 51 单片机系统硬件电路设计。
（5）熟悉 Keil 的编程环境和程序调试方法。

2. 实验内容

PCF8591 外接 3 个可变电阻模拟外部电压信号的变化，然后将变化的模拟量通过 I^2C 总线传送给 51 单片机，51 单片机将 PCF8591 的 3 路模拟信号转换后的数字量分别传送给数码管，用两位数码管显示一路的模拟量转换后的值。同时用 51 单片机输出数字量，通过 PCF8591 转换后变成模拟量，用该模拟量控制发光二极管的亮度变化。

3. 电路设计

根据要求设计如图 7-20 所示的电路原理图。其中，显示电路已经介绍过，这里不再重复。PCF8591 的 I^2C 总线时钟 SCL 引脚接 51 单片机的 P1.1 引脚，PCF8591 的 I^2C 总线数据线 SDA 引脚接 51 单片机的 P1.2 引脚，PCF8591 的硬件地址端引脚 A0～A2 全部接地，PCF8591 的 AOUT 模拟输出引脚接发光二极管。

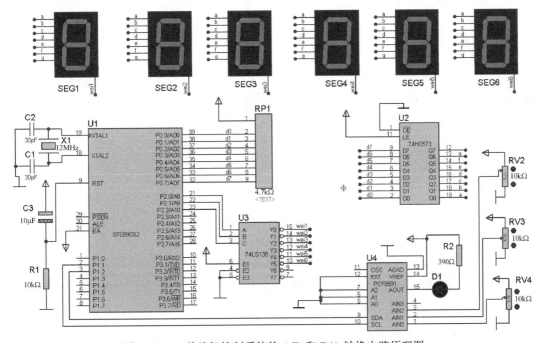

图 7-20　51 单片机控制系统的 A/D 和 D/A 转换电路原理图

4. C 程序参考清单

```
#include<reg52.h>
#include <intrins.h>          //包含 NOP 空指令函数_nop_()
#define AddWr 0x90            //PCF8591 写数据地址
#define AddRd 0x91            //PCF8591 读数据地址
sbit Sda=P1^2;               //定义 I²C 总线数据连接端口
sbit Scl=P1^1;               //定义 I²C 总线时钟连接端口
bit ADFlag;                  //定义 A/D 采样标志位
unsigned char code
Datatab[]={0x3f,0x06,0x5b,0x4f,0x66,0x6d,0x7d,0x07,0x7f,0x6f};
                             //七段共阴极数码管段码表
data unsigned char  Display[8]; //定义临时存放数码管数值
void mDelay(unsigned char j)    //延时函数
{   unsigned int x,i;
    for(x=j;x>0;x--)
        {
        for(i=0;i<125;i++)
            {;}
        }
}
void Init_Timer1(void)       //初始化定时器1
{   TMOD |= 0x10;            //工作在方式1
    TH1=0xff;               //赋初值
    TL1=0x00;
    EA=1;                   //开中断
    ET1=1;                  //开定时器 T1 中断
    TR1=1;
}
void Start(void)             //启动 I²C 总线
{   Sda=1;
    _nop_();

    Scl=1;
    _nop_();
    Sda=0;
    _nop_();
    Scl=0;
}
void Stop(void)              //停止 I²C 总线
{   Sda=0;
    _nop_();
    Scl=1;
    _nop_();
```

```
        Sda=1;
        _nop_();
        Scl=0;
}
void Ack(void)                  //I²C 总线应答方式
{   Sda=0;
        _nop_();
        Scl=1;
        _nop_();
        Scl=0;
        _nop_();
}
void NoAck(void)                //I²C 总线非应答方式
{   Sda=1;
        _nop_();
        Scl=1;
        _nop_();
        Scl=0;
        _nop_();
}
void Send(unsigned char Data)       //发送一字节
    {   unsigned char BitCounter=8;
        unsigned char temp;
        do
        {   temp=Data;
            Scl=0;
            _nop_();
            if((temp&0x80)==0x80)
            Sda=1;
             else
                Sda=0;
                Scl=1;
                temp=Data<<1;
                Data=temp;
                BitCounter--;
        }
while(BitCounter);
        Scl=0;
}
unsigned char Read(void)            //读入一字节并返回

{       unsigned char temp=0;
            unsigned char temp1=0;
            unsigned char BitCounter=8;
```

```
        Sda=1;
        do
         {   Scl=0;
            _nop_();
            Scl=1;
            _nop_();
            if(Sda)
                temp=temp|0x01;
            else
                temp=temp&0xfe;
            if(BitCounter-1)
            {   temp1=temp<<1;
                temp=temp1;
            }
        BitCounter--;
        }
    while(BitCounter);
    return(temp);
}
    void DAC(unsigned char Data)        //写入 D/A 转换值
    {       Start();
            Send(AddWr);                //写入芯片地址
            Ack();
            Send(0x40);                 //写入控制位，使能 D/A 转换器输出
            Ack();
            Send(Data);                 //写数据
            Ack();
            Stop();
    }
unsigned char ReadADC(unsigned char Chl)        //读取 A/D 转换的值
    {       unsigned char Data;
            Start();                            //写入芯片地址
            Send(AddWr);
            Ack();
            Send(0x40|Chl);             //写入选择的通道，
        //程序采用单端输入，差分部分需要自行添加，Chl 表示 0、1、2 通道
            Ack();
            Start();
            Send(AddRd);                //读入地址
            Ack();
            Data=Read();                //读数据
            Scl=0;
            NoAck();
            Stop();
```

```
            return Data;              //返回值
        }
void main()                          //主程序
    {   unsigned char num;           //D/A 输出变量

    unsigned char ADtemp;            //定义中间变量
        Init_Timer1();
        while(1)
        {   DAC(num);                //D/A 输出，可以用 LED 模拟电压变化
            num++;                   //累加到 256 后溢出变为 0，再循环，发光二极管的亮度逐渐变化
            mDelay(20);              //延时用于清晰看出变化
            if(ADFlag)               //定时采集输入模拟量
        {   ADFlag=0;
            ADtemp=ReadADC(0);
                Display[0]=Datatab[(ReadADC(0))/50]|0x80;//处理 0 通道电压显示
            Display[1]=Datatab[((ReadADC(0))%50)/10];
            ADtemp=ReadADC(1);
                Display[2]=Datatab[((ReadADC(1))/50)]|0x80;//处理 1 通道电压显示
            Display[3]=Datatab[((ReadADC(1))%50)/10];
            ADtemp=ReadADC(2);
                Display[4]=Datatab[((ReadADC(2))/50)]|0x80;//处理 2 通道电压显示
            Display[5]=Datatab[((ReadADC(2))%50)/10];
            ADtemp=ReadADC(3);
            }
        }
    }
    void Timer1_isr(void) interrupt 3 using 1   //T1 中断，执行数码管动态扫描
    {   static unsigned int count,j;
    TH1=0xfb;                        //重新赋值
    TL1=0x00;
    j++;
    if(j==300)
{   j=0;ADFlag=1;}                   //定时置位 A/D 采样标志位
        P0=Display[count];           //用于动态扫描数码管
    P2=count;
    count++;
    if(count==3)                     //表示扫描 3 个数码管
    count=0;
}
```

5. A/D 与 D/A 转换实验数据观察

51 单片机控制系统的 A/D 与 D/A 转换电路原理图如图 7-21 所示，PCF8591 是基于 I²C 的 A/D 与 D/A 芯片，PCF8591 的 I²C 数据线 SDA 通过网络标号 SDA 与图 7-4 中 U9（51 单片机）

的 P12 引脚连接，PCF8591 的 I²C 时钟线 SCL 通过网络标号 SCL 与图 7-4 中 U9（51 单片机）的 P11 引脚连接，R8 和 R9 为 I²C 总线的上拉电阻。PCF8591 的引脚 15（模拟信号输出端）与 J23 的引脚 1 连接，可以在 J23 的引脚 1 和地之间测量 PFC8591 的模拟输出电压波形，若 J23 用跳线帽连接其引脚 1、引脚 2，则 PCF8591 的模拟输出量的大小就可以控制 LED12 的明暗变化，R10 为 LED12 的限流电阻。W3、W4、W5、W6 变阻器的模拟信号通过 J21（使用跳线帽）CF8591 的 4 路 A/D 输入端连接，拔掉 J21 的跳线帽，可以使用外部电压信号作为 PCF8591 的模拟输入信号。利用 Keil 将编写的源程序编译、链接后生成的"*.hex"文件下载到单片机中，调节控制系统上的 W3、W4、W5 变阻器的值，观察数码管上值的变化。

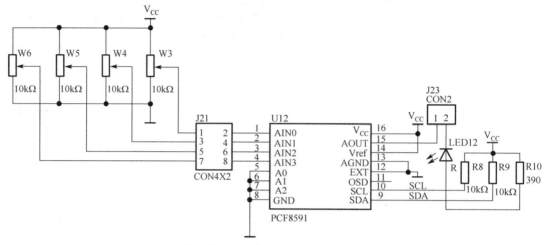

图 7-21   51 单片机控制系统的 A/D 与 D/A 转换电路原理图

6. 实验思考题

（1）什么是 I²C 总线？其原理是什么？

（2）试将样例中的子函数变成用户模块，对该样例程序加以简化设计。

（3）该样例程序只是进行了 A/D 转换，其实 PCF8591 是可以进行 D/A 转换的，利用图 7-21 产生一个正弦波形，编写程序并调试。

7. 实验总结

完成实验后，写一份 200 字左右的实验总结，主要包括对电路设计和程序设计中遇到的问题的分析和实验心得体会。

7.10   51 单片机与单片机之间的双机通信设计

1. 实验目的

（1）熟悉 51 单片机的串行通信基本概念。

（2）掌握 51 单片机串行通信的工作方式。

（3）熟悉 51 单片机系统的硬件电路设计。

（4）熟悉 Keil 的编程环境和程序调试方法。

2. 实验内容

利用如图 7-1 所示原理图的两块 51 单片机实验板进行双机实验,将一块实验板上的矩阵按键的值(0~F),通过串行通信传送到另一块实验板上的数码管进行显示。设两块板之间的传输波特率为 9600bit/s。为了保证实验结果的正确性和稳定性,实验过程中注意两块板的时钟频率要选择 11.0592MHz,两个单片机一定要共地。

3. 仿真电路图设计

根据要求在 Proteus 软件中绘制如图 7-22 所示的仿真原理图,在 Proteus 原理图仿真中可以省略单片机的时钟电路和复位电路,所以图 7-22 中就没有画单片机的时钟电路和复位电路。

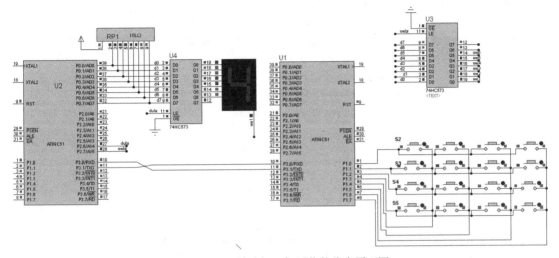

图 7-22　51 单片机双机通信的仿真原理图

4. 发送方单片机 C 语言程序

```
#include <reg51.h>
#define uchar unsigned char      //用符号uchar定义无符号字符型变量
#define uint unsigned int
void send (uchar key_num)        //串行口查询方式发送数据
   {
       SBUF=key_num;             //读取串行口数据
       while (!TI);              //查询发送是否结束
       TI=0;                     //清发送中断,为下次发送做准备
}
void delayms (uint xms)          //延时约 xms
{
    uint i,j;
    for(i=xms;i>0;i--)
    for(j=110;j>0;j--);
}
void  matrixkeyscan()            //矩阵键盘扫描程序
```

```c
{
    uchar temp,key;
    P1=0xfe;                        //输出扫描的第1行信号
    temp=P1;
    temp=temp&0xf0;
    if(temp!=0xf0)                  //判断是否有按键按下
    {
        delayms(10);               //延时去抖动
        temp=P1;
        temp=temp&0xf0;
        if(temp!=0xf0)
            {   temp=P1;
                switch(temp)        //计算第1行按键的值
                {
                case 0xee:key=0;break;
                case 0xde:key=1;break;
                case 0xbe:key=2;break;
                    case 0x7e:key=3;break;
                }
            while (temp!=0xf0)      //等待按键释放
            {
                temp=P1;
                temp=temp&0xf0;
            }
            send(key);             //通过串行口发送第1行的按键值
        }
    }
    P1=0xfd;                        //第1行没有按键按下，扫描第2行按键
    temp=P1;
    temp=temp&0xf0;
    if(temp!=0xf0)
    {
        delayms(10);
            temp=P1;
        temp=temp&0xf0;
        if(temp!=0xf0)
            {   temp=P1;
                switch(temp)        //计算第2行按键的值
                {
                case 0xed:key=4;break;
                case 0xdd:key=5;break;
                case 0xbd:key=6;break;
                case 0x7d:key=7;break;
                }
            while (temp!=0xf0)
```

```
    {
        temp=P1;
        temp=temp&0xf0;
    }
        send(key);
    }
}
    P1=0xfb;                          //第 1 行、第 2 行没有按键按下，扫描第 3 行
    temp=P1;
    temp=temp&0xf0;
        if(temp!=0xf0)
    {
        delayms(10);
            temp=P1;
        temp=temp&0xf0;
        if(temp!=0xf0)
            {   temp=P1;
                switch(temp)      //计算第 3 行的按键值
                {
                case 0xeb:key=8;break;
                case 0xdb:key=9;break;
                case 0xbb:key=10;break;
                case 0x7b:key=11;break;
                }
                while (temp!=0xf0)
                {
                    temp=P1;
                    temp=temp&0xf0;
                }
                send(key);
            }
    }
    P1=0xf7;                          //第 1~3 行没有按键按下，扫描第 4 行按键
    temp=P1;
temp=temp&0xf0;
if(temp!=0xf0)
{
    delayms(10);
        temp=P1;
    temp=temp&0xf0;
    if(temp!=0xf0)
        {   temp=P1;
            switch(temp)          //计算第 4 行按键的值
            {
            case 0xe7:key=12;break;
```

```
                case 0xd7:key=13;break;
                case 0xb7:key=14;break;
                case 0x77:key=15;break;
            }
        while (temp!=0xf0)
            {
                temp=P1;
                temp=temp&0xf0;
            }

            send(key);
        }
    }
}

void main (void)        //发送方的主函数
{
    TMOD=0x20;          //定时器T1设置为工作方式2
    TH1=0XFD;           //系统时钟为11.0592MHz、波特率为9600bit/s时，T1的初值
    TL1=0XFD;
    TR1=1;              //启动定时器T1
    SCON=0x40;          //串行口工作在方式1，SM0=0，SM1=1
    IE=0x90;            //允许串行口中断，EA=1；ES=1
    while(1)
    {
        matrixkeyscan();        //调用键盘扫描函数
    }
}
```

5. 接收方单片机C语言程序

```
#include <reg51.h>
#define uchar unsigned char
#define uint unsigned int
sbit dula=P2^6;        //声明用于控制数码管段码的U4锁存器的引脚控制端
sbit wela=P2^7;        //声明用于控制数码管位码的U3锁存器的引脚控制端
uchar code table[]={0x3f,0x06,0x5b,0x4f,
                    0x66,0x6d,0x7d,0x07,
                    0x7f,0x6f,0x77,0x7c,
                    0x39,0x5e,0x79,0x71,0x80}; //共阴极数码管
void display(uchar num)        //数码管显示函数
{
    P0=table[num];        //送位码
    dula=1;               //锁存器直通
    dula=0;               //锁存器数据被锁存
    P0=0xc0;              //送数码管的位选信号
    wela=1;               //位选锁存器直通
```

```
    wela=0;                       //位选锁存器锁存
}
void main (void)
{
    TMOD=0x20;                    //定时器 T1 工作在方式 1
    TH1=0xfD;                     //波特率为 9600bit/s，定时器 T1 的计数初值
    TL1=0xfD;
    TR1=1;                        //启动定时器 T1 计数
    SCON=0x50 ;                   //串行口工作在方式 1，允许接收。SM0=0；SM1=1；REN=1
    IE=0X90 ;                     //开串行口中断。EA=1；ES=1
    while(1);                     //等待中断
}
void get_disp (void) interrupt 4        //接收方串行口中断
{
    uchar a;
    a = SBUF;                     //读取串行口数据
    RI=0;                         //清串行口中断标志
    display(a);                   //调用显示程序
}
```

6. 实验数据观察及双机通信设计规则

（1）两个 51 单片机通信时的串行口的工作方式要相同，特别需要注意的是，必须保证两个 51 单片机系统的通信波特率完全一致，否则接收方收不到正确的数据，要求 51 单片机系统使用的晶振频率为 11.0592MHz。

（2）在编写单向数据传输时，发送方无须写接收程序，接收方无须写发送程序。当编写双向数据传输程序时，需要注意的是，在发送和接收数据时一定要将串行口中断关闭，否则会影响串行口中断服务程序及程序的正常运行。

（3）在 Keil 中将甲、乙程序分别编译后生成的"*.hex"文件分别下载到两块单片机实验板的单片机中，然后用数据线将甲实验板的单片机引脚 10（RXD）与乙实验板的单片机引脚 11（TXD）连接起来，再用另一根数据线将甲实验板的单片机引脚 11（TXD）与乙实验板的单片机引脚 10（RXD）连接起来。然后加电，即可实现两块单片机实验板的双机通信实验。

7. 实验思考题

（1）什么是通信？通信的方式有几种？

（2）51 单片机的串行通信有几种工作方式？采用 51 单片机双机通信时应采用哪种工作方式？

（3）在实验中单片机的时钟频率不一致是否可以实现通信？

8. 实验总结

完成实验后，写一份 200 字左右的实验总结，主要包括对电路设计和程序设计中遇到的问题的分析和实验心得体会。

部分习题参考答案

习题 1

一、选择题

1. B   2. C   3. C   4. B   5. D

二、简答题

1. 什么是单片机？单片机控制系统由哪几部分组成？

参考答案：单片机是微处理器的一种类型，它是将中央处理器（CPU）、存储器（Memory）及输入/输出单元（I/O）集成在一小块硅片上的集成电路，它具有计算机的部分功能和属性，因此被称为微型单片计算机，简称单片机。单片机控制系统由软件系统和硬件系统组成。

2. 单片机的主要性能指标有哪几个？

参考答案：单片机的主要性能指标有位数、存储器、工作电压、功耗、工作温度和附加功能等。

3. 简述 51 单片机与 52 单片机的主要区别。

参考答案：51 单片机与 52 单片机的主要区别如表 1-1 所示。

4. 简述设计开发 51 单片机控制系统的常用工具。

参考答案：51 单片机控制系统的软件开发工具为 Keil C51 软件，51 单片机控制系统为硬件开发工具为 Proteus 软件或其他电路设计软件，51 单片机开发仿真器和编程器，以及一些常用测试工具。

三、简述 51 单片机控制系统的开发流程。

参考答案：51 单片机控制系统的开发流程可分为软件与硬件两部分，这两部分是并行开发的。在硬件方面，主要是绘制原理图、绘制 PCB 和选择合适的元器件等工作；在软件开发方面，则是运用 C 语言或汇编语言编写源程序，然后通过编译、链接生成可执行文件，再次进行软件调试/仿真。在完成软件设计后，即可应用在线仿真器加载编译后生成的可执行程序，在目标板上进行在线仿真。若软件、硬件设计无误，则可利用 IC 编程器将可执行文件烧录到 51 单片机中，最后将该 51 单片机插入目标电路板，即完成了设计。

四、略

习题 2

一、选择题

1. B   2. C   3. A   4. A   5. D   6. C   7. B   8. A   9. C

10．D　11．B　12．A　13．A　14．A　15．B　16．B　17．D　18．C
19．A　20．C　21．A　22．C　23．B,B　24．A　25．C　26．D　27．B
28．B　29．C　30．A　31．D　32．B　33．A　34．C　35．B　36．A
37．A　38．C　39．B　40．A　41．C　42．B　43．A　44．B　45．C
46．C　47．C　48．C　49．D　50．A

二、简答题

1．什么是单片机的时钟周期、状态周期、机器周期和指令周期？当主频为 24MHz 时，一个机器周期的时间是多长？执行一条最长的指令需要多长时间？

参考答案：

（1）时钟周期也称为晶体的振荡周期，定义为时钟频率（f_{osc}）的倒数，是单片机中最基本、最小的时间单位。

（2）状态周期用 S 表示，是单片机内部各功能部件按时序协调工作的控制信号，是单片机内部电路将时钟周期经过二分频后得到的信号，一个状态周期是由两个时钟周期构成的，前半状态周期对应的时钟周期定义为 P1，后半状态周期对应的时钟周期定义为 P2。单片机的一个状态周期包含两拍，分别为 P1 和 P2。

（3）机器周期是指 51 单片机 CPU 完成一个基本操作所需的时间。51 单片机规定，一个机器周期由 6 个状态周期（S1～S6）组成，而一个状态周期由 2 个时钟周期组成，则一个机器周期由 12 个时钟周期组成，可以表示为 S1P1、S1P2、S2P1、S2P2、…、S6P1、S6P2。

（4）指令周期是 51 单片机的 CPU 执行一条指令所需的时间。51 单片机的汇编指令分为单字节指令、双字节指令和三字节指令，所需的指令周期也不同，一般为 1～4 个指令周期。

（5）当主频为 24MHz 时，一个机器周期的时间是 0.5μs，执行一条最长的指令需要 2μs。

2．51 单片机系统复位有效时，片内特殊功能寄存器 P0～P3、PC、DPTR、SP、ACC、PSW 等的内容各是什么？复位是否不改变内部 RAM 单元的内容？

参考答案：51 单片机系统复位有效时，片内特殊功能寄存器 P0～P3、PC、DPTR、SP、ACC、PSW 等的内容如表 2-6 所示。复位是否能改变内部 RAM 单元的内容。

3．51 单片机有多少个特殊功能寄存器？哪些既可以进行字节操作，又可以进行位操作？

参考答案：26 个，凡是地址可以被 8 整除的特殊功能寄存器都可以进行字节操作和位操作。

4．51 单片机的引脚有几根 I/O 线？它们与单片机对外的地址总线和数据总线之间有什么关系？地址总线和数据总线各有几位？

参考答案：32 根。P2、P0 是地址总线，P0 是数据总线。地址总线 16 位，数据总线 8 位。

5．51 单片机的 P0～P3 口在结构上有何异同？

参考答案：51 单片机一共有 32 条 I/O 引脚，由 4 个 8 位的并行接口 P0、P1、P2 和 P3 组成，每组并行接口有 8 位 I/O 接口，分别命名为 Px.0～Px.7（x=0～3）。每个 I/O 引脚都可以独立设置为输入引脚或输出引脚。单片机内部设有对应的特殊功能寄存器 P0～P3 用于控制或读取并行接口的状态，这些寄存器为直接字节寻址，且都支持按位寻址，即支持独立控制或读取某个 I/O 端口的状态。

图 2-9（a）、图 2-9（b）、图 2-9（c）和图 2-9（d）分别为 P0、P1、P2 和 P3 4 个 I/O 端口的内部一位电路结构示意图。由图 2-9 可知 P0～P3 的锁存器结构都是一样的，但输入和输

出的驱动器的结构有所不同。P0～P3 口的每一位口锁存器都是一个 D 触发器，复位以后的初态为 1。CPU 通过内部总线将数据写入入口锁存器。CPU 对端口的读操作有两种：一种是读锁存器的状态，此时端口锁存器的状态由 Q 端通过上面的三态输入缓冲器送到内部总线；另一种是 CPU 读取引脚上的外部输入信息，这个时候引脚状态通过下面的三态输入缓冲器传送到内部总线，由于其内部电路就决定了在编写程序的时候要读外部引脚的信息，因此程序中必须先对该端口写"1"。

    P1、P2 和 P3 内部有拉高电路，称为准双向口。P0 口是漏极开路输出的，内部没有拉高电路，是三态双向 I/O 口，所以 P0 口在作准双向口用时需要外接上拉电阻。

    P0～P3 口既可以按字节读写，也可以按位读写。当 P0～P3 口作为通用端口读取引脚数据时，必须先向 P0～P3 口写"1"。

    P1、P2 和 P3 可以驱动 4 个 LSTTL 电路，P0 口可以驱动 8 个 LSTTL 电路。

    6．略

    7．8051 单片机可以提供几个中断源？几个中断优先级?在同一优先级中各中断源的优先顺序如何确定？

    参考答案：8051 单片机是一种多中断源的单片机，有 5 个中断源，它们分别是 2 个外部中断源，2 个定时/计数器中断和 1 个串行口中断。8051 单片机中有 2 个中断优先级，当几个同级的中断源提出中断请求，CPU 同时收到几个同一优先级的中断请求时，哪个中断请求能够得到服务取决于单片机内部的硬件查询顺序，其硬件查询顺序便形成了中断的自然优先级，CPU 将按照自然优先级的顺序确定该响应哪个中断请求，自然优先级按照外部中断 0、定时/计数器 T0、外部中断 1、定时/计数器 T1、串行口的顺序依次响应中断请求。

    8．51 单片机中断系统与控制有关的特殊功能寄存器有哪些？

    参考答案：51 单片机通过设置一些特殊功能寄存器对中断信号进行锁存、屏蔽、优先级控制，它们分别是 TCON、SCON、IE 和 IP。

    9．简述 51 单片机响应中断的过程。

    参考答案：

    中断处理过程可分为 3 个阶段，即中断响应、中断处理和中断返回。

    （1）中断响应。

    51 单片机中断响应条件：①当前不处于同级或更高级中断响应中，这是为了防止同级或低级中断请求中断同级或更高级中断；②当前机器周期必须是当前指令的最后一个机器周期，否则等待。执行某些指令需要两个或两个以上机器周期，若当前机器周期不是指令的最后一个机器周期，则不响应中断请求，即不允许中断一条指令的执行过程，这是为了保证指令执行过程的完整性；③若当前指令是中断返回指令 RETI，或读写中断控制寄存器 IE、优先级寄存器 IP，则必须再执行一条指令后才能响应中断请求。

    （2）中断处理。

    CPU 响应中断并转至中断处理程序的入口，从第一条指令开始到返回指令为止，这个过程称为中断处理（也称为中断服务程序处理）。中断处理的过程即执行中断服务子程序的过程。

    （3）中断返回。

    中断处理程序的最后一条指令是中断返回指令 RETI。它的功能是将断点弹出送回 PC，使程序能返回原来被中断的程序并继续执行。51 单片机的 RETI 指令除了弹出断点，还通知中断系统已完成相应的中断处理。

10.51 单片机的哪些中断源在 CPU 响应后可自动撤除中断请求？对于不能自动撤除中断请求的中断源，用户应采取什么措施？

参考答案：

（1）IE0 和 IE1。外部中断请求标志位。当 CPU 在 $\overline{INT0}$（P3.2）引脚或 $\overline{INT1}$（P3.3）引脚上采样到有效的中断请求信号时，IE0 或 IE1 位由硬件置 1。在中断响应完成后转向中断服务时，再由硬件将该位自动清零。

（2）IT0 和 IT1。外部中断请求触发方式控制位。IT0（IT1）=1 脉冲触发方式，后沿负跳有效。IT0（IT1）=0 电平触发方式，低电平有效。它们根据需要由软件置 1 或置 0。

（3）TF0 和 TF1。定时/计数器溢出中断请求标志位。TF0（或 TF1）=1 时，表示对应计数器的计数值已由全 1 变为全 0，计数器计数溢出，相应的溢出标志位由硬件置 1。计数溢出标志位的使用有两种情况，当采用中断方式时，它作为中断请求标志位使用，在转向中断服务程序后，由硬件自动清零；当采用查询方式时，它作为查询状态位使用，并由软件清零。

（4）TR0（TR1）。定时/计数器的运行控制位。由软件使其置 1 或清零。

11. 51 单片机片内设有几个可编程的定时/计数器？它们可以有 4 种工作方式，如何选择和确定工作方式？

参考答案：2 个。主要由 TMOD 确定。

TMOD 是一个不可以位寻址的 8 位特殊功能寄存器，字节地址为 89H，其高 4 位专供 T1 使用，其低 4 位专供 T0 使用，如下表所示。

TMOD (89H)	T1				T0			
	D7	D6	D5	D4	D3	D2	D1	D0
	GATE	C/$\overline{T}$	M1	M0	GATE	C/$\overline{T}$	M1	M0

各位的含义如下所示。

（1）GATE：门控位。

GATE=0：表示只要用软件使 TCON 中的运行控制位 TR0（或 TR1）置 1，就可以启动 T0（或 T1）。

GATE=1：表示只有在 $\overline{INT0}$ 或 $\overline{INT1}$ 引脚为高电平时，并且有软件使运行控制位 TR0（或 TR1）置 1 的条件下才可以启动 T0（或 T1）。

（2）C/$\overline{T}$：定时/计数方式选择位。

C/$\overline{T}$=0：设置为定时方式，对内部的机器周期进行计数。

C/$\overline{T}$=1：设置为计数方式，通过 T0（或 T1）的引脚对外部脉冲信号进行计数。

（3）M1、M0：工作方式选择位。

M1M0=00：为工作方式 0，作 13 位计数器用。

M1M0=01：为工作方式 1，作 16 位计数器用。

M1M0=10：为工作方式 2，分成 2 个独立的 8 位计数器用。

M1M0=11：为工作方式 3。

12. 当 51 单片机定时器的门控位 GATE 置 1 时，定时/计数器如何启动？

参考答案：表示只有在 $\overline{INT0}$ 或 $\overline{INT1}$ 引脚为高电平时，并且有软件使运行控制位 TR0（或 TR1）置 1 的条件下才可以启动 T0（或 T1）。

13. 对于定时器 T0 的工作方式 3，TR1 的控制位已经被 T0 占用，如何控制定时器 T1

的开启与关闭？

参考答案：当T0工作在方式3时，T1只能工作在方式0～方式2，因为它的控制位已被占用，不能置位TF1，而且也不再受TR1和$\overline{INT1}$的控制，此时T1只能工作在不需要中断的场合，功能受到限制。

一般T0工作在方式3时，T1通常用作串行口波特率发生器，用于确定串行通信的速率。

14．利用定时器T0产生一个50Hz的方波，由P1.1输出，设$f_{osc}=12MHz$，试确定TMOD和T0的初值。

参考答案：

（1）思路。利用T0定时10ms，可以使定时器T0产生一个50Hz的方波，允许中断，中断服务程序中P1.1。

（2）程序设计。确定工作方式及TMOD。

工作方式1定时，TMOD：00000001H = 01H

计算初值X

$X = 65\ 536-10\ 000 = 55\ 536 = D8F0H$

15．在51单片机的定时/计数器中，若使用工作方式1，则能计数多少个机器周期？

参考答案：65 536。

16．什么是串行异步通信？它有哪些特点？串行异步通信的数据帧格式是怎样的？

参考答案：

串行通信方式。数据信号的传输按位顺序进行，最少只需要一根传输线即可完成。其特点是成本低但速度慢。计算机与外界的数据传输大多数是串行的，串行通信传输的距离可以从几米到几千米。

异步通信方式。数据是以帧为单位传送的，每1帧数据由1个字符代码组成，而每1个字符代码由起始位、数据位、奇偶校验位和停止位4个部分组成。

（1）起始位：它为接收端提供同步信息。

0电平表示要传送信号，用于通知接收设备开始接收；

1电平表示不传送信号，接收设备在检测到1电平时，不做响应。

（2）数据位：它为接收端提供数据信息。

数据位可以用5～8位数据表示。

若是5位数据，则用D0～D4表示，若是8位数据，则用D0～D7表示。

（3）奇偶校验位：它为接收端提供校验信息或性质信息。

排在数据位的后面，占有1位。若数据位有8位，则校验位用D8表示。作校验使用时，此位自动设置为0或1；不作校验使用时，此位用于表示本帧信号的性质是地址或数据，1表示传送的为地址帧，0表示传送的为数据帧。

（4）停止位：它为接收端提供结束信息。

停止位可以用1位、1位半或2位表示，而且必须用1电平表示。

接收端接收到此信息，就认为此字符发送完毕。在停止位的后面继续为1的位又称为空闲位，空闲位可有可无，但必须是1电平，这时电路处于等待状态。

只有异步通信才有空闲位，这也是异步通信的特征。

17．什么是波特率？如果某异步通信的串行口每秒传输250个字符，每个字符由11位组成，那么其波特率应为多少？

参考答案：波特率对于 CPU 与外界的通信是很重要的。波特率是每秒钟传输的二进制代码的位数。每秒传输一个格式位就是 1 比特，即 1 比特=1bit/s。

11×250=2750bit/s，即 2750bit/s。

18．简述 51 单片机内部串行口的 4 种工作方式的特点与适用场合。

参考答案：

（1）串行口工作方式 0。

为同步移位寄存器输入/输出方式。它可以外接移位寄存器以扩展并行 I/O 口，也可以外接同步 I/O 设备。此用 RXD（P3.0 引脚）输入/输出 8 位串行数据，用 TXD（P3.1 引脚）输出同步脉冲。此方式的波特率是固定的，为 $f_{osc}/12$。

（2）串行口工作方式 1。

它是最常用的 10 位且波特率可调的异步串行数据通信方式。

（3）串行口工作方式 2 和工作方式 3。

工作方式 2 和工作方式 3 都是每帧 11 位异步通信格式，由 TXD 和 RXD 发送和接收，工作过程完全相同。只是它们的波特率不同，工作方式 2 的波特率是固定的，工作方式 3 的波特率是由定时器 T1 控制的。主要用于多机通信。

19．为什么定时器 T1 作串行口波特率发生器时常采用工作模式 2？若已知系统的晶振频率 f_{osc}，则通信选用的波特率，如何计算其初值？

参考答案：T1 的溢出速率取决于 T1 的计数速率（计数速率=振荡频率 $f_{osc}/12$）和 T1 的设定初值。定时器 T1 作波特率发生器使用时，因为工作方式 2 为自动重装入初值的 8 位定时器/计数器模式，所以用它作波特率发生器最恰当，若设定的初值为 X，则每过 $256-X$ 个机器周期，定时器 T1 就产生一次溢出。

用公式表示：T1 的溢出速率=$(f_{osc}/12)/(256-X)$。反过来在已知波特率的条件下，可算出定时器 T1 工作在方式 2 的初值：$X=256-f_{osc}×(SMOD+1)/(384×波特率)$。

习题 3

一、选择题

1．C　　2．A　　3．A　　4．D　　5．D　　6．A　　7．B　　8．C　　9．D

二、填空题

1．main　　2．sbit　FLAG=P3^1　　3．sfr　　4．顺序；选择；循环　　5．表达式；分号
6．if；switch　　7．do…while；while　　8．\0　　9．函数　　10．一个主函数　　11．假
12．真　　13．（1）求 1～10 的和；（2）求 1～100 的和；（3）求 1～10 的和
14．x=6；y=7；z=7；m=1；n=0

习题 4

一、选择题

1．C　　2．A　　3．B　　4．B　　5．A　　6．D　　7．C　　8．C　　9．A

10. B 11. B 12. C 13. D 14. B 15. C

二、简答题

1. 什么是抖动？如何防止抖动发生？常用的防止抖动的方法有几种？

参考答案：由于轻触按键内部为弹簧接触式结构，因此按键在闭合和断开时，触点会存在抖动现象。抖动时间的长短与开关的机械特性有关，一般为 5～10ms。若不处理，则会产生按下一次按键进行多次处理的问题。

可采用硬件消抖和软件消抖的方法。

常用的硬件消抖方法是使用一个切换开关及互锁电路组成 RS 触发器，这个电路可以降低抖动产生的噪声，但所需的元器件较多，增加了产品的成本与电路的复杂程度，一般不使用。

软件消抖是单片机设计中的常用方法，其过程：当检测到按键端口为低电平时，不立即确认按键按下，延时 10ms 后再次进行判断，若该端口仍为低电平，则可确认该端口引脚所接按键确实是被按下，实际上避开了按键按下时的抖动时间。

2. LED 数码管的静态显示和动态显示在硬件连接上分别具有什么特点，实际设计时应如何选择？

参考答案：LED 数码管有静态显示和动态显示这两种显示方式。

静态显示是指无论多少位 LED 数码管，都同时处于显示状态。LED 数码管工作于静态显示方式时，各位的共阴极（或共阳极）连接在一起并接地（或接+5V）；每位的段码线（a～dp）分别与一个 8 位的 I/O 口锁存器输出相连。若送往各 LED 数码管所显示字符的段码一经确定，则相应 I/O 口锁存器锁存的段码输出将维持不变，直到送入另一个字符的段码为止。正因如此，静态显示无闪烁，亮度较高，软件控制比较容易，CPU 不必经常扫描显示器，节约了 CPU 的工作时间。但缺点是占用的 I/O 口较多，硬件成本也较高。因此静态显示方式适合显示位数比较少的场合。

动态显示方式是将所有 LED 数码管的段码端的相应段并接在一起，由一个 8 位 I/O 口控制，而各显示位的公共端分别由相应的 I/O 线控制，称为位选端。显示过程是通过段码端向所有的 LED 数码管输出所要显示字符的段码，每一时刻只有一位位选线有效，其他各位都无效。每隔一定时间轮流点亮各位显示器（扫描方式），由于 LED 数码管的余辉和人眼的视觉暂留作用，因此只要控制好每位显示的时间和间隔，以造成"多位同时亮"的假象，就能达到同时显示的效果。与静态显示比，动态显示的优点是节省 I/O 口，显示器越多，优势越明显；缺点是有一定的闪烁感，占用 CPU 时间较多，程序编写较复杂。

3. 独立式按键和矩阵式按键分别具有什么特点？适用于什么场合？

参考答案：独立式按键的电路结构：每个按键占用一个 I/O 口，按键一端接 I/O 口，另一端接地。通过程序检测 I/O 口的输入电平，即可判断是哪个按键按下，然后转去运行对应按键功能程序段。这种按键电路的特点：电路简单，各条检测线独立，识别按键号的软件编写简单；需要占用的 I/O 口较多，只适合按键数较少的应用场合。

矩阵式键盘由行线和列线组成，一组为行线，另一组为列线，按键位于行、列的交叉点上。如果系统需要较多的按键，那么最好采用矩阵式键盘实现。

三、略

习题 5

一、选择题

1. A　2. C　3. A　4. B　5. D　6. B　7. C　8. A　9. C

二、填空题

1. 模拟，数字；数字，模拟；2. 分辨率，建立时间 ；3. 先选法，译码法；

4. 同步串行；5. 数据线 SDA，时钟线 SCL

三、简答题

1. 试述 51 单片机系统并行扩展的总线结构。

参考答案：单片机在进行系统扩展时，使用三条总线与外部芯片连接。(1)数据总线（DB）：P0 口作数据总线（8 位）。(2)地址总线（AB）：P0 口作地址总线的低 8 位，P2 口作地址总线的高 8 位（16 位），寻址范围 64KB。地址线低 8 位与数据总线分时复用 P0 口。(3)控制总线（CB）：①使用 ALE 作地址锁存的选通信号，实现了低 8 位地址的锁存；②以 $\overline{PSEN}$ 作为扩展程序存储器的读选通信号；③以 $\overline{EA}$ 信号作为内外程序存储器的选择信号；④以 $\overline{RD}$ 和 $\overline{WR}$ 作为扩展数据存储器和 I/O 口的读/写选通信号。

2. 通过总线并行扩展的各种芯片的数据线一般都是并联的，为什么不会发生数据冲突？对连接到总线上的存储器和 I/O 接口芯片的数据线一般有什么要求？

参考答案：(1)单片机通过不同的控制线连接不同类型的外部芯片，不同的控制线有效时对应的外部芯片使用数据总线。例如：$\overline{PSEN}$ 有效时，是外部 ROM 通过数据线传输数据，当 $\overline{RD}$ 和 $\overline{WR}$ 有效时，是外部 RAM 通过数据线传输数据。

(2)无须锁存器，直接与单片机数据总线连接。

3. 当单片机系统中的程序存储器和数据存储器的地址重叠时，是否会发生数据冲突？为什么？

参考答案：不会发生数据冲突。单片机通过不同的控制线区分程序存储器和数据存储器。

4. 画出用 RAM6116、EPROM2764 扩展 4KB 数据存储器、8KB 程序存储器的电路原理图，要求数据存储器的地址范围为 0000H～0FFFH，程序存储器的地址范围为 0000H～1FFFH。

参考答案：如下图所示。

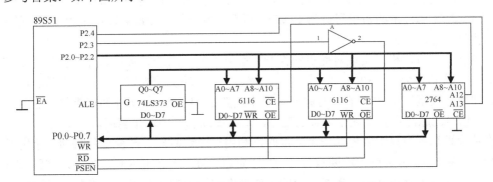

5. 简述 I^2C 总线的结构，挂在 I^2C 总线上的芯片之间是如何进行通信的？

参考答案：

I^2C 总线的结构是采用二线制连接的，一条是数据线 SDA，另一条是时钟线 SCL，SDA 和 SCL 是双向的，I^2C 总线上各器件的数据线都接到 SDA 上，各器件的时钟线均接到 SCL 上。带有 I^2C 总线接口的单片机可直接与具有 I^2C 总线接口的各种扩展器件（如存储器、I/O 芯片、A/D 转换器、D/A 转换器、键盘、显示器、日历/时钟）连接。I^2C 总线采用纯软件的寻址方法，无须片选线的连接，这就大大简化了总线数量。I^2C 串行总线的运行由主器件控制。主器件是指启动数据的发送（发出起始信号）、发出时钟信号、传送结束时发出终止信号的器件，通常是单片机。从器件可以是存储器、LED 或 LCD 驱动器、A/D 或 D/A 转换器、时钟/日历器件等，从器件必须带有 I^2C 串行总线接口。

6. 简述 SPI 总线的结构，SPI 接口线有哪几根？作用如何？

参考答案：

SPI 是 Motorola 公司推出的一种同步串行接口标准。SPI 使用 4 条线：串行时钟 SCK、主器件输入/从器件输出数据线 MISO、主器件输出/从器件输入数据线 MOSI 和从器件选择线 $\overline{CS}$。在 SPI 串行扩展系统中，当某一从器件只作输入（如键盘）或只作输出（如显示器）时，可省去一条数据输出（MISO）线或一条数据输入（MOSI）线，从而构成双线系统（接地）。

SPI 系统中单片机对从器件的选通需要控制其片选端 $\overline{CS}$。但在扩展器件较多时，需要控制较多的从器件片选端，连线较多。在 SPI 串行系统中，主器件单片机在启动一次传送时，便产生 8 个时钟，传送给接口芯片作为同步时钟，控制数据的输入和输出。数据的传送格式是高位（MSB）在前，低位（LSB）在后。数据线上输出数据的变化及输入数据时的采样都取决于 SCK。但对于不同的外围芯片，有的可能是 SCK 的上升沿起作用，有的可能是 SCK 的下降沿起作用。SPI 有较高的数据传输速度，最高可达 1.05Mbit/s。

习题 6

一、选择题

1. BC　2. C　3. A　4. C　5. B　6. D　7. A　8. A　9. D

二、简答题

1. 51 单片机控制直流电动机或舵机系统时，应用定时/计数器 T0 的定时方式输出 PWM 控制信号，设 51 单片机的系统时钟为 12MHz，说明产生周期为 20ms、高电平为 0.5ms 的 PWM 信号的程序设计过程。

参考答案：单片机要实现对舵机的控制，必须先完成两个任务：首先产生基本的 PWM 周期信号，以 FUTABA-S3003 型舵机为例，需要产生 20ms 的周期信号；其次是脉冲宽度的调整，即单片机模拟 PWM 信号的输出，并且调整占空比。单片机作为舵机的控制部分，能使 PWM 信号的脉冲宽度实现微秒级的变化，从而提高舵机的转角精度。

当单片机系统中只需要控制一个舵机时，利用一个定时器，改变单片机的一个定时器中断的初值，将 20ms 分为两次中断执行，一次短定时中断和一次长定时中断。这样既节省了硬件电路，也减少了软件开销，控制系统的工作效率和控制精度都很高。具体的设计过程：若想让舵机转向左极限的角度，它的正脉冲为 2ms，则负脉冲为 20-2=18ms，所以开始时在控制口发送高电平，然后设置定时器在 2ms 后发生中断，中断发生后，在中断程序里将控制口改为低电平，并将中断时间改为 18ms，再过 18ms 进入下一次定时中断，再将控制口改为高电平，并将定时器初值改为 2ms，等待下次中断到来，如此往复实现 PWM 信号输出到舵机。用修改定时器中断初值的方法巧妙形成了脉冲信号，调整时间段的宽度便可使伺服机灵活运动。

2. 在步进电动机的控制系统中采用 1 相励磁方式，在每个瞬间，步进电动机只有一个线圈导通。如果以该方式控制步进电动机正转，那么对应的励磁顺序如表 6-3 所示，励磁顺序 1→2→3→4→1。若要控制步进电动机反转，则请写出对应的励磁顺序表。

参考答案：控制步进电动机反转，其对应的励磁顺序如下表所示，励磁顺序 1→4→3→2→1

STEP	A	B	C	D
1	1	0	0	0
2	0	0	0	1
3	0	0	1	0
4	0	1	0	0

3. 简述 51 单片机控制多个舵机的程序算法。

参考答案：当单片机系统中需要控制多个舵机时，假设控制 5 个舵机，也是可以通过一个定时器实现的，通过定时一个标准时间 0.5ms，再定义一个角度标识，数值可以是 1、2、3、4、5，实现 0.5ms、1ms、1.5ms、2ms 和 2.5ms 高电平的输出；再定义一个变量，数值最大为 40，实现周期为 20ms。每次进入定时中断，判断此时的角度标识，进行相应的操作。例如，此时是 5，则进入前 5 次中断时间，信号输出为高电平，即 2.5ms 的高电平，剩下的 35 次中断时间，信号输出为低电平，即 17.5ms。这样总的时间是 20ms 为一个周期。

4. 简述 51 单片机输出的 PWM 的脉冲宽度与控制舵机转角之间的关系。

参考答案：以日本 FUTABA-S3003 型舵机为例，电压通常为 4～6V，一般取 5V，给舵机供电电源应能提供足够的功率，控制线的输入是一个宽度可调的周期性方波脉冲信号，方波脉冲信号的周期为 20ms（频率为 50Hz）。当方波的脉冲宽度改变时，舵机转轴的角度发生变化，角度变化与脉冲宽度的变化成正比。舵机输出轴转角与输入信号的脉冲宽度之间的关系如图 6-18 所示。

参 考 文 献

[1] 李精华，梁强. 微机原理与单片机接口技术. 北京：电子工业出版社，2018.

[2] 李精华，李云. 51 单片机原理及应用. 北京：电子工业出版社，2017.

[3] 王静霞，杨宏丽，刘俐. 单片机应用技术（C 语言版）. 3 版. 北京：电子工业出版社，2016.

[4] 郭天祥. 51 单片机 C 语言教程——入门、提高、开发、拓展全攻略. 北京：电子工业出版社，2015.

[5] 李法春. C51 单片机应用设计与技能训练. 北京：电子工业出版社，2014.

[6] 周润景. 基于 Proteus 的电路设计、仿真与制版. 2 版. 北京：电子工业出版社，2013.

[7] 李精华，李兴富. 单片机原理与应用. 北京：高等教育出版社，2010.

电子信息科学与工程类专业规划教材

51单片机原理及应用
（第2版）
——C语言版

本书系统地介绍51单片机的基本原理及其应用系统的构成和设计方法，对传统的51单片机的内容进行了凝练，在第1版的基础上进行较大的调整，剔除难懂的汇编指令及程序设计，减少多余的理论介绍。全书共7章，主要内容包括：51单片机设计快速入门、51系列单片机系统结构、C51语言基础知识简介、51单片机控制系统的人机交互接口设计、51单片机控制系统的接口扩展、51单片机与电动机控制、51单片机控制系统实验设计。书中案例难易结合，加强了液晶显示、SPI和I^2C总线等当前比较流行的技术案例分析。

本书每章都有一些特色知识点，介绍了一些小秘籍，本书的电路设计和程序的软件操作流程非常详细，并附有电路分析和程序点评，对初学者学习51单片机具有很好的帮助。本书所有案例的程序都使用C51程序设计并通过了Keil μVision 5调试，所有案例的电路都通过了Proteus 8.5的仿真调试，其中，第7章为51单片机控制系统实验设计，给出了硬件电路和基本的程序设计，读者可以在此基础上进行功能扩展或修改。

本书可作为应用型本科院校自动化、能源与动力工程、电子信息、测控技术与仪器等专业的教材，还可供从事单片机技术开发的工程技术人员学习。

➤ 本书提供配套PPT、案例设计电路及程序、习题参考答案等教学资源，还提供51单片机开发常用的USB转串行口、液晶字模提取、串行口调试助手、51单片机波特率初值设定等软件资源。

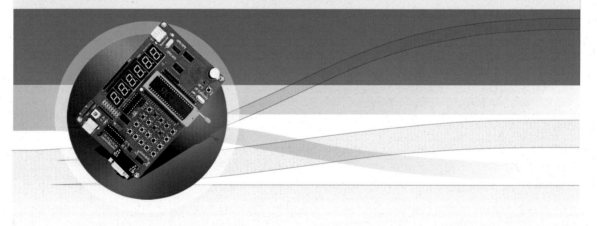

ISBN 978-7-121-40291-3

责任编辑：王晓庆
封面设计：徐海燕

在线学习优质课程

9 787121 402913 >

定价：49.00元